高等学校"十二五"规划教材·经济管理系列

个人理财规划

（第 2 版）

柴效武（浙江大学教授）

孟晓苏（北京大学光华管理学院兼职教授）　　编著

清华大学出版社

北京交通大学出版社

·北京·

内 容 简 介

赚钱花钱、投资理财、生涯规划、财商教育，是生活在市场经济环境下的人们密切关注的社会热点话题。个人理财规划也理所当然地进入大学教育的殿堂，成为大学生进入社会、组建自己小家庭之前的一门必修课程。

本书涉猎了家庭、个人每日亲身经历然而又熟视无睹的理财生活，并运用较为独特的语言、特殊的体例编排方式，以期望对未来的国家公民、社会精英、家庭管理者们介绍这门具有鲜明特色的知识和技能。希望本学科特有的自我经营的思想理念、浓郁的生活知识与投资理财的技能，能得到众多莘莘学子的青睐。

图书在版编目(CIP)数据

个人理财规划/柴效武，孟晓苏编著. —2 版. —北京：清华大学出版社；北京交通大学出版社，2013.4（2017.8 重印）

（高等学校"十二五"规划教材·经济管理系）

ISBN 978–7–5121–1402–9

I. ①个… II.①柴… ②孟… III.① 家庭管理–财务管理 IV.① TS976.15

中国版本图书馆 CIP 数据核字（2013）第 040480 号

个人理财规划

GEREN LICAI GUIHUA

责任编辑：韩素华	特邀编辑：杨正泽			
出版发行：清华大学出版社		邮编：100084	电话：010‒62776969	
北京交通大学出版社		邮编：100044	电话：010‒51686414	
印 刷 者：北京时代华都印刷有限公司				
经 销：全国新华书店				
开 本：185×260	印张：19.25	字数：474 千字		
版 次：2013 年 5 月第 2 版		2017 年 8 月第 7 次印刷		
书 号：ISBN 978–7–5121–1402–9/TS·22				
印 数：1 5001～18 000 册		定价：36.00 元		

本书如有质量问题，请向北京交通大学出版社质监组反映。对您的意见和批评，我们表示欢迎和感谢。

投诉电话：010-51686043，51686008；传真：010-62225406；E-mail：press@bjtu.edu.cn。

代　序

　　经济与社会的不断发展为理论工作者的研究提供了肥沃的土壤，他们一方面从中吸取有益成分，另一方面进一步推动理论的完善和发展。

　　近年来，我国高等教育的各个领域和学科都发生着日新月异的变化，在教育思想和观念、教育方法和手段等方面都有了较大的进步，取得了丰硕成果。课程教学改革的推进、大学教育国际化进程的加快，双语教学的展开，案例教学的引用，教学方法、方式的灵活多样，对教材内容也提出了更新更高的要求。

　　北京交通大学出版社长期以来致力于高等教育所需教材的建设和出版，特别是在经济管理学科领域，优秀品种数量多、销量大，在业界具有良好的声誉。此次出版社根据当前高等教育的实际需求，结合社会发展的需要，对已有产品进一步优化、整合、完善、再版，形成一套紧跟国际发展步伐又适合我国国情的"高等学校'十二五'规划教材·经济管理系列"教材。

　　该系列教材涉及市场营销、财会、人力资源等专业，具体包括约 20 种。参编者都是多年来一直从事一线教学的专职教师，具有丰富的教学经验和写作经验。

　　该系列教材具有以下特点。

　　1. 在内容选取上，进一步优化阅读材料，精选案例分析，合理安排课后练习，从而使其更加充实和完善。该系列教材多数是以往深受广大一线教师所喜欢的长销书的再版，单本书最高销量已经超过 8 万册。

　　2. 在编写风格上，突出基础性和先进性，反映时代特征，强调核心知识，结合实际应用，理论与实践相结合。

　　3. 在内容阐述上，强调基本概念、原理及应用，层次分明，突出重点，注重学生知识运用能力和创新意识的培养。

　　4. 配套教学资源丰富，出版社为编者、读者、发行者提供了一个及时、方便的交流平台。

　　该系列教材的出版不仅进一步适应了高等学校经济与管理类专业的本科教学需要，也为广大从事经济、贸易、财会等工作的人员提供了更新更好的参考读物，相信一定会得到广大读者的认同。

中国工程院院士
技术经济专家
北京交通大学教授

2013.4.2

前　　言

　　个人理财规划是指包括金融保险机构、理财事务所等在内的各种专业理财机构，为个人/家庭提供的有针对性的、专业化的综合性全面理财服务。其活动范围涉及个人/家庭整个生命周期全过程的各方面财务需求，具体包括个人/家庭收入支出消费与财产分析、养老保险、社会保障、投资赢利、员工收入福利、税收筹划、房地产规划、退休养老、遗产规划及相关的金融保险工具等各个方面。

　　个人理财规划得以广泛兴起，首先同个人拥有经济资源的急剧增长相联系。随着生产力的不断发展，我国城乡居民生活水平大幅度提高，一大批新富阶层相继出现，城乡居民的储蓄存款也在大幅度增加。个人理财规划的兴起，还在于今日的劳动者个人已经拥有了相当的自主独立支配的人力或物力、财力资源，并开始运用所拥有的资源为谋求自己经济利益的最大化而组织相关的经济活动。

　　个人是否拥有应有的经济意识和理财技能，在遇到种种商机时，能否对其拥有的经济资源给予合理配置，是大家所关心的。但面对日益复杂的市场环境和法律法规体系，个人/家庭所掌握的专业和技能，很难使他们从生命周期的角度，对个人/家庭财务进行全面的、综合的规划。财商教育暨个人理财规划，就很现实地摆在了大家的面前。

　　个人理财规划或称个人金融理财，是今日社会经济生活中出现的新事物。出现伊始就得到社会各界的积极关注和主动参与，这一事物也必将会成为今后经济金融界的热门讨论话题。但对此的理论探讨与实践操作的研究，却远远落在后面。理论的先导作用远未得到有效的发挥。经济学不仅要关注国计，更应关注民生，不仅是理论知识体系的深层次探讨，还应是普及实用的致用之学。财经类院校及各类教育机构培养的学生，不仅要成为经济学家，为国民经济发展出谋划策，更多的是到部门单位担当实际的经营管理工作，更为普遍的是都要组建自己的家庭，考虑家政管理、投资理财、就业福利、保险保障、住房养老、子女生育教育等各方面事项。大中小学的课程设置及人才培养目标等，都应当考虑这一社会现实。

　　为了普及国际先进的金融理财专业知识、传播规范的现代国际金融理财服务理念，尽快引入国际通行的金融理财的从业资格、标准及认证体系，推动注册个人金融理财师（CFP）行业在中国内地的发展，北京、上海、深圳等地先后举办 CFP 专业课程的培训，目的是为中国内地培养一批既懂国际规则又具备金融专业知识的高级人才，实现中国金融业的制度创新和业务创新，更好地为公司和个人客户服务。

　　本书第一作者为浙江大学教授，第二作者为北京大学光华管理学院兼职教授。

　　本书具备如下优点。

　　（1）内容全面。涉及个人理财应予包括的一切方面，内容广泛而全面。包括个人理财师应对个人家庭提供的各项理财服务，并对个人家庭的自主理财、生涯规划、财商教育等给予相应的介绍。

　　（2）内容新颖。本书深入到家庭内部，对家庭特有的代际关系、赡养抚养、婚姻生育、遗产继承等给予专门的探讨。特别是将"以房养老"视为一种高级的金融理财形式，给予专门介绍，论证了"以房养老"理念的推出，将会对金融理财的各个方面发生的影响等给予特别介绍。

（3）资料翔实。本书在写作过程中参阅了大量的有关资料文献，对国内外有关金融理财的种种好的经验和思想，给予较为全面的介绍，以为我所用，并对来自于国外的优秀理财思想和做法给予相应的本土化改造。

对个人金融理财涉猎的众多理财工具，如股票债券、投资基金、信托期货、外汇黄金等的具体介绍，鉴于相关书籍对此已有较多说明，本书仅一笔带过而已，不作为重点，但如上所述的金融工具在个人理财中所起到的基本功用，笔者并不给予漠视。同时，本书作为教科书，是建立在学生已经对金融理财、会计财务、经济学及相关的法律伦理等基础知识，有了众多的理解，故此对这些内容不再做刻意介绍。而个人家庭作为一种社会生活的组织形式，家庭特有的婚姻生育、子女教育、买房买车、生涯规划、养老保障、遗产继承等，因我国相关课程知识的缺乏，故此给予了较多地描绘。

本书在写作中搜集并借鉴了众多前人在这方面的研究资料，获取了有益的帮助，在此特表示衷心的感谢。

本书涉及的内容是个全新领域，相关的体系结构还没定型，个人理财规划这门课程包括内容等还有许多争议。本书的撰写也较为肤浅，内涵也需要得到大家的认定。为此，本书的出版正可以起到"投石问路"的功用。衷心希望得到来自各个方面的批评指正。

本书适合高等院校师生的个人理财知识技能的学习，适合理财规划师的日常学习和教学培训、考前辅导，适合投资专家、理财顾问、金融保险从业人员，适合于有志于此的工商企业管理财务人员，以及对金融理财、理财规划有兴趣的广大家庭和个人阅读参考。本书的出版也将对个人理财的理论研究、知识普及和教育培训工作，发挥积极的功用。

在本书的撰写中，浙江大学经济学院何赛飞硕士在搜集资料、结构组织等方面做了较多工作，特此说明并致谢。

本书在第 1 版的基础上，增加最新理财信息，与时俱进，使广大读者得到最及时、有用的理财资讯，使人人成为理财家，建设和谐幸福新生活。

编　者

2013 年 1 月于求是园

目　　录

引　子

小陈今年 23 岁，小美 22 岁，两人都在大学同班读书，是一对相好的恋人，现已临近毕业，工作已经找好，计划毕业后即结婚成家。

小陈和小美大学毕业之后，整个一生中将需要做哪些事，如就业、结婚成家、生育教育子女、买房买车、税费缴纳、子女结婚成家、退休养老、遗产传承，等等，不一而足。而这些事情又应当怎样做，安排在什么时间并运用何种标准来做，就是将来要整日面对，现在要精心考虑筹划的。

面对两人的未来人生和家庭，小陈和小美做了多种考虑，特对自己的整个人生提出如下构想：

1. 希望不依靠父母力量，自己简单办婚事，结婚后预计无积蓄，也无负债，婚房、婚车俱无，即现在大家谈到的"裸婚"；

2. 就业后两人的薪资状况预计为：小陈月薪 4 000 元，每年奖金红利至少 12 000 元，估计未来薪资成长率可达 5％；小美月薪 3 000 元，每年奖金约 6 000 元，薪资成长率约 3％，单位将"五险一金"全部交纳；

3. 婚后自行租屋居住，每月估计需要付出租金 1 500 元，预计今后的房租将会每年上涨 5％左右；

4. 计划结婚五年后生小孩，小陈和小美都是独生子女，按规定可以生养两个孩子，每个小孩每月的生活费大致计算为 1 000 元；

5. 计划将两个孩子都培养到研究生毕业，孩子的教育费用估计为：幼儿园每年 15 000 元，小学至中学每年 10 000 元，大学及国内研究生阶段每年 20 000 元；

6. 打算结婚后 10 年内购买自己的三居室房屋，目前该类住房的价值为 60 万元；

7. 希望每个年度能各孝敬双方父母 5 000 元，将来再视经济情形适度增加；

8. 新婚后，每月的吃穿行用、文化娱乐等生活费开销，大致为 2 000 元，预计将来每年会增加 5％；

9. 希望能购买一些保险，防范未来可能发生的种种风险以保障安全，尤其是在晚年养老生活能得到较好的保障；

10. 双方父母的养老保障都有了一定的安排，但医疗健康保障尚有较大的欠缺，小陈和小美应当有所考虑；

11. 每年计划国内长途旅游一次，预算为 4 000 元，将来视经济能力许可时，再计划到国外旅行；

12. 两人打算 60 岁退休，退休时希望每个月有现金 4 000 元可以使用。

小陈和小美希望了解的是：

1. 小陈和小美整个人生的规划安排是否合适，还存有哪些缺陷，需要做出哪些改进和完善？

2. 计算两人整个一生的收入与支出开销状况，收入能否满足各项开销的需要，两者有多大的差距，如收不抵支时应当作何打算？

3. 两人整个一生中将要安排做哪些事项，预计需要花费多少钱财，预定在何种档次和标准上做这些事情，能否应对预期的计划安排？

4. 人生规划中需要的这些钱财应当如何获得、投资运营和筹划安排，如何合理利用自身的人力资源和财力资源，达到所设想的个人生涯和理财目标？

小陈和小美还有一些事情把握不大清晰：

1. 马上要面临就业找工作，是到京沪等一线大城市工作，还是留在自己的二线城市，或者干脆图安逸，到一个小县城度过整个人生呢？

2. 是只要一个生养孩子精心培养成才，还是养育两个孩子，后种情况下自己是否有如此大的经济实力呢？

3. 在目前房价飞速上涨的状况下，房子是现在贷款买还是按计划 10 年后再买房子，如现在贷款买房需要向父母伸手要首付款，这样做是否合适呢？如安排在 10 年后买房，届时的房价又会达到多少呢？

4. 小陈出生于农家，小美生长在大城市，尽管两人感情甚佳，但总有某些价值观念不大相投，婚后双方应当如何磨合这些差异，同双方的父母又应当如何相处呢？

5. 小陈和小美希望在 60 岁时退休颐养天年，并趁手脚灵便时到处走走看看，这一目标能否实现呢？

应当认为，小陈和小美在面临大学毕业、就业和结婚之前，能够围绕未来生活提出种种构想，是十分值得赞赏的。这种种构想正包括了人们从出生到死亡整个一生的全过程中，将要面临的生涯规划、现金预算管理、结婚成家规划、生养教育子女规划、买房买车规划、税费筹划、保险规划、退休养老规划、遗产传承规划等内容。

当今是市场经济社会，又可以称为金钱社会，有关金钱的一切，如就业、赚钱、花钱、攒钱、投资、消费、理财等，这些内容都是大家非常关心，却又在目前大学教育的知识结构体系和素质观念培育中，难以得到合理科学解答的。本书的编撰正可以在这方面达到拾遗补缺之功效，大家围绕整个生涯中理财生活所要关心的诸多话题，正是本书所要着重介绍和认真回答的。希望通过本书的学习，每个读者都能从中受到理财意识和观念的相应启迪，得到应有的理财知识和方法，培育好个人持家理财的技能和才干，使自己未来的人生安排得以幸福美满。

第1章
个人理财规划概论

学习目标

1. 了解个人理财规划的定义、内容和形式
2. 了解个人理财规划兴起的经济社会背景
3. 了解个人对理财服务的需要
4. 了解个人理财师的定义、任务与服务内容
5. 了解个人理财规划环境——以浙江和杭州为例

1.1　个人理财规划的概念

1.1.1　个人理财规划定义

个人理财规划，这一概念是 20 世纪 90 年代的中期在我国开始出现，直到 21 世纪开始才正式兴起，并成为今天的热点话题。个人理财规划的确切名称，目前业内说法不一，有个人理财策划、家庭财务规划及个人金融理财等多种。

2005 年 11 月 1 日，我国央行正式发布并实施了《商业银行个人金融理财业务管理暂行办法》，其中第 2 条即指出，"本办法所称个人金融理财业务，是指商业银行为个人客户提供的财务分析、投资顾问等专业化服务，以及商业银行以特定目标客户或客户群为对象，推介销售投资产品、理财计划，并代理客户进行投资操作或资产管理的业务活动"。这个概念站在银行的角度讨论向个人或特定客户群提供金融产品和金融服务，对目前最为流行的第三方理财机构未予评论，对个人的自行金融理财活动也未予涉猎。

普华永道会计师事务所（Price Waterhouse Coopers）对个人金融理财的定义是："由一个训练有素的个人银行家、专业金融个人理财师、个人专家团队，向个人或者机构提供包括银行业务、资产管理、保险以及税收计划等全套服务，提供专业的理财建议咨询（理财计划、投资的建议、税收安排、资产组合安排等）或者直接受客户委托管理资产投资，并按照所提供的服务收取一定的理财费用。"这是从银行及第三方理财机构的角度，向个人客户提供各种金融理财服务来看待个人理财，同普华永道会计行在理财中作为第三方理财机构的定位是区分不开的。

根据美国金融个人理财师资格鉴定委员会的定义，个人理财规划是指如何制定合理利用

财务资源、实现个人人生目标的程序；个人理财规划的核心是根据个人自身的资产状况与风险偏好来实现个人的需求与目标；个人理财规划的根本目的是实现人生目标基础的经济目标，同时降低人们对于未来财务状况的风险和焦虑。

新浪网曾经刊载了一篇文章，从经济学的角度对个人理财规划予以界定，认为个人理财规划是以"经济学"追求极大化为精神，以"会计学"的客观记录为基础，以"财务学"的动作方式为手段，以实现个人理想、提高生活品质、丰富家庭生活为目标，是这三门学科综合运用的具体表现。将这一定义概述为"个人/家庭"、"金融"和"理财"三者加总或有机组合更为确切。"个人/家庭"反映了理财服务的主体，"金融"体现了其依托的证券、投资、保险、信托、期货、基金等主要理财工具。"理财"本身包含了会计记录核算的意味，反映了资金筹措、资源合理配置，并遵循最大收益与最小耗费的经济原则，将经济活动状况及结果给予记录反映，实现生活目标的内涵。

香港某著名个人理财师认为：理财是科学和艺术的结合，科学体现在懂财务、会分析，艺术体现在能够察言观色地阅读投资者的心理。投资理财是在充分了解社会规则，以各种投资工具为语句，以投资组合为段落去描述世界的变化，特别是财经世界的变化。认识世界越清晰，描述的越精准，理财的效果就会越好。所以，投资理财是一种文化。

如上面的介绍，可以看出个人理财规划的涉及面非常广泛，包括了客户财务需求的所有方面，并与客户个人及其家庭的经济财务状况紧密联系在一起。笔者认为，个人理财规划是指个人或家庭根据客观情况和财务资源（包括存量资源和预期资源增长）而制定的旨在实现人生各阶段目标的，包括从出生到死亡的一整套相互协调的理财规划。个人理财规划不仅包括个人财务需求的各个方面，并且与个人生命周期紧密联系在一起，具有系统性和连续性。

1.1.2　个人理财规划定义的理解

对个人理财规划的详细解释，首先可以望文生义，从"理财实体"、"金融理财"和"理财规划"三个方面分别加以说明。

1. 理财主体

理财是个大范畴，目前我国经济运行的主体有国家、企事业单位和个人家庭三大层面。就理财的主体而言，也同样包括了这三大主体。

1）公共理财

理财从大的方面来说，可以包括国家政府理财、社会公共理财等，如国家对上百万亿元国有资产的运营获益与优化配置，对每年十数万亿元财税收入的征收、预算与分配等。

2）单位理财

理财从中间层次理解，可以包括金融保险机构和广大企事业单位的理财，如金融保险机构对大量聚集的金融资产的存入与贷出，事业单位的事业活动中的资产运用等，尤其是企业公司的生产经营投资活动中的理财筹划等，都属于单位理财。

3）个人/家庭理财

在我国，个人与家庭通常紧密连接在一起，个人理财或家庭理财可视为同一概念。目前，家庭仍是一个重要的社会经济组织，个人生活的种种方面往往要以家庭为单位来组织和实现，离不开家庭的整体运营。在相当的程度上，我们是将个人理财与家庭理财连带考虑的，但两者并不完全等同。个人理财需要考虑自身的生命周期及所处的不同阶段，如接受教育、退休养老直到最终死亡等种种事项；家庭理财则还需要考虑结婚成家、抚养儿女、赡养老人等事项。西方崇尚个人主义，通称个人理财；国内以家庭为主体进行理财的行为比较普遍，称为家庭理财更为合适。

2. 金融理财

在人们的心目中，理财通常又称为金融理财，金融保险与个人理财密切不可分割。理财主体通常是金融保险机构向个人客户提供理财服务；理财工具主要是储蓄、信贷、证券、保险等各种金融工具；理财方法主要是金融工程、保险精算、资产组合等各种金融方法。具体而言，就是金融保险机构运用各种金融工具和技术方法，面向个人/家庭提供各种所需要的金融产品与服务，具体包括如下内容。

（1）金融类：提供储蓄存款、房屋按揭贷款、教育贷款、消费贷款、个人金融理财服务等。

（2）投资类：股票、基金、债券等证券投资；投资型公寓、商铺、别墅、写字楼、特色商业街房产等投资；典当、拍卖品；艺术品、钱币、珠宝等收藏品投资。

（3）创业类：投资创业项目、连锁加盟特许经营、风险投资机构等。

（4）服务类：投资理财咨询、理财软件、理财培训、理财工具等。

（5）综合类：家庭投资理财、人生理财计划、保险服务规划等。

目前我国乃至世界各国的个人理财大都是先从金融保险业界做起，发挥银行保险业直接面对企事业单位和个人家庭提供金融理财服务的优势和契机，并通过金融保险业界将理财的理念与行为推向企业和个人用户。故此，我国目前推行的个人理财，又称为个人/家庭金融理财，并主要从金融保险的角度来谈论个人理财规划。

3. 理财规划

理财是个大范畴，从一般含义来理解，是指对各种经济主体组织的各类经济财务活动的策划、营运、核算与效益提高，最终达到既定利益目标的完美实现。规划同计划相似却不等同，计划是规划的具体实施，规划则是对未来长期事项的一种概略设定，包括方案制订、目标确立、指导思想遵循、协调组织调控等种种事项。没有规划就难以建立前进的目标，无法有效地指导经济主体的经济活动组织与运营的状况。

"国计"有严格的规划，如"十一五"规划、教育事业发展规划等，"家计"也应当有自身的规划安排。

1.1.3　个人理财规划的广义与狭义解释

对个人理财规划的详细说明，笔者认为还可以从广义、狭义的角度对理财活动的主体、内容、属性等加以理解。

狭义的个人理财规划，是商业银行或其他金融保险机构举办的，以拥有一定资产和意愿的个人为服务对象，主要为其销售各类金融理财产品，办理财产代理、信息咨询、投资顾问等金融中介服务，并从中收取一定手续费和佣金的行为。

广义的个人理财规划，则是指包括银行保险公司、理财事务所等在内的各种专业理财机构，为个人提供有针对性的、专业化的综合性全面理财服务，其活动范围涉及个人整个生命周期财务需求的全过程。一般包括个人生命周期各个阶段的资产负债分析，以收入、消费与财产为内容的现金流量预算和管理，个人风险管理与保险规划，证券投资计划及目标确立与实现，职业生涯规划，子女养育及教育规划，房地产投资与居住规划、保险计划、员工福利与退休计划、个人税务筹划及遗产规划等各个方面。

应当认为，个人理财不仅局限于金融理财机构或权威的第三方独立机构，对客户提供的种种理财服务与规划，还应当表现为是一种个人家庭的自觉主动性行为。个人家庭作为经济活动的主体，在组织其经济活动以满足自身多功能生活需要的过程中，为促成拥有资源的合理优化配置，维系家庭机体的正常运转，自行组织或委托某方面权威机构或专家代为策划的，以更好地打理钱财，实现家庭个人效用最大化的管理活动。

1.1.4　个人理财规划的形式

个人家庭拥有各类资产的运作，涉及运作主体的问题。一般认为，作为个人家庭拥有的资产，自然是由该家庭成员，尤其是家中的主要成员，如家庭管理者、家政主持人来运作，也可以委托专业的第三方理财机构运作，具体有以下几种形式。

1. 自主理财

自主理财是指个人家庭对自己的财务状况组织分析判断，并做出决策，这是目前绝大多数家庭的理财方式。当个人理财师还不能大量出现并实际发挥作用之时，个人家庭的自主理财就是非常必要。即使在个人理财师大量出现后，现实的市场经济的社会生活中，个人仍应具备有一定的金融理财知识，不可能将各种事项，不论事无巨细都委托由个人理财师来操作。即使说日常的消费购买生活，也有个选择与比较、成本与效用评价的问题，这同样是大家自主理财的重要内容。

2. 帮客理财

帮客理财包括银行、保险公司、信托投资、证券交易等各类金融保险机构，为客户开办的各种咨询、宣传、介绍、参谋业务，这是免费进行而不向客户收费的。这种方式还不是真正意义的委托理财，而只是帮助客户了解熟悉有关金融保险业务，对客户不够明了的理财业务知识、技巧予以宣传介绍，理财中的疑难问题予以解答。既方便客户，也有利于金融保险部门拓展自身的金融保险业务。这类"帮客理财"活动今日已经开展较多，受到社会各界的关注。但这类行为又因附带大量推销自身的金融产品而备受公众指责。

金融保险部门的"帮客理财"只起到参谋咨询、建议、辅导客户理财的功用，金融资产的支配权仍旧操在客户手中，真正的决策权在客户手中，客户对来自机构的建议可以听取也可以不予听取。由此而来的收益和风险也完全由客户享有并承担。金融保险部门不从中分享收益，也不承担相应风险。

3. 代客理财

这是社会上出现的各种投资理财的专业组织，如理财工作室、基金会、投资基金管理公司等机构。这种理财形式是由理财机构派专家代客户打理钱财，理财主权在机构手中，机构的意见客户必须听从,事实上客户已经将自己的账户、密码全部交出,丧失了理财的主权。委托理财的风险和收益承担机制又包括多种形式,理财收益由机构与客户分享,发生亏损由双方共同分担,分享与分担的比例方式又有多种情况区分。

4. 理财事务所

理财事务所是社会中专门出现的,以帮助客户打理钱财为己任的经营组织。这种专门职业型的委托理财,是以营利性组织的形式出现的,属于第三方机构理财。理财事务所向客户提供的服务要收取若干费用,如咨询费、设立俱乐部缴纳会费等固定或不固定收费等,来弥补自身的经营成本并获取盈利。

这类号称理财事务所的组织,目前在我国尚初露端倪,最终会像目前已经大量存在的律师事务所、会计师事务所一样,遍布神州大地并发挥其独特的理财功用。

1.1.5　个人理财规划的内容

个人理财规划是针对个人/家庭的整个一生或某个重要阶段的财务活动安排和资源配置的规划,号称是"从摇篮到坟墓"的全过程的规划。鉴于个人家庭生活打理中出现的结婚成家、子女生育、子女教育、家人抚养、赡养老人、就业寻职、退休养老乃至可能发生的家庭解体、分家析产,直到最终死亡等种种事项。个人理财规划除一般理财主体基本包括的现金规划、投资理财规划、保险规划及税收规划外,还包括了婚姻生育规划、教育规划、购房规划、生涯规划、抚养赡养规划、退休养老规划等特殊内容。

如上各项具体理财规划的详细说明,是本书所要研究的基本内容,将在后文一一说明,这里不予赘述。

1.2　个人理财规划兴起的经济社会背景

个人理财规划在今日的广泛兴起,并成为社会的热点话题,有着深刻的经济社会背景。在某种程度而言,人生在世的过程就是个人运用支配所拥有的各类资源,以实现资源的合理配置和效用最大化的过程。这一过程的实现并非天赋之物,还必须具备有相应的经济社会环境。这些经济社会环境突出地表现在如下方面。

1.2.1　我国国民经济的持续高速增长

自1978年经济体制改革开放以来,我国的国民经济持续了30年的高速增长,已成为世界上经济增速最快的国家。城乡居民的收入水平不断提高。据世界银行统计,中国目前的经济总量已高居世界第二位,并将最终超越美国,成为第一大经济实体。

国内生产总值及其增长状况,是衡量一个国家和地区经济社会发展状况的重要指标。我国2006年至2010年国内生产总值及其增长速度,如图1-1所示。

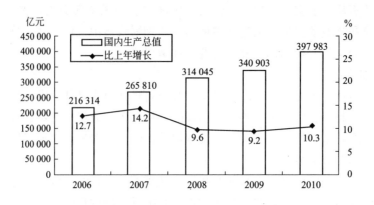

图 1-1　2006—2010 年国内生产总值及其增长速度

数据来源：国家统计局 2011 年 2 月公布的《中华人民共和国 2010 年国民经济和社会发展统计公报》。

1.2.2　个人拥有丰厚的经济金融资源并较快增长

个人/家庭拥有丰厚的经济金融资源并较快增长，是个人理财事业迅速兴起并较快增进的重要缘由。随着社会的全面整体进步和经济快速发展，我国城乡居民生活水平大幅度提高，居民的私人财富不断积累，一大批新富阶层迅速出现。对个人及家庭财富的筹划与管理，就成为新富阶层乃至整个家庭群体的迫切需求。

1. 个人收入总量急剧增长，家庭金融资产数量庞大

个人理财规划事项得以广泛兴起，首先同个人拥有经济资源的急剧增加是区分不开的。随着国民收入的快速增长，居民拥有财富迅速积累，越来越多的人走向小康和富裕，已是不可争辩的事实。我国个人收入分配的格局和对金融活动的需求，也发生了很大的变化。公众拥有各项资源的逐步增长，且种类增多，内容丰富，有了经济意识赖以存在并充分发挥功用的物质基础。从长远发展趋势看，个人拥有各类经济资源，不只是在绝对数而且在相对数上都有了大幅度增长。这些资源除可以满足最低限度的生存需要外[①]，还有着较多的剩余财力供大家自主选择并决策，这就为发展我国的个人理财业务奠定了雄厚的物质基础。

2006 年至 2010 年，我国农村居民与城镇居民人均纯收入及其增长的状况，如图 1-2 和图 1-3 所示。

2. 个人拥有的经济金融资源急剧增长

居民个人拥有经济金融资源的急剧增长，是我国改革开放 30 年来经济社会生活中的一件不容忽视的大事。市场经济是以市场作为资源配置基础的经济形式，这一资源不仅包括企业、国家乃至社会公共拥有的资源，也必然要包括居民个人拥有的家庭经济资源在内。居民个人拥有资源的配置及抉择导向，必将对经济社会生活发生重大而基础之影响。

---

①　这是只限于满足衣食住行用的最低层次需要，不可随意抉择，其范围与内容受到相当的限制。

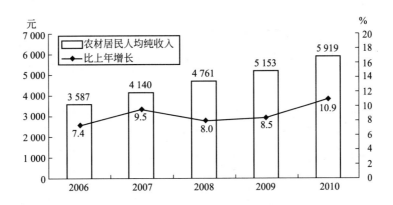

图 1-2　2006—2010 年农村居民人均纯收入及其增长速度

数据来源：国家统计局 2011 年 2 月公布的《中华人民共和国 2010 年国民经济和社会发展统计公报》。

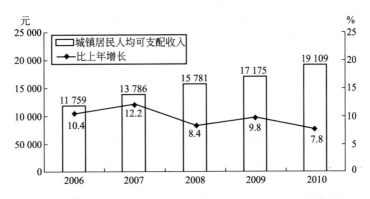

图 1-3　2006—2010 年城镇居民人均可支配收入及其增长速度

数据来源：国家统计局 2011 年 2 月公布的《中华人民共和国 2010 年国民经济和社会发展统计公报》。

　　改革开放以来，我国的经济在持续增长，城乡居民货币收入大幅度增长，个人金融资产在全社会金融资产中增速迅猛，保有量大。截至 2010 年年末，我国城乡居民个人拥有金融资产已高达 30 万亿元，占据全社会金融资产的比重，也由 20 世纪 90 年代初的 40％左右上升到目前 60％多，并还在不断地快速拉升。国内个人金融资产这块大"蛋糕"中，资产集中化和多元化的趋势也愈为明显。这都表明个人家庭拥有金融资产正在急骤增加，传统的储蓄种类已远远不能满足客户保值增值的要求和资金使用日益多样化的需要。图 1-4 正反映了 2006—2010 年短短的五年来，城乡居民人民币储蓄存款从 161 587 亿元一举增进到 303 302 亿元的快速增长态势。

3. 居民拥有金融资产结构原始单一，需要多元化

　　随着市场经济的发展，居民收入明显提高，并直接表现为居民金融资产数量的持续上升及需求的增加，金融资产的形态也渐渐趋于多元化。随着居民家庭手中富余资金的增多，特别是中高收入阶层财富的积累，必然会引起财富观念的变革和投资理财意识的逐步增强。居民对投资工具的要求越来越高，客观上需要金融部门提供个人理财规划的多方面服务。

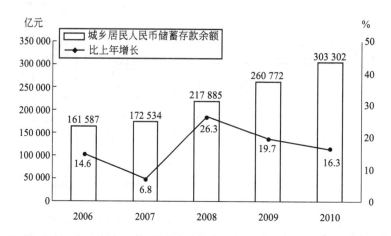

图 1-4　2006—2010 年城乡居民人民币储蓄存款余额及增长速度

目前，国内可供居民选择的投资工具主要有：储蓄、债券、储蓄性保险、股票和基金、房地产、外汇、字画等，但最大量的资产仍然集中于稳定而低效的储蓄存款上，占到全部金融资产总量的 80% 之多。这同美国等金融发达国家的居民金融资产结构，是难以相比的。

目前，个人资产正在加速向股票、债券和基金等投资领域转移。以国债为例，个人拥有国债余额与储蓄存款余额的比值，从 1994 年的 5% 上升到 2008 年的 16% 左右。银行存款比重下降，投资性资产增长快于金融资产的增长速度。表明个人家庭对各种投资的风险、收益和利率水平愈益敏感，他们渴望银行提供流动性、安全性和盈利性俱佳的金融产品，以及形式多样、方便灵活的金融服务。

4. 金融投资理念成熟，个人金融服务发展带来巨大的市场需求

过去 30 年中，在各项金融指标中增长最快的是城乡居民储蓄存款。目前，个人正逐渐成为社会经济活动的主要力量之一，成为社会财富的重要支配者和金融服务的对象。开拓个人金融业务不是可有可无，而是具有巨大的社会需要。鼓励居民家庭将间接投资转化为直接投资，已是向市场经济转变的必然要求，成为当前最重要的经济金融体制改革的基本目标之一。可以断言，个人家庭将成为未来银行最重要的客户，个人金融业务将成为银行的主要业务之一，对个人金融服务的要求更趋于迫切与多元化。

当前我国的市场经济在快步发展，社会家庭的经济结构随之发生了根本性的变化。家庭收支结构的变化、居民生活质量的提高和生活方式的改变，都提出了金融服务的多元化需求。亿万客户的金融理财需求是一大商机，金融保险机构必须把握这种商机，尽快设计出各类个人金融产品及相关服务，来满足居民丰富多样的理财需求，从而达到提高自身盈利水平、强化竞争实力的目的。

从目前国内银行业本身来看，各商业银行发展个人金融业务可谓不遗余力。中国银行曾做出发展大公司批发业务和个人金融业务齐头并进的战略，各个非国有商业银行也凭借自身"船小好调头"的优势，有计划、有步骤、有目的地将重心向个人金融业务领域倾斜。

1.3　个人对理财服务的需要

1.3.1　居民对金融理财服务的迫切需要

个人理财规划是中国经济发展和财富增长后的首要选择，如何解决经济发展和国民财富增长之后的个人理财问题，已经成为当前国人生活中的一件大事。

1. 居民面对经济生活的众多不确定性需要理财服务

居民收入及拥有金融资产数量的大幅增长，是我国经济体制改革 30 年来的最伟大的成就之一。但在居民财富不断积累的同时，随着医疗、失业保险、退休养老等社会保障体制及教育、住房等制度改革的深化，各类支出中个人/家庭承担的比例逐年增加，未来预期支出的不确定因素增长，居民们必须为子女教育、改善生活条件、安置退休生活和预防不确定事故而增加储蓄，并期望通过商业银行和其他金融机构的优质服务，实现已有资财的保值与增值。

经济发展和各项体制的改革，使人们不得不更多地关注自己的财产状况，通过综合安排以确保日后生活在财务上实现独立、安全和自主的境界，近几年逐渐深入人心。居民对个人资产保值增值的愿望越来越强，参与金融理财的方式日益趋向多样化。从过去单一的银行存取款向支付、理财、融资、投资一体化延伸。

2. 居民经济状况的变化对金融理财服务提出新要求

目前，金融保险机构面对的不再是前来存款、投保的普通储户，而是要求享受存、贷、结算、汇兑、投资、外汇等全方位金融服务的客户群体，不仅需要银行、保险公司提供进入证券、基金、保险等投资领域的手段，而且希望在理财资讯、投资顾问和投资组合等方面享受优质、便捷、高效的服务；不仅需要银行为其购物消费、公用服务、经商办事业等进行结算汇兑，而且有强烈的信贷要求。这对金融机构既形成压力，又为其适应市场、开拓业务、寻找新的效益增长点提供了广阔的机遇。

我国居民已具备了多元化投资的能力，随着股票、债券、投资基金等金融产品不断涌现，个人金融投资的机会不断增多，同其保值增值的潜在欲望发生相互作用。使得商业银行开办以代客投资理财为主的，个人金融中介服务的需求市场不断壮大。老百姓迫切希望银行能延伸服务领域，广泛开展各类理财业务。

3. 推出个人理财规划业务满足居民理财的需要

巨大的金融资产保有量，是个人金融业务开办的无穷潜力所在。个人金融服务市场需求总量不断扩大的同时，居民金融服务需求的层次也正在发生深刻变化。它要求金融部门能够开办与之相适应的金融服务与业务品种，特别是在现阶段我国银行业和证券业向市场化过渡，股票、债券、基金、保险、银证转账等融资工具日渐丰富，从以往简单地储蓄存款获息并保障安全，发展到目前的支付结算、外汇买卖、透支、贷款融资、经营投资和综合理财等全方位、多层次的金融服务。

银行开展个人金融服务是广大居民的迫切期望，那些拥有高额资产和稳定高收入的个人群体，尤其需要专业的金融机构为其提供全方位、专业化、个性化的资产管理服务，以确保私人资产在安全的前提下不断增值。这为商业银行拓展个人金融服务市场，提供了广阔的前景。

1.3.2　个人理财服务推动财富增值

1. 丰富多彩的业务品种、投资组合和硬件服务，增强公众的财富观

随着居民个人货币收入增加，进入小康甚至富裕的家庭越来越多，人们的消费观念、投资观念随之发生了深刻的变化。对金融理财提出了许多新的需求，从而为商业银行开展个人金融服务创造了极好的条件。

个人金融业务是商业银行以自然人为服务对象开展的综合性金融服务，有着广泛的群众基础和创新压力。经济快速发展的同时推动了金融的发展，理财市场上可供人们选择的金融工具日益增加，但老百姓对此仍感到十分茫然，除了储蓄存款外，能够熟练地参与各类金融交易活动的个人并不多见，将理财咨询服务教育工作提上议事日程，就成为当前应引起重视的一件大事。

2. 个人理财业务将对富裕阶层开展强大攻势，借其核心示范作用带动大众消费投资

目前，随着经济社会发展不平衡的加剧，社会财富呈现不均衡分布的态势，富裕阶层和平民的财富分布有着明显的"二八效应"。20％的人员掌握着80％的金融资产，已在我国商业银行的众多调查中得到证实。国外成功的商业银行一般都把中上层客户作为个人金融的主要营销对象，包括企业家、公务员、律师、医生等社会名流和专业人士。把这些人服务好了，就是做了最好的广告，容易在客户中引起良好反响，带动社会新潮流。如香港的汇丰银行，原来提供个人金融服务对客户存款门槛的要求很高，在广大"薄有家财"的客户的要求下，已将门槛放低至20万港元，目前这一业务十分红火，许多客户为拥有汇丰的个人账户为荣。

3. 通过提供和享受个人理财业务，使社会公众的金融意识逐步建立起来

大力开展金融理财业务，目前还存在诸多障碍。我们认为，公众缺乏健康的、科学的金融意识和消费观念，是导致金融理财业务发展缓慢或误入歧途的重要原因。这项于国于民都很有利的新金融产品，应当如何推动，使之形成星火燎原之势。可以借鉴国外的先进经验，从商业银行开展个人金融业务入手，在银行与个人的双向交流中，增强公众对财富保值增值的能力和个人信用意识，增强公众的经济与金融意识，使理财成为人们一种自觉关注的行动。开展个人理财规划服务，不仅是金融机构开拓新兴业务需要，也是居民增加财富、防范风险的迫切要求。

1.3.3　客户对金融理财需要状况的调查

居民是否需要金融理财服务，银行在这方面都做了哪些工作，这些工作是否让大家感到十分满意，居民对金融理财服务还有哪些进一步的要求等，是研究金融理财服务首先应当给予极大关注的。为此，需要组织大量的家庭社会调查。以下对我国最近几年曾经组织的两次

相关调查的状况给予简要介绍。

1. 国家景气监测中心的调查

国家景气监测中心公布的一项调查结果表明，我国城乡家庭拥有金融资产已经高达 30 多万亿元，但对其的配置运作并非很好。全国范围内约有 70％的市民希望自己的金融理财有个好的个人理财师。原因主要是：①自身缺乏必要的金融知识，难以制订适合自身特点的理财方案（38％）；②按照自身的水平，很难获得更大的投资受益，必须借助专业金融人士的帮助（30％）；③专业金融机构在信息、设备方面有优势，能为自己提供便利（25％）；④由专业机构指导个人理财规划，符合现代社会的要求（7％）。另外 36％的被调查者，由于收入水平较低、对个人理财规划服务缺乏信任感等方面的原因，表示不需要个人理财规划服务；还有 23％的被调查者表示，目前不需要个人理财规划服务，但将来有可能需要；11％的被调查者表示对此不感兴趣；15％的被调查者表示"无所谓"。

2. 其他权威机构的调查

中国社会调查事务所（SSIC）曾就个人理财规划服务问题，在北京、天津、上海、广州四地作专项问卷调查。调查结果表明，在问及是否需要个人理财规划服务时，74％的被调查者对个人理财规划服务感兴趣，41％的被调查者认为需要这一服务。他们希望了解个人理财规划服务的具体内容，希望有专业机构提供关于存款、股票、债券、基金、保险等金融资产的最佳组合方案。

据中国消费者协会最新公布的一项调查显示，目前有 36％的消费者已经购买保险，64％的消费者没有购买。在已购买保险的被访问者中，有高达 45.4％的人表示不清楚合同的免除责任条款。在不买保险的被访问者中，有近 10％的人拒绝买保险的原因是"看不懂合同"。

根据以上调查资料表明，居民对个人理财规划服务具有迫切需要，在中国开展个人理财规划服务具有广阔的发展前景。

1.4　个人理财师

近几年来，个人理财与个人金融个人理财师正成为人们关注的焦点。业内人士认为，如果 2003 年被称为信用卡元年，2004 年是个人理财产品元年，2005 年则被可为个人理财元年。

1.4.1　个人理财师的含义

个人理财师（Certified Financial Planner，CFP），通常又称为注册金融个人理财师、个人理财规划师、金融策划师等，是国际上最为权威的理财职业资格。它是由各国注册个人理财师标准委员会向那些经过规定的培训，具有所要求的工作经验，通过专门考试的专业人士发放的职业资格证书。

伴随着国内金融领域的国际化，大量具有个人理财师证书和规定标准的专业人才将成为新宠，而且，获得个人理财师的资质意义重大，可为将来的职业升迁竞聘、待遇提升等增添重要的砝码，是专业金融从业人员提升专业职能，肯定自我价值实现的最佳途径。本方面课程涉及财务、保险、投资、税务、会计、家庭等多个领域，考取了个人理财师的资质证书，将有资格为客户制订具有标准的理财规划，成为理财规划行业的专家。

个人理财师证书如同个人理财行业的通行证，成为银行、保险、证券等从业人员实现自我价值增值的最佳选择，也成为金融机构提升专业服务水准，对客户展示专业形象、取得公信、追求卓越的金字招牌。与此相类似的还有兴起于美国的注册金融个人理财师等。

个人理财师是对客户今后个人生活中所有各种金钱方面的问题进行咨询的人，是通过明晰客户的理财目标、分析客户的现实生活情况和财务现状，按照客户的有关生活计划和目标，整理客户生活各方面所需的资金，从而帮助客户制订出可以实现其目标的理财方案，并通过长期的资产管理帮助客户执行并实现这一理财方案，为客户的理想计划和生活目标的实现提供支援和帮助。

国家金融理财师标准委员会颁发的《金融理财师考试认证暂行办法》规定到：金融理财师是从事金融理财并取得资格认证的专业人士。金融理财师是在达到标准委员会所制定的教育（Education）、考试（Examination）、从业经验（Experience）和职业道德（Ethics）标准（以下简称"4E"标准）后所获得的专业称谓。金融理财师工作的最终目标是，在客户既定的条件和前提下，运用专业知识与技能，最大化地满足客户对财富保值和增值的期盼及其人生不同阶段的财务需求。

人的长相各有不同，每个人的生活方式和家庭构成、生活经历、工作收入等，也都存在着巨大的差异，这就需要个人理财师针对客户的实际情形量身定做适合的理财方案。

1.4.2 个人理财师的职业界定

个人理财师在个人家庭理财生活中担负的角色，可从如下方面加以评定。

1）个人理财师——家庭经济顾问

1969 年，国际财务规划协会提出了"关注客户理财目标和需求，比关注单一产品推销更重要"的服务理念和专业精神，由此而兴起了理财顾问这一职业，并推动涉及客户生活方方面面"财务规划"的概念和方法。个人理财师会考虑顾客的财务、家庭、文化背景、业务及产品周期等因素，按照个别需求和目标进行评估，仔细分析现有的投资组合，为顾客设计以个人需求为基准的财务方案，以确保达到顾客的理财目标，维持顾客的投资风险与回报相平衡。一旦制订初步投资策略后，个人理财师将尽全力了解顾客投资组合的最新表现，并应顾客要求提供金融市场、经济领域、市场动态的相关信息。

2）个人理财师——家庭经济生活规划的专家

个人理财师是制订综合资产设计等理财规划的专家，提供综合性的专家群服务是个人理财师的重要特征。这是一个包括律师、税务师、注册会计师、社会保障、不动产及金融等各方面人士在内的专家群体。他们会根据客户的生活方式，为实现客户的理想和生活目标，动用一切必要的专家群体，做全方位的支援和规划，这是金融理财服务区别于其他服务的特别之处。个人理财师一旦接受客户的委托，就会立即开始收集客户的相关财务信息，对客户的整体财务状况给予全面、客观的评价，并在此基础上为客户量身定做理财规划建议。

3）个人理财师——"家庭财务医生"

个人家庭经济生活的运行中，限于拥有知识技能的不足，时间精力的缺乏，以及个人财商状态的差异，不可避免会出现不适当行为。个人理财师正可以形象地比喻为直接面对"财务患者"的"家庭医生"一样，对个人家庭理财生活中出现的种种问题咨询诊断，然后对症下药，开方治病，提出应采取的相应措施。

4）个人理财师——家庭理财博士

个人理财师是家庭理财的博士，是包括资产设计等在内的制订人生规划的专家。他们会帮助客户进行合理理财，回避或转嫁风险，对客户的资产负债情况详细掌握。分析客户个人的净资产负债比有多大，当收入与负债比超过一定范围时，应该引起个人理财师的注意，建议客户适当减少个人债务，以免造成债务压力。要根据债务的偿还期限和偿还能力，尽量将长中短期债务相结合，避免还债期限集中在一起，到时无能力偿还。当客户遇到理财的烦恼，就会找他们进行咨询。

按一般常规而言，个人理财师并没有男女的限制。女性细心、谨慎，不容易出差错，人际交往能力强，更容易赢得客户的信任感，能为客户提供更为细致耐心服务的优点。不过，这个职业又是一个非常理性的职业，需要男性通过自己明晰的逻辑推理和分析判断能力，在面对市场动荡时仍能保持冷静理智的头脑，行业运作中如鱼得水。

1.4.3　个人理财师服务

1. 个人理财师的"管家"式服务

（1）整体理财规划。个人理财师必须以个人、家庭的幸福生活为出发点和依归，从收入、支出、投资和风险规避 4 个方面全方位地精心设计与规划，最终实现财富的保值增值、实现幸福的生活。

（2）渗透理财理念。个人理财师必须在理财行动中不断地向客户渗透最合适的理财理念，只有从观念上更新客户的理财理念，才能得到客户的有益配合实现整体的理财规划。

（3）"授之以渔"。理财行动中有着家庭记账核算、财务分析、判断市场大势、识别冲动消费等大量的理财技巧与方法，理财顾问必须为客户提供好这些理财之"渔"。

（4）"授之以鱼"。在个人投资理财与风险规避等方面，专业金融知识、丰富投资经验的具备，需要耗费大量的时间精力，不是一朝一夕所能达到，也不是每个人都能达到的。理财服务既要"授之以鱼"，更要"授之以渔"，为客户提供实实在在的回报。

（5）长期贴身的辅导与服务。个人理财师在对客户长期的服务中，与客户建立了密切的联系，甚至深入客户的婚姻家庭生活之中，帮助客户排忧解难。如果专业家庭理财行业能及早出现，也许就能避免无数的婚姻悲剧。能请一个专业家庭理财顾问，自己不会理财又有何妨。

2. 个人理财师对高端客户的营销[①]

个人理财师着重于对高端客户的理财营销，主要有以下 4 种营销模式。

---

① 毛丹平. 理财规划师如何对高端客户进行营销. 个人理财，2004（3）.

1）理念加产品

个人理财师进行营销时应该改变只有产品、没有理念，遇到客户就只顾推销产品的做法，这是最令客户反感的。个人理财师学到了新的理财理念，应当把它运用到实践操作中去。个人理财师常常会将理财只是视为一种技术性内容，着重于具体的金融产品运用，但提供的这些理财产品具体贯彻了什么样的思想，遵循何种理论，却不大清楚。这是不可能做好理财服务工作的。

2）理财原理加产品服务营销

这些理财原理包括家庭利益最大化（理财目标最大化）、家庭目标导向、家庭风险管理（生命周期理论）等。个人/家庭拥有的资源很多，即使说经济无以自立的大学生也拥有一定的劳动力或知识技能资源，对这些资源的经营运用虽不能马上致富，至少是可以确立对未来生活的信心，走上新的人生之路。再者，人生有不同阶段，每个阶段都有不同的目标需求。个人理财师不应该只关心理财产品的推销，更应关心他们人生目标的策划定位和风险偏好，并利用理财的相关原理和技术方法，为他们做好拥有各项资源的整合与规划工作，为他们推荐理财产品，最终达到自己的产品销售目的。

3）制订标准的理财作业流程即理财建议书

现在很多人都希望看到对自己专门制定的理财建议书，他们会从保险公司、银行索取不同的建议书来参考。个人理财师如不能做好这样的建议书，就无法做好自己的工作。制订理财建议书需要花的时间如太多，可以先做一些适用于不同家庭的标准版本，再对症下药，套用到类似的家庭个人身上。

4）"一对一"专门化服务

个人理财师对客户提供服务，是以"一对一"的形式出现的，甚至是很多人联手为某一个人制订理财规划建议书，这就叫做私人银行业务。如大企业家、豪富阶层等都拥有不少的经营资产、个人金融资产和其他实物资产，需要多人为其提供投资、保险、融资、避税、保险、个人财务等"一条龙服务"。

3. 个人理财师应做的工作

1）推广理财规划概念

个人理财师把推广理财规划概念的工作视为自己的使命，他们努力地去做面对面的介绍、讲座、研讨会及在报纸杂志上推介，同时借此提高自己的社会影响。

2）分析客户的需要，认清客户的目标

在收集了有关客户背景、可用资金及负担的资料后，个人理财师便可协助客户制定个人理财目标。

3）解释整个理财计划

个人理财师会根据客户的生活方式和价值观、快速变化的经济环境，围绕客户的家庭情况，收集和整理有关客户的收入和支出的内容、资产、负债、保险等一切数据，听取客户的愿望、分析现状，并根据分析结果，为保证实现客户生活上的目标制订投资方针、对风险进行控制、规划纳税等。他们对客户的全部资产进行设计，并随时对这种设计方案的运行进行反馈和帮助。

4）分析客户的状况及设计恰当的理财计划

细心分析客户的财政状况后，个人理财师会向客户设计一个既合适又可行的理财计划。

个人理财师会提供多个方案给客户考虑，并会详细解释每个方案的优劣，再加上自己的意见，协助客户做出最恰当的选择。

5）实行理财大计

每当客户做出决定后，个人理财师便会协助客户，根据早期订立的计划及方向，通过各种投资工具实践理财计划。

6）监督计划的进行

个人理财师会密切注视经济情况及法制的变动及更改、客户个人财务的状况及需要的变化及计划方面的表现。资本市场千变万化，一个精心、尽职的个人理财师，会不断调整客户的投资组合，精心调整既定的财务策略，以较好地满足客户的各种需求。

4. 个人理财师可具体承担事项

投资理财具有高度的复杂性，个人理财师的作用不能忽视。单单从金融机构提供的理财服务产品和服务而言，每个银行都有不同的理财服务产品和项目。在投资方面，个人理财师可发挥的功用具体有以下方面。

(1) 咨询顾问服务：个人理财师会根据专家分析意见给客户提供建议，包括一系列金融、投资产品。

(2) 全权委托投资：客户可选择委托个人理财师作为全权代理，负责管理全部或部分投资组合。有关投资将根据客户的风险承受力、预期回报和时间要求等进行。

(3) 投资基金：通过个人理财师提供一系列有良好业绩的投资基金，帮助客户进入最有经济效益的全球股本及债券市场，同时通过多文化的投资使投资风险分散。

(4) 另类投资：个人理财师还可提供另类投资产品，包括对冲基金、私人股本投资及特别设计产品，为客户的投资组合提供有用的多样化服务。

(5) 信托及信托基金：为达到把资产的法定拥有权最优化，个人理财师可以设计出融合复杂的财务及法律奥妙的独特信托结构，也可以为客户设立慈善信托基金。两者均可纳入客户的产业计划及财富管理的框架。

(6) 信贷服务：通过对客户的投资组合保证，个人理财师可向客户提供广泛的信贷咨询服务，以优化客户资源，为客户的投资实力提供"杠杆效应"。

(7) 外汇及金融衍生产品：个人理财师可提供综合的外汇投资顾问及交易服务，比如处理货币期权、期货及衍生产品等。

1.4.4　个人理财师的任务与服务目标

1. 个人理财师的服务内容

个人理财师作为负责个人理财的专家，向客户提供完整的理财服务，并帮助客户做出理财规划的完整规划，有关个人理财规划的服务大致可以包括以下内容。

1）判断分析

针对客户的财务状况及需求进行完整的理财分析，帮助客户学会如何设定人生的目标与理财优先目标，了解自身或家庭的实际财务状况。

2）提出对策

帮助客户学会如何设定自己的投资理财的实际执行步骤。针对前述的财务状况分析，提出理财方案，如减少存款、增加证券投资或是增加人寿保险，或建议针对某个理财目标做出每月 1 000 元的定期定额投资等。

3）资产配置

配合前述的分析与理财方案，为客户做资产的分配。如存款、证券投资、房地产、寿险等在所有资产中该做怎样的分配，以及每个项目应有何等比重等。

4）产品搭配

针对前述的资产分配，搭配适当的理财产品，如定期存款、债券基金、股票或股票型基金、人寿保险、健康保险、外币存款、房地产等。

5）相关服务

如售前售后的相关咨询、资料提供、疑难解析，售后服务报表（以对账单为主）提供，资产组合调整的提醒并协助进行。这些可通过人员及电子系统（包括语音、网站等）搭配提供。

6）提供个人资产负债表与个人损益表的模板

帮助客户学会自己编制资产负债表和损益表，登记收入与支出记账，并科学地分析自己的财务状况，从中得到有用的信息。

7）不定期提供最新的个人理财的资料信息

帮助客户学会监控每日投资理财的执行结果，每月提供理财计划的复查分析报告等。

2. 个人理财师的任务

个人理财师的任务，是以专业化的金融知识，指导人们理财和制订投资计划，做到合理投资，规避金融风险，确保人们在长期、复杂环境中的财务独立和金融安全，以满足客户长期的生活目标和财务目标。没有很好的各类专业知识，根本无法从事这一职业，也并非在银行、保险公司或者证券公司做了几年就可以胜任的。

个人理财师的主要职责是为个人提供全方位的专业理财建议，通过不断调整存款、股票、债券、基金、保险、动产、不动产等各种金融产品组成的投资组合，设计合理的税务规划，满足客户长期的生活目标和财务目标。个人理财师可以全面分析客户的财产状况，然后依据客户需要制订理财建议，或依据客户整体情况针对某个单独问题进行理财建议。个人理财师帮助客户分析全部或部分理财问题，然后提出一份综合客户全部理财目标的专业理财计划，或根据需要提供某方面具体建议。理财计划并非一定以书面文件形式呈现出来，也可以是一种理财建议。

持有综合理财观的人认为，个人理财师必须全面考虑客户的财务状况，包括客户的所有财务需求及其目标，并运用综合手段来实现这些财务需求和目标。综合理财规划的两个本质特征是：①包含了所有可能获取的个人信息和财务状态；②综合运用单目标理财规划所用的各种专业技巧和技能，系统解决客户的财务问题。综合理财规划需要广泛的专业技能，通常需要有一个专家队伍才能完成有效的理财规划，综合个人理财师的主要任务是协调团队成员的工作，并发挥各自领域的专业技能。

3. 个人理财师的培训目标

个人理财师的培训目标是要通过相关理论讲授、案例研究和项目分析、研讨，为学员提供个人理财规划主要领域的专业知识，使学员成为具有国际水准的人才。学习个人理财师课程的学员应该能够达到如下目标。

（1）洞悉现代理财规划理论，熟练掌握金融策划的基础知识和技能。

（2）熟练掌握各项理财工具的基础知识并能予熟练把握。

（3）熟悉与理财相关的法律法规。

（4）了解金融策划业的国际发展状况。

（5）洞悉中国金融理财业的发展趋向。

（6）提高运用投资工具的综合技巧，提高为客户服务的综合技能。

（7）具备较高的理财规划的职业道德素养。

（8）运用金融策划知识开展理财服务和个人金融营销服务，成为中国本土化的个人理财师。

1.4.5　注册会计师与个人理财师的比较

要想对个人理财师职业有更好的理解，可将其同注册会计师予以比较。注册会计师与个人理财师两者有着较大的共同性，但后者在职业服务界定、考试入门、工资待遇及职业风险等方面，则要远远好于前者。差异表现在以下方面。

（1）注册会计师的考核主要为专门财务会计知识与审计查账能力，涉及会计、审计、税法、经济法等内容，知识专业而深奥。个人理财师的考核除知识能力考核外，还涉及众多政策法规、伦理观念，涉及个人理财所需要涵括的方方面面，主要是为个人客户提供咨询、规划等事项，涵盖知识面宽量大，但每个方面又不需要过于深奥。

（2）注册会计师的考试已经推出十多届，考试科目逐渐增加，考试难度渐渐加大，通过率逐年降低。如最近几年各门课程的通过率都只有10%，七门课一次性通过的比率还不到0.1%。个人理财师的考试则是刚刚推出，进入的门槛自然较低，考试通过率也较高，如近几年来金融理财标准委员会开办的金融个人理财师和劳动保障部开办的理财规划师的考试，通过率大都在70%～80%之多。

（3）注册会计师考试的前期培训工作做得并不很好，很少有考前辅导，考生大多需要自己学习知识。个人理财师的考试，按规定则必须通过正规的考前辅导培训，然后才具备参与考试的资格。当然，这种教育培训所花费的时间与金钱的代价也是很高的。

（4）注册会计师的工作成果尤其是审计报告，要面向全社会公开发布，并具备法律效力，特别讲求独立、公正、权威、真实。目前，我国的会计师执业环境并非很好，假账假报表盛行，执业陷阱丛生，执业风险很高。个人理财师在我国是刚刚兴起，市场巨大，有执业资格的从业人员尚很少，能够早日进入这一行业将具有较好的职业前景。个人理财师主要是面对个人客户提供咨询顾问和策划参谋，工作成果需要严格保密，不需要向社会发布，也不具备法律效力，只要客户充分认可就宣告终结。除非个人理财师的职业道德极差，有意对客户实施误导或不法侵占剥夺客户资产，否则不会存有任何职业风险。

（5）注册会计师目前是人多事少，竞争激烈，事务所间相互压价，服务质量和声誉在降低，社会影响在减弱，工作报酬也在大大减少。每名注册会计师年收入仅仅为3万～4万元，同其付出的工作量远不相当。而发达国家及我国的香港地区，金融个人理财师的起薪收入都在50万元人民币以上，被称为"金领"阶层。根据美国《职业评等年鉴（2002）》（*Jobs Rated Almanac*，2002），过去数年针对美国各种职业的评等，结果发现理财顾问连续两年被评选为美国最佳职业的前三名，与生物学家及保险精算师等量齐观。他们认为个人理财师的工作具有压力不大、待遇优厚、独立自主性高、市场需求大四大优点。这些都是金融从业人员争取认证理财规划资格的好理由，这一概念已经为全球金融业认同，也是世界发展的潮流①。

案例：

　　某个人理财师在为客户提供理财服务时，发现该客户拥有的财富中有大量非法取得收入。在这种状况下，个人理财师是根据所查到的资料向国家举报，履行自己作为国家公民的应尽责任呢；还是严格遵循保密原则，按照原定合同，不露声色继续为客户提供应有的服务呢？显然是一大难题。

　　有人以律师为犯罪嫌疑人辩护为例，认为个人理财师应当严格遵循保密原则，按照原定合同继续为客户提供理财服务。有人则认为行业法规要服从国家的大法律，个人理财师应当首先尽到作为国家公民的责任。

　　两种观点谁对谁错都有较大的争议，也难以得出定论。但应说明的是，个人理财师是以为客户提供服务得到报酬作为自己的收入来源，而非从国家手中领取工资。一旦向国家举报这一事项，遇到的一大问题就是日后客户和收入来源的大幅减少。国家不可能为个人理财师的日后工作安排着想。从"端谁的碗，服谁的管"而言，个人理财师应选择后者，而非向国家举报。特别应当指出的是理财师的这种举报行为，可能会使众多客户对继续参与理财事务心生疑惧，从而对整个理财行业的顺利发展带来极大的负面影响。但如国家法律部门向个人理财师就某客户的犯罪事项提出询问时，个人理财师则不应当以保密原则为由拒绝作证或提供伪证。

　　尽管在一般情况下，个人理财师要对客户的私人信息绝对保密，但在某些特殊情况下，个人理财师可以也必须提供相关信息。这些特殊情况包括：①为了执行客户的某项交易，或者默认为已经获得授权，需要建立经常账户；②按照恰当的法律程序需要提供；③个人理财师针对不当行为的控诉进行辩护；④涉及个人理财师与客户之间的民事纠纷。

1.5　个人理财规划环境——以浙江和杭州为例

　　个人理财服务业能否蓬勃兴起，不仅要看"天时"，社会是否形成理财业务的热潮；要看"人和"，如居民百姓是否拥有较多需要打理的钱财；重要的还要看"地利"，即某个地域是否有较好的理财文化底蕴。这里以浙江省和杭州市为例，对此给予一定的介绍。

1.5.1　杭州与浙江的历史背景和文化

　　理财氛围的兴起，需要有相当的历史背景和文化的长期铺垫，这里首先对浙江和杭州的

---

　　① "CFP 的含金量". 职业评等年鉴(2002) (*Jobs Rated Almanac*，2002). 2005 - 09 - 02.

理财历史背景和文化以简要介绍。

（1）在金融理财方面，杭州与浙江是先天独厚，其他地域难以望其项背。浙江商人正作为一个新范畴，发展速度快，运作效益高，经营活力强，令世人为之惊叹。这并不在于大自然给浙江蕴藏了多少可以大力拥有借鉴的资源，而完全在于凭借浙江人的聪慧头脑和无处不在的市场意识。杭州乃至浙江最大的资源优势，就在于城乡居民的意识观念，尤其是对待财富、创业的意识观念，天然地同市场经济合拍。

（2）浙江以浙商为代表的区域文化群体，其体现出来的睿智、内敛、财商、不张扬、精于计划，是天生的理财高手。有着浓郁的历史渊源和适合生长的土壤。理财作为一种新兴的产业，不经意之间就会成长出像娃哈哈、阿里巴巴、恒生电子、万向、青春宝这样的大企业，甚至成为行业的巨头。浙江和杭州无论是从人均 GDP、人均可支配收入、民营经济发达的程度、杭州城市的文化特征，都无愧于中国金融理财中心城市的称谓。

（3）浙江省的省情同其传统文化底蕴，如以叶适为代表崇尚功利的浙江永嘉学派的思想有密切相关。叶适反对专讲义不讲利，认为"古人以利与人，而非自居其功，故道义光明。既无功利，则道义乃无用之虚语耳"；还认为"道义见于功利之中，谋利而不过重其利，计功而非自居其功，便是道义"。这与长期封建社会流行的"重义轻利"观有较大差别。

（4）杭州总体战略向高新技术产业和现代服务业发展的背景下，也有几许远虑，杭州与浙江省的整个产业结构相似。目前，支撑杭州经济发展的，还是靠先发优势和劳动力成本优势发展起来的产业，甚至有很大一部分是靠牺牲环境为代价发展起来的企业，过分依赖出口且技术含量不高的企业也不在少数。从经济结合旅游，作为一种城市产业来看，杭州远没有西安的厚重和北京的大气；历史文化产业，杭州望北京、西安的后背；金融保险业尚需要等待来自上海的辐射。

1.5.2 浙江金融理财环境的得天独厚

对个人及家庭财富的管理目前已成为新富阶层迫切的需求。单以浙江而言，浙江省金融理财的研究、市场前景、教育培训的状况等，应当走在全国各省份的前列。原因很多，理由充沛。它包括以下方面。

（1）浙江省尤其是温州的经济活跃，民间资本充足，社会游资殷实，社会对个人理财规划有着广泛的需求。雄厚的民营经济、民营金融的背景，强劲的发展势头，极强的经济活力。浙江的企业单位大多是民营民有，自主支配较少约束，活力强，能够推动金融部门的工作向前推进。

（2）浙江的城乡居民普遍富裕，个人雄厚的经济基础和金融资产、收入的扩张。企业老板等高资产、高收入人士比比皆是，浙江民众更愿意通过更多的金融理财活动来打造自己的财富，过上较好的生活。以人均可支配收入为代表的新富群体，要高于全国 10 个百分点。

（3）浙江城乡居民的观念新颖，思路活跃，敢想敢干敢为天下先，乐意于创新，乐意接受新生事物，公众的市场意识、创新精神、投资理财的意识浓厚，有着较强的理财经商的知识与技能，理财创业的愿望很强，同市场经济是天然合拍，有全国不可替代的浙江商人和财商文化。

（4）浙江的金融保险业界的业绩、利润、金融资产的质量，在全国各省份是名列前茅。

金融部门的经营业绩好，在全国的同类金融机构中的业绩是名列前茅，从而在总行、总部机构中有着较多的话语权。业内竞争激烈，新型金融保险产品纷纷推出，成绩骄人。

（5）个人理财规划及企业金融理财的相关研究与实践运作，目前已有长足进展，已经在浙江各金融保险业界有较多推出，金融保险、投资证券部门已经对此做了较多工作，并形成了自己的知名品牌。激发了居民金融理财的热情，传授了金融理财的知识技巧。杭州可以作为金融理财产业的龙头城市。

1.5.3　理财中心城市应具备的条件

理财中心城市的内涵，不仅表现为金融保险机构的实力，如机构个数、资产拥有量及业绩效益的如何。还更多地表现为政府、企业和整个社会公众层面的理财理念、财商意识培育的状况、理财能力与才干等方面。作为一个理财中心城市，应当具备的基本资格可大致设想如下。

（1）一地的金融总量及增长状况，在相当的程度上依存于该地经济总量的持续高速度的增长，有较强的经济活力和后劲。

（2）该地金融保险机构门类齐全，数量多，质量好，不良金融资产占比低，金融生态环境好，金融资产质量高。最好是有金融机构的总部所在地，能够不断地开发并推出新的金融产品。

（3）当地企业的资金运用效果好，周转快，经济活力强，效益高，对金融部门有强烈的融资需求，能为金融部门的业务开展提供所需要的大量资源。

（4）政府层面对理财有相当认识，能对金融理财以大力支持倡导。法规制度健全并遵循规范，从法规制度上对金融理财以相当的推动和法律保障，各种金融违法现象极少出现。

（5）城市开放，凝聚力强，对外辐射效应广阔，能够不断推出新型金融工具和产品，将他地的经济金融资源大量快速地吸引到该地。商业产品能够"买全国，卖全国"，金融产品同样能够做到这一点，且可以做得更好。

（6）金融理财的交易成本低，制度创新的阻力小，能随时根据客户的需要，大力推出新型金融保险产品，并迅速为社会公众所接受。

（7）居民有关金融理财的意识观念较新，能够接受新的金融工具与产品，对金融部门推出的各种新产品能密切配合，理财意识浓厚，理财技能较高。

（8）有众多的金融工具可资利用，金融部门能够随时在金融创新方面做较多的工作。金融机构提供的各项金融服务到位，制度完善，在客户心目中有较好的口碑。客户乐意同金融保险机构交往。

（9）历史文化传统中有关理财、财商的底蕴浓厚，居民热衷于经营核算、创业致富，金融理财的意识浓郁。

（10）该地具有丰富的金融资源，或者能够在短时间内迅速动员众多的金融资源。

综合以上提出的各种条件，杭州市金融总量稍差于上海等地，国际金融机构总部大都不在杭州外，其他条件都应当很不错。可以说，杭州市已基本具备了作为"理财中心城市"的资格。

杭州先后提出"住在杭州、游在杭州、学在杭州、创业在杭州"等口号,获得了"生活品质之城"和"东方休闲之都"的美誉,在各方面都取得了不俗的成绩。杭州市委、市政府提出发展"金融理财产业",并把杭州定位为"理财中心城市",这些构想是很值得赞许,并为此大做文章的。

1.5.4　将杭州打造为中国的金融理财中心城市应做工作

如何打造金融理财中心城市,为此需要有学界研发、政府倡导、社会推动和金融创新等多个方面的共同工作,将杭州打造为中国理财中心城市的口号给予积极认同,并携手做好这一篇大文章。

1. 学界应做工作

金融理财的理论探讨、学科建设金融保险的产品研究等,都有大量的工作要做。为此要做的工作如下。

(1) 大力宣传金融理财的意识理念,探讨金融理财的技艺方法,并向大众做广泛传播,使理财意识技能向全社会做广泛普及。

(2) 充分发挥浙江大学作为研究性大学的优势,在金融理财的理论探讨、学科建设及金融保险产品的研发和金融理财服务实践等方面,积极组织力量,积聚队伍,早出成果,使这项工作走在全国高校的前列。

(3) 大力加强有关金融理财的学科建设,在全国首先为本科生和研究生开设有关金融理财、财商教育的课程,成立金融理财专业和硕士点,使其成为新的学科增长点。理财学科的建设和相关课程的开设,将开拓学生就业的渠道,自主创业的才干,立足社会的资本,更好地适应经济社会发展的能力。

(4) 搞好金融理财的研究与开发教育,组建高校同市场经济接轨,为社会公众提供广泛服务的新平台。

2. 银行保险业应做工作

大力扶持浙江银行的产品创新能力,研发出更多更好的金融产品,并争取将这些新型产品推向全国各地。积极运用配置好相关资源,为企业、居民及金融机构提供大力优质服务。

目前杭州金融理财业务的发展状况很好,金融资产的质量好,效益高,经济活力强,将来可望发展的潜力大。目前,杭州距离金融理财的中心城市还有较大差异,这些差异应如何给予相当的弥补。浙江不能只依托上海的金融辐射,还存在浙江、杭州与上海"错位竞争"的问题。上海是国际性的金融都市,浙江省要打造金融强省,杭州理应成为金融理财的中心。浙江与杭州在金融机构的数量和对外辐射效应等,无法与上海相比。但可在提供金融产品服务、金融创新和拥有金融资产的质量上,确立自己的特色。

3. 政府应做工作

杭州是否具备了作为理财中心城市应当具备的资格,是大家所关心的。首先需要考察和衡量杭州作为理财中心城市,已经具备的优势资源在哪些方面,还有哪些欠缺之处,如何给予弥补,思考政府为此应当做些什么。

政府应从体制和法规建设上为金融理财中心城市的推出,打破制度上的禁区,为企业、单位、个人搞好理财服务，提供更为便利的通道，减少其间的制度束缚。为新金融产品的推出给予更多的宽松环境和实质性的支持。政府在理财层面应当做的工作很多，政府在公共基础设施上每年都有大量的资金筹措与耗费，如何在这些基础设施建设上得到最大的经济社会效益，得到社会各界的广泛认同，为建造和谐社会、以人为本理念的实施做好工作，同样是理财规划的重要内容。

4. 传媒业界应做工作

舆论倡导，观念认识，促使大家对金融理财有充分认识和注重。具体包括事项如推出大容量、重分量的文章，向社会宣传理财的理念和思想；如推出金融理财博览会、金融产品评比、理财方案评奖、理财嘉年华等大型活动，培育公众的理财意识；如组织公众的理财经验体会的征文大赛，理财知识竞赛等事项；如在学界、金融界和企业界之间构架互动的纽带，争取企业和居民对金融机构开展理财服务的支持，创建公众人人理财，为大众理财的良好氛围。

附录：

香港公开大学李嘉诚专业进修学院理财师课程内容

香港公开大学李嘉诚专业学院提出的课程大纲如下。

课程一：理财规划概论

本课程是理财规划课程系列中的第一门，它介绍了个人或家庭在进行理财规划过程中所涉及的基础知识和技能，具体阐述理财规划工具的选择与使用，进行理财规划的具体步骤，成为注册理财师的各方面要求等等。在学习了该课程之后，学员将能够了解如何制订理财方案，如何评价客户的财务目标，区分财务资源和财务需求，并选择适当的金融投资工具以帮助客户实现其目标。此外，课程还结合有关理财师职业道德准则和中国金融市场法规等方面的实际情况进行分析讨论。

本课程的内容主要包括：理财规划基础；理财规划技术-投资计划；理财规划技术-其它计划；理财规划与经济环境；理财规划的程序。

课程二：投资计划

该课程是理财规划课程系列中的第二门，在第一门课程理财规划概论的基础上，具体介绍金融市场的种类和投资工具及其分析技术，并阐述个体投资者如何通过分析风险和回报的关系对金融资产的价值进行评估。通过学习该课程，学员将了解金融市场各种投资工具特点和适用对象、投资的风险与基本分析技术；掌握投资组合的概念和理论、投资组合的分析和风险管理技术；最终能够帮助客户进行投资计划，并选择和组合金融工具并进行管理，以实现一定的财务目标。

本课程的内容主要包括：投资环境；投资组合理论；股权投资分析和估价；固定收入投资分析和定价；衍生证券投资分析和定价；投资组合管理。

课程三：保险计划

该课程是理财规划课程系列中的第三门，它全面和详细地介绍了理财规划概论中所提到的保险计划知识。通过学习保险计划的原则和具体技术，学员可以全面地掌握保险计划基础理论和有关风险管理技术；保险合同的制订及其责任范围分析；保险计划过程、功能和作用；保险市场监管以及财务评估；保险计划工具：各种保险的适用范围和选择等，从而在对个人或家庭的资金管理上成功地运用保险计划，实现风险规避，增加个人财富。

本课程的内容主要包括：保险计划基础；保险市场；人身保险；财产保险；制订保险计划；保险计划风险管理

课程四：退休计划与职工福利

该课程是理财规划课程系列中的第四，它全面介绍了政府或企业为个人所提供的职工福利。在此基础上，学员还将了解不同社会体系下职工福利制度的原则与实施、社会保障的种类及其特点；掌握保险的背景和有关实务操作；运用理财规划中的投资与保险技术，在现有的职工福利基础上制订和实施退休计划。此外，课程将退休计划和理财规划的其它方面结合起来，使学员对整个策划过程能有一个全面的了解。

本课程的内容主要包括：退休计划概述；社会保障；职工福利；退休计划技术；退休计划风险管理。

课程五：税收计划

该课程详细论述了税收计划的基本原则和实务操作技术，并介绍在计划过程中如何进行决策。通过学习，学员还将了解中国的税收计划环境，各类税种的介绍，税收计划的一般性实务操作，税收计划风险管理和涉外税收计划等有关知识。

本课程的内容主要包括：税收计划概述；所得税计划；财产税计划；行为税计划；商品与劳务税计划；其它税种；税收计划风险管理；国际税收计划。

课程六：高级理财规划

该课程是理财规划课程系列中的第六门，课程授课对象是那些希望成为注册理财师的学员。课程在总结理财规划有关理论的基础上，对理财规划知识的各方面进行了回顾，介绍策划的制订、整合与执行技术，并通过案例分析将理财规划的全过程和操作方法加以具体化。在循序渐进地掌握本部分的内容后，学员应有能力为其客户提供有效且全面的理财规划服务。

本课程的内容主要包括：理财规划的知识回顾；理财规划的基本原则；理财规划过程；案例分析。

◢ 小 贴 士 ◣

常见的理财误区

1. 理财就是赚钱，能赚到钱就是一切

错误：理财是要赚钱，但首先要在防范风险的基础之上牟利、赚钱。人生要包括的内容很多，赚钱只是其中的一部分。

2. 理财就是投资，投资就是炒股、买基金等

错误：理财不仅仅是投资，还包括了个人从出生到死亡的一整套有关生存、活动、发展中涉及钱财事项的打理。

3. 理财就是对拥有的货币金融资产组织打理

错误：个人家庭拥有的"财"，不仅仅是钱财，还包括了价值更为昂贵的住房资源和构

成家庭实体的人力资源，这些资源都需要打理搞活以发挥更大的效用。

4. 理财就是机构对客户个人的咨询服务、推销理财产品等

错误：理财的主体不仅仅是金融保险机构对客户理财，还包括个人家庭对自己拥有各类资源的自我理财。

5. 理财是富人的专利，穷人谈不到理财

错误：富人需要理财，使得拥有的钱财能够保值增值；穷人更需要理财，摆脱生活的困境。前者是锦上添花，后者则是雪中送炭。

本 章 小 结

1. 个人理财，是指制定合理利用财务资源、实现个人人生目标的程序。个人理财规划是指个人或家庭根据家庭客观情况和财务资源（包括存量和预期）而制订的旨在实现人生各阶段目标的，一系列相互协调的计划，包括职业规划、房产规划、子女教育规划、税收规划、退休规划等内容。

2. 个人理财规划的形式有自主理财、帮客理财和代客理财3种。

3. 个人理财规划在今日的兴起，有着深刻的经济社会背景，在我国突出表现为我国国民经济的持续高速增长和个人拥有丰富的金融资源并较快增长这两个方面。

4. 个人理财师通常又称为注册金融理财师、金融策划师、个人金融理财师等，是国际上最为权威的理财职业资格。它是由各国注册个人理财师标准委员会向那些经过规定的培训，具有所要求的工作经验，通过专门考试的专业人士发放的职业资格证书。

5. 个人理财规划的兴起需要"天时、地利、人和"，以浙江和杭州为例，介绍了个人理财规划在浙江兴起的背景和打造杭州成为金融理财中心需要做的工作等。

思 考 题

1. 什么是个人理财和个人理财规划？
2. 什么是个人理财师？
3. 简述个人理财规划的主要内容。
4. 简述个人理财规划的主要形式。
5. 简述个人理财师的任务与目标。
6. 论述个人理财规划在中国兴起的社会背景。
7. 请通过网络查询个人理财规划的相关法律知识。

第2章
个人理财基础知识

学习目标

1. 了解个人理财所依托家庭的基本情形
2. 明确家庭规模、结构对个人理财的影响
3. 明确家庭财力支配模式等对个人理财的影响
4. 了解家庭的生命周期及生命周期理论

2.1　个人金融理财的家庭因素

家庭是一种由具有婚姻关系、血缘关系乃至收养关系维系起来的人们，基于共同的物质、情感基础而建立的一种社会生活的基本组织。家庭作为社会生活的细胞单位，作为存在于一定亲属关系范围的人们的生活共同体，有着经济、政治、法律、情感、文化等多功能活动，是具备多种社会关系规定性的综合性社会单位。

个人家庭金融理财的各种模式的确定中，必须要考虑家庭因素的种种影响，包括：①家庭规模和家庭结构；②家庭权利支配模式；③家庭财力支配模式等。

2.1.1　家庭规模和家庭结构

家庭规模通常是指家庭的人口规模。按家庭拥有人口数的多少，可将众多的家庭分为单身之家、小家庭、中等家庭和大家庭。一般状况下，家庭规模对其支出消费事项会有一定的规模效应，大家庭相对小家庭要节约一些。某经济学家甚至指出，人们为什么要结婚成家，原因就在于"两个人在一起过日子，会比一个人的花费要节约得多"。

家庭结构除特别所指，主要是家庭人际关系的结构。家庭结构也就是家庭中各个成员不同位次和序列的组合。家庭的形式结构如何，对其组织开展经济金融生活有着直接的影响。

（1）夫妻两人之家。这种家庭可以是新婚尚未生育、婚后不育，或是儿女婚后独立居住，空余老年夫妇的家庭。

（2）父母和未婚儿女的核心小家庭。这种家庭规模小，关系简单，夫妻是婚姻关系，父母与子女是血缘关系，构成一个稳定的三角形。在我国分布最为普遍。

（3）父母和已婚子女的三代同堂家庭。这是典型的三代同堂家庭，人数多，代际稍显复杂，符合中国家庭的传统模式和父母扶助子女，子女赡养父母的实际需求。

（4）父母和多对已婚儿女组成的"联合制"大家庭。这种家庭规模大，人口多，关系复杂，人际关系较难协调。这种家庭形式在目前农村还有少量出现，城市则近乎绝迹。

（5）单身之家、残缺家庭、祖孙家庭等，这是几种较为特殊的家庭形式，在社会中也有一定数量的出现。

2.1.2　家庭财权支配模式

1. 家庭财权支配的一般模式

一个家庭中是由谁当家理财，是丈夫当家还是妻子当家，是父辈掌管家政大权，还是子辈掌管家庭经济，父母大权旁落。这些事项同家庭资产形成的额度没有太多的必然联系，却同家庭资产的支配模式，由谁掌管家中资财等有密切相关。

家中的收入支出、财物支配、家计安排，各成员既有参与经济决策，管理家政的权利，又负有为搞好家庭经济文化建设做贡献，将自己的收入自觉上缴家庭财政的义务和责任。家庭的经济矛盾，一般集中反映在理财上，即是夫妻间对家庭经济收入的集权与分权、信任与不信任、控制与反控制、花钱"民主"与"独裁"、"量体裁衣"与大手大脚、合理积累与适当消费等的矛盾。为缓解这些矛盾，人们先后提出诸如夫妻间沟通思想，以诚相待，相互信任，经济公开，民主花钱，计划安排等好主张。

2. 家庭财权支配的各种类型

家庭财权支配模式需要予以关注，即家中的财物归谁所有，由谁支配。如将家中共同的经济生活喻为"煮大锅饭"，所有制形式就是分析每个人向锅里边投入多少米。即家庭的钱由谁供应，开支由谁掌握。通常说来，这种模式可将家庭财力支配状况区分为如下类型。

1）绝对集中

这是一种封建家长式的管理经济方式，家庭的家政大权绝对集中于所谓的家长，实行独裁管制。家长负有完全的权利，主持家中的一切财产，家长对家中的一切事务，可以仅凭自己的意志、经验和喜好全权处理，而不必考虑其他成员的意愿如何，也不给其他成员一点权利。这种管理方式可能会提高办事效率，但却极大地挫伤和压抑了各家庭成员的个性，更难调动大家参与家庭事务的积极主动性，是家庭理财方式中最糟糕的一种。

2）大集中，小分散

家庭主要财产、主要收入来源交由家庭管理者全权支配，少部分资产、收入则由其他成员自主掌握，根据个人需要自行使用。依其上缴及留用比例，又可分为"大集中，小分散"，"集中分散各半"或"小集中，大分散"几种方法。"大集中，小分散"的理财方式值得提倡，它既有"统"，也有"放"，既照顾家庭整体生活的需要，又照顾了各成员的个人特殊需要。

3）大分散，小集中

家中的收入除少部分留作共用外，其余部分完全由各成员自行支配、自主使用、自我满足个人的各项消费要求。这种家庭可能是家长对搞好家庭无信心，放弃对家庭的经济支配权，图个自在舒适，其成员也无愿主事者，对家庭建设不愿担负应有的责任。

4）AA 制

这是指虽然生活在同一个屋檐下，但却自己挣钱自己花，各人互不干涉，家中共同花费各人分摊，即家庭财务的完全独立制。家中储蓄存款等金融资产，也是各成员自行存储、自行购买互不干涉。倾向于 AA 制的家庭主要见之于两地分居型家庭，或目前的某些"新潮"家庭。一般地说，这是一种过渡性理财模式，不可能永远保持分居或财权完全独立状态。

5）合作制

在这种家庭中，夫妻两人共同工作挣工资，共同生活过日子，两人把每月的经济收入都纳入家庭总预算，按生活需要民主协商，共同使用支配，个人不搞"小金库"。家庭是家人共同的家庭，家庭生活是全家共同组织的生活，关系到每个成员的切身利益。家庭理财也应采取家人合作的方式，共同参与，实行民主化理财。

合作管理家庭经济，并非是一切事务都要事无巨细地通过大家讨论，而是实行"大集中，小自由"的原则，小事情各人自行决定，大事体大家协商制订，分配谁做的事，由他全权处理，对家庭负责，以避免统得太死，反为不美。

6）盘剥型

这种状况见于家中某些有劳动收入的成员，整日"只吃饭，不添米"，剥削其他家庭成员的现象。比如，子女参加工作后，还同父母住在一起，每个月的工资收入全盘由自己经管开销，生活费、房费、水电费等分文不上缴，反要父母完全供养；再如，儿女结婚的费用完全靠父母资助、亲友救济，自己贪图小家庭提前实现现代化，却又不为此添砖加瓦。子女婚后建立了小家庭，仍要经常"盘剥"父母，吃不了兜着走。这就是今日常常见到的"啃老一族"。或如夫妻某一方获取收入后，只顾自己享用，而不管对方、儿女及家中共同生活开销的需要，都属于这种盘剥型。

无劳动能力，无收入，需要抚养或赡养扶助的未成年人、老人、残疾人等，当不在此例。

2.1.3　家庭财力支配模式

1）民主协商制

民主协商制的主要做法是，夫妻双方根据各自的收入多少，通过民主协商，确定一个双方都能接受的比例，提取家庭公积金、公益金和固定日用消费基金，提供公用后的剩余部分原则上归各自支配。如丈夫买酒、买烟，妻子买服饰品、化妆品及双方各自的社会交往等，在经济条件许可的范围内互不干涉。这种办法是责权分明，比较公道，习以为常，经济矛盾自然会大大减少。它适用于年轻人组成的各类小家庭。

2）轮流"执政"制

轮流执政的主要做法是，夫妻双方的收入集中起来，按月轮流掌管使用。这种办法的好处是，双方可各显其能，取长补短，都能体验当家的艰辛。这一事项往往发生在小家庭初始建立，双方的实际情形包括理财持家的能力如何，尚在发现探索之中，双方的关系处理，究竟是"东风压倒西风，还是西风压倒东风，或是双方平等、平安过日子"等，此时都还是个未知数，故此"轮流执政"。经过一段磨合期后，自然会转移到其他更适合的形态。

3）集权制

这在夫妻有子女的家中实行较好，但怎样集权应仔细探讨。一般的做法是，夫妻一方如妻子集中掌管全家的所有收入，并在民主原则下使用，缘由是女性一般"手紧"，善于积攒和精打细算，从而使家庭收支能在适度的范围内运营，不至出现大起大落或严重亏空。但如掌权者不民主，争夺自主权和支配权的矛盾是容易发生的。

4）分权制

这在两地分居的小家庭中实行较合适。其基本做法是双方商定，各自拿出共同接受的数目存入银行，剩余部分各自留用，待有孩子或生活在一起时再采取相应的办法。之所以用这种制度，是因为双方都为了家庭组建和巩固，实行对对方有效的控制。这种分权制有利于适应分居的实际情形，促成夫妻双方对家庭的责任，保持亲密的感情。

以上 4 种办法，虽各有利弊，但对于家庭如何理财管家，具有启发和参考作用。

2.1.4　美国家庭理财模式介绍

美国的三位家庭社会学家：大卫·舒尔茨、斯坦利·罗杰与福雷斯·罗杰合著了一本《婚姻与自我完善》，这本书提出了家庭如下理财模式。

（1）施舍制，在这种体制中，某一方每次拿出少量的钱分配给伴侣另一方和其他家庭成员使用。

（2）家庭司库制。在这种体制中，每个成员都允许花费一定数目的他本人认为该花的钱；其中一个成员最后决定允许花销的数目，并且掌握家庭收入的其余部分，以便清付账单及购买大多数家庭成员所需要的商品。

（3）花销分割制。在这种体制下，不同的花销职能以比较合适的比例分配给伴侣双方。比如，丈夫负责抵押、保险和汽车，妻子则负责食物、衣服和娱乐活动，其他一切开销都在联合决定后进行。

（4）统一收入制，所有挣来的钱都存放在一起，每个伴侣都可以随意取出以满足自己需要。

2.2　生命周期与理财

2.2.1　家庭生命周期概念

个人/家庭理财规划中，家庭生命周期是个重要概念。家庭从结婚形成、子女养育教育到最终的解体、消亡等，都是由不同的阶段所组成，每个阶段都有自己特殊的财务需求特性。理财是人们一生都在进行的活动，伴随人生的每个阶段。而在每个阶段，家庭的财务状况、获取收入的能力、财务需求与生活重心等都会不同，理财目标也会有所差异，个人理财师针对不同阶段的客户，需采用不同的理财策略。

家庭生命周期的一般状况如表 2-1 所示，表中的含义是很清晰的，反映了大多数家庭生命周期活动的基本状况。

表 2-1　家庭生命周期表（一般状况）

出生→	上小学→	上中学→	上大学→	毕业→	就业→	结婚→	生育→
0 岁	7 岁	13 岁	19 岁	23 岁	23 岁	25 岁	27 岁
孩子上学受教育→	子女上大学→	子女就业→	子女婚嫁成家→	子女生育孙子女→	退休照管孙辈→	配偶死亡	本人死亡
34 岁	46 岁	50 岁	52 岁	55 岁	60 岁	75 岁	78 岁

2.2.2　个人生命阶段及其理财产品需求

人生的整个发展过程中，不同生命阶段会有着不同的需求。就家庭与金融的联系而言，人们从就职、结婚到购房、儿女的培养教育及年老退休后的生活安排，都和银行有着千丝万缕的联系。作为银行来说，如何有的放矢，针对不同顾客的年龄阶层和生活方式设计、开发出独具特色的金融产品，提供各种优质的金融服务，使客户切身体会到银行是他们整个生涯活动中不可缺少的支持力量，以此确保争取到长期稳定的客户，将成为个人金融理财领域成败的关键。为此有的银行设计出系列化服务种类，它们针对顾客不同的年龄阶层、不同生活需求，开发出相应的金融产品。

殷孟波和贺向明在《金融产品的个人需求及其市场细分》一文中，借鉴发达国家的商业银行，如日本的朝日银行金融市场细分的经验，结合我国的经济环境，采用家庭生命周期标准，将市场分为 6 个阶段，如表 2－2 所示。[1]

表 2－2　生涯规划与理财活动

阶段	学业/事业	家庭形态	理财活动	投资工具	保险购买
探索期 （15～24 岁）	升学、就业、转业	以大家庭为生活重心	提升专业、收入水平	活期存折、信用卡	定期寿险、意外保险，以父母为受益人
建立期 （15～34 岁）	经济上独立，加强在职培训	择偶结婚，学前子女	量入为出，储蓄首付房款	定期存款、共同基金	定期寿险，银行为受益人，残疾收入保险
稳定期 （35～44 岁）	初级管理者，初步创业	子女上小学、中学	偿还房贷，筹集教育金	住房，国债、股票、基金	房贷信用寿险，银行为受益人，残疾收入保险
维持期 （45～54 岁）	中级管理者，建立专业声誉	子女上大学或研究生	收入增加，准备退休金	建立多元化投资组合	养老保险、医疗保险，以自己为受益人
空巢期 （55～64 岁）	高级管理者，战略规划决策	子女已就业，单住或合住	负担减轻，准备退休	降低投资组合风险	为节税购买终身寿险，以子女为受益人
养老期 （65 岁以后）	名誉顾问，传授经验技能	子女成家，天伦之乐	享受生活，规划遗产	以固定收益投资为主	趸缴退休年金，以自己为受益人

2.2.3　生命周期理论在个人理财规划中的应用

生命周期理论假定一个典型的理性消费者，以整个生命周期为单位计划自己和家庭的消费和储蓄行为，实现家庭拥有资源的最佳配置。它需要综合考虑过去积蓄的财富、现在的收入、将来的收入及可预期的支出、工作时间、退休时间等诸多因素，然后来决定一生中的消费和储蓄，以使消费水平在一生中保持在一个相当平稳的状态而不致出现大的波动[2]。

---

①　殷孟波，贺向明. 金融产品的个人需求及其市场细分. 财经科学，2004（1）.
②　黄浩. 个人金融理财概念及理论基础浅议. 科技情报开发与经济，2005（5）.

生命周期理论是个人理财的思想基础，金融机构应在此基础之上，以客户的财富和闲暇的终身消费为出发点，关注客户的生命周期来设计产品和提供服务。以客户为中心，明确客户的需求和愿望，实施客户关系管理，加强产品创新和服务创新。并针对客户的年龄、职业、受教育程度、收入、资产、风险偏好和风险承受能力等，量身定做，提供个性化服务。

莫迪利安尼作为生命周期理论的创始人，据此分析出某人一生劳动收入和消费的关系。人在工作期间每年获取的收入（YL），不是全部用于消费，总有一部分要用于储蓄。从参加工作起到退休止，储蓄一直增长，到工作期最后一年时总储蓄达到最大；从退休开始，储蓄一直在减少，到生命结束时，储蓄几乎为零。莫迪利安尼分析了消费和财产的关系，认为取得财富的年龄越早，拥有财富越多，其消费水平也越高。

莫迪利安尼认为人们的消费不仅取决于现期收入，还取决于一生的收入和财产性投资收入。

消费函数公式为：

$$C = a \cdot WR + b \cdot YL$$

式中：WR——财产收入；

   YL——劳动收入；

   a，b——财产收入、劳动收入的边际消费倾向。

根据莫迪利安尼的生命周期理论，我们可以发现围绕生命周期的理财行为有如下基本特点。

（1）在人的一生中消费相对稳定，没有特别的大起大落。

（2）刚开始工作收入相对较低，在中年（45～50岁）时达到高峰，退休前逐步下降，并在退休期间保持相对稳定。

（3）家庭新建初期，储蓄实际上为一个负数，随着收入增长、财富积累逐渐为正（30～35岁），退休后可能又成为负数，此时消费要从投资积累中取回甚至支用本金。

个人的金融理财周期如图 2-1 所示。

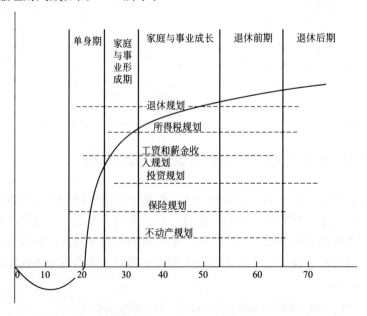

图 2-1　个人的金融理财周期

2.2.4 生命周期理论的实际演示

为了说明理财规划的动态过程，结合生命周期理论在人生全过程的应用予以演示，可以较好地说明生命周期与理财的相互关系，我们特别将 Bechhofer 撰写的一篇论文中的两个相关图片转载于此。

图 2-2 所示是一个男性的一生经历，他的物质条件和制定老年生活计划的能力，随着时间的改变而改变，在他结婚和抚养子女的早期，基本上没有或只有少量结余，债务很高，基本上没有能力为其老年生活做准备。直到还清了所有贷款并得到一笔遗产后，才使得他逐渐具有实施财务计划的能力。投入到子女教育中，职务也得到相应的晋升。当然，不是所有的人都会面临着相同的因素①。

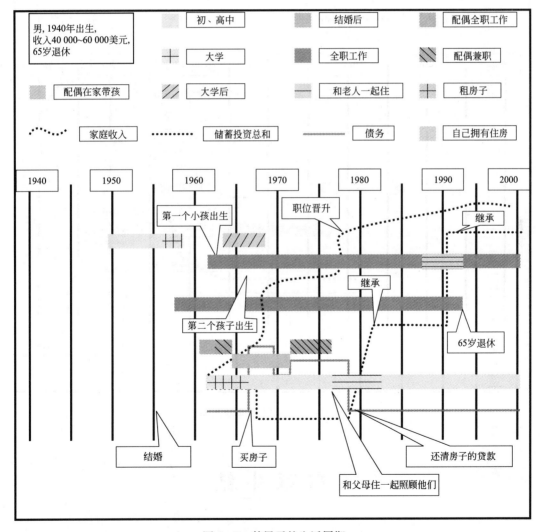

图 2-2 某男子的生活周期

---

① BECHHOFER. 老年生活的财务计划：主观上的积极因素和消极因素。

图 2-3 显示了一个再婚女性一生发生重大事件的全过程，她的分居和离婚使得家庭收入陡然下降，她在一所学校任教并得到一份全职工作，使得个人财务情况全面好转，当她进入劳动力市场后养老金和家庭收入都渐渐增加。可以看到，和那些离婚后没有再结婚的人相比起来，再婚者会把离婚作为一种积极因素，能更好地看待他们婚姻的失败，并获取更好的经济安全。

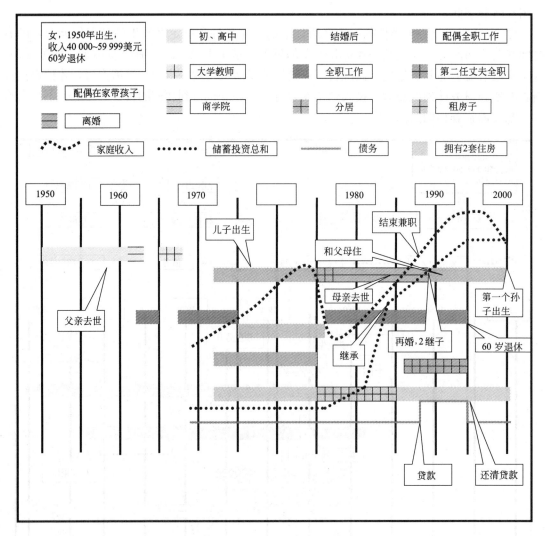

图 2-3　某妇女的生活周期

本 章 小 结

1. 家庭理财的行为中，家庭规模、结构，家庭财权的支配模式等等，都会对家庭个人理财规划的制订、实施等发挥基础性的影响。

2. 生命周期理论是个人金融理财的理论基础之一。金融机构应在此理论基础上,关注客户的生命周期来设计金融产品和提供服务。以客户的财富和闲暇的终身消费为出发点,加强产品创新和服务创新,实施客户关系管理,以客户为中心,明确客户的需求和愿望,并针对客户的特点,如年龄、职业、受教育程度、收入、资产、风险偏好和风险承受能力,量身定做,提供个性化服务。

思 考 题

1. 解释家庭财权的支配模式,比较各自的利弊,说明在哪些情况下应当选择哪种理想的财权支配模式。

2. 谈谈家庭的生命周期理论,它对个人理财将产生哪些影响?

3. 在家庭不同生命周期阶段里,理财的重点应当如何体现。

4. 是否能对你自己未来的人生勾勒出大致的框架,在每个人生阶段的理财活动应作何安排?

第3章
理财规划基本程序

学习目标

1. 了解个人理财规划的制作流程和步骤
2. 学习如何拓展客户关系
3. 学习如何分析目标客户市场
4. 学习如何收集客户资料
5. 学习如何拟定理财规划报告
6. 了解如何协助客户执行理财方案
7. 具体的理财规划案例

3.1 个人理财规划的流程

3.1.1 理财方案的含义

所谓理财方案,是指个人理财师针对个人在人生发展的不同时期,依据其收入、支出状况的变化,制订个人财务规划的具体方案,以帮助客户实现人生各个阶段的目标和理想。在整个理财规划的方案制订中,不仅要考虑财富的积累,还要考虑财富的安全和保障。

个人理财师为客户进行的理财,主要是根据客户的资产状况与风险偏好,关注客户的需求与目标,以服务客户为核心理念,采取整套规范的模式提供包括客户生活方方面面的财务建议,为客户的保险、储蓄、股票、债券、基金等诸多事项寻找最适合的理财方式,以确保其资产的保值与增值。

理财方案一般分为以下4个步骤。

(1)回顾自己的资产状况。包括存量资产和未来收入的预期,知道有多少财可以理,这是最基本的前提。

(2)设定理财目标。即从具体的时间、金额和对目标的描述等方面来定性和定量地理清理财目标。

(3)弄清所遇到的风险偏好是何种类型,不要做不考虑客观情况和风险偏好的假设,很多客户把钱全部放在股市里,没有考虑到自己对父母、子女和家庭应尽的责任,这时的风险偏好就偏离了他能承受的范围。

（4）进行战略性的资产分配。在所有的资产里首先做出资产的大类配置，再做出具体投资品种与时机的选择。比如决定拿出多少资产用来炒股票，多少资产用于各类寿险财险、储蓄存款乃至基金、期货投资，然后再具体地确定将要购买哪些股票，办理哪些保险业务。

3.1.2 理财规划中应注意的事项

理财规划就是根据客户的现有资产拥有、未来收支状况及风险偏好为基础，按照科学的方法重新摆布资产、运用财富，从而更好地管理财富、实现理财和生活目标。理财规划核心的理念是对资产和负债进行动态的匹配，匹配中一般应注意以下 5 方面内容。

（1）回顾自己的资产状况，包括存量资产和未来收入及支出的预期，弄清楚自己有多少财可以理，这是最基本的前提。

（2）理清自己的理财目标，这个目标是一个量化的目标，需要从具体的时间、金额和对目标的描述等来定性和定量地理清理财目标。

（3）搞清楚自己的风险偏好，不要做不考虑任何客观情况的风险偏好的假设。

（4）战略性的资产分配，根据前面的资料决定如何分布个人或家庭资产，调整现金流以便达到目标或修改不切实际的理财目标，然后进行具体的投资品种和投资时机的选择。

（5）绩效跟踪。市场是变化的，每个人的财务状况和未来的收支水平也在不断的变化，我们应该做一个投资绩效的回顾，不断调整理财规划，达到客户的理财目标。

个人理财师的工作流程安排，从某种层面来看，又可以细分为 10 个步骤，10 个步骤的具体内容如图 3-1 所示。

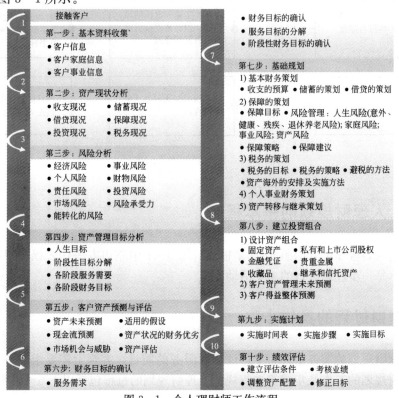

图 3-1 个人理财师工作流程

3.1.3　理财规划决策包含内容

理财规划决策所包含的内容，如图3-2所示。

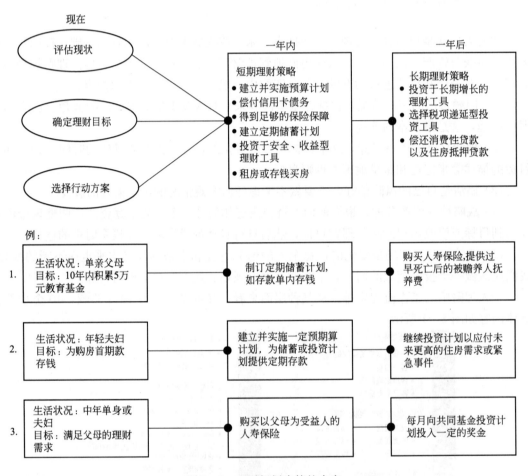

图3-2　理财规划决策的内容

3.1.4　个人理财规划的基本程序

个人理财规划程序可以用图3-3来描述。图3-3中左边方块代表程序中的6个步骤，右边方块表示每一步应该进行的主要活动。

3.1.5　理财过程的具体步骤

在个人理财规划的实务中，为了保证理财服务的质量，客观上需要组建一个标准程序，以对个人理财规划的工作及步骤等进行规范。理财规划的过程包括以下6个步骤：

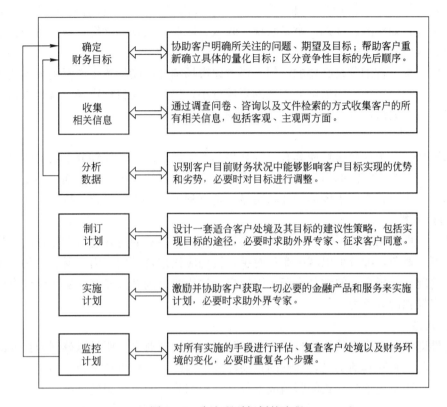

图 3-3　个人理财规划的流程

（1）个人理财师与客户建立联系；

（2）收集客户数据，明确客户的理财需求和目标；

（3）分析、评估客户的资信和财务状况；

（4）整合理财规划策略并向客户提出全面的理财计划或方案；

（5）执行个人理财计划或方案；

（6）监控个人理财计划或方案的执行，调整理财计划或方案。

6 个步骤构成的理财程序，称为理财规划执业操作规范流程，后文将对此分别说明。

3.2　目标客户市场

3.2.1　目标客户市场细分

客户市场细分，是指按照客户的需求或特征将客户市场分成若干等次市场，并针对不同等次市场分别设计个性化服务，以期更好地满足各类客户的特殊需要。

客户市场分类的首要步骤是选定划分的依据。市场营销学中常用的依据有心理特征：如性格、风险偏好等；社会特征：如文化背景、宗教信仰、种族、社会阶级和家庭生命周期等；统计特征：如年龄、性别、婚姻状况、收入、职业、教育程度等；地理特征：如居住城市、国家、人口数量等等。

对目标市场进行细分是必要的，但需要考虑市场细分可能导致生产营销成本的增加，甚至可能会牺牲规模经济。如果细分市场的规模过小，将其作为目标市场时就难以适应规模经济的要求。有效的市场细分应该符合以下原则。

1. 可区分性

纳入选择的某个细分市场应具有可以观察和衡量的，区别其他细分市场的明显特征，如市场内的客户应具有共同的需求特征，表现出类似的购买行为等。市场细分还是机构塑造运营特色的一种手段，细分市场的特征越明显，越有利于形成机构经营的特色。

2. 可进入性

可进入性即机构所选择的目标市场，必须使自己有足够的进入能力和较强的竞争力。市场竞争是不可避免，细分可以减少竞争对手。机构应根据自己的人力、财力、物力等经营资源的积累情况，选择合适的细分市场，以使自己的优势得到充分发挥，从而保证自己在目标市场上具有较强的竞争力。

3. 盈利性

盈利性即细分市场必须能为自己带来实际的利益。理财事务所是以盈利为目的的经济组织，能否盈利是判断其活动是否理性的重要标准。因此，目标市场选择应当能维持一定的利润率水平。如因市场细分导致的营销成本过高，或细分后的市场规模过小，不具有规模经营所必需的市场容量，导致服务成本过高，不能维持一定的利润率，这样的市场细分就未必有效。

4. 发展性

发展性即所选择的细分市场，应该具有一定的发展潜力，通过一系列的开发有可能发展成为一个大市场，能够给个人理财师们带来长远利益。如选择的是已衰退或即将衰退的成熟市场，虽然短期内可能给机构带来一定利益，但长远发展就可能受到较大制约。细分市场的选择，实际上是个人理财师运营领域的选择，必须与长期发展战略相结合。

3.2.2 目标客户市场细分的依据

个人金融消费市场的需求千差万别，影响因素错综复杂，细分市场没有所谓的绝对标准或固定模式。各行业、各企业可能采取不同的划分标准，适用多种不同的细分方法，根据影响个人消费行为的主要因素的不同，通常按照以下 4 类因素，对个体客户市场进行细分。

1. 地理因素

地理因素即根据地域特征来细分市场消费者的行为，如国家、地区、省市、南方、北方、城市、农村市场等。各个地域的地理条件、自然气候、人口密度、文化传统、经济发展水平等因素有较大不同，消费习惯和偏好也有不同。

2. 人口动态

人口动态即根据消费者的年龄、性别、家庭情况、职业、文化程度、收入、宗教信仰、民族、国籍、社会阶层等因素来细分市场。高收入者与低收入者的消费结构、购买决策、购买行为等，就会表现出明显不同。在对待新产品的态度上，新产品的功能、性能、质量等不确定性较大，价格通常也较高，有一定的风险。高收入者风险承受能力较强，对新产品容易接受，购买决策较为果断；低收入者风险承受能力较弱，往往要等到产品的功能、性能、质量等经别人使用证实，价格下降后才会购买，购买决策时往往要反复权衡，表现出明显的差异。人口因素往往成为细分市场的一个重要依据。

3. 心理因素

心理因素即根据消费者的心理特征或性格特征来细分市场。在市场拓展活动中常常可以发现，在地理和人口因素相同的情况下，人们的消费行为和消费偏好仍然可能表现出较大的差异。美国常把"奔驰"轿车视为财富和地位的象征，大公司的高级主管们都把"奔驰"作为自己的座车。近年来，大公司的高级管理人员趋向年轻化，他们认为乘坐"奔驰"车似乎会给人一种保守落伍的感觉。年轻的高级主管开始根据自己的喜好选择其他座车，以体现自己的个性。

4. 行为因素

行为因素是指根据和消费者购买行为相关的因素来细分市场，包括消费者购买商品的时机和频度、追求的利益、使用情况、购买的数量和对品牌的忠诚度等因素。

客户面对的各种金融理财产品，虽然与市场上其他种类的商品存在很大的差异，但也存在于其他商品同样的竞争对手、忠诚与否的顾客、多样化的产品形式，也需要面对可以进行细分的客户市场。因而，需要财务公司在制订公司战略的过程中，不仅要考虑产品的开发，更要注重对客户市场的细分开拓。

3.2.3　与客户建立关系

个人理财规划作为金融服务业的一个新兴词类，要求以客户利益为导向，从客户的角度出发帮助其做出合理的财务决策，重视与客户的交流与沟通。个人理财师所做的分析、判断与提出的理财计划，大都是基于客户处获得的各种信息，与客户建立良好的沟通方式，直接决定了今后工作的质量与效率。

个人理财规划规范流程的第一步，是个人理财师建立和界定与客户的关系，通过两者关系的确定，才能全面了解客户的财务状况，进而为之提供切实可行的专业建议。建立客户关系的方式有许多种，与客户见面、电话交谈、电子邮件、通信等等。这里主要介绍如何通过面谈的形式来建立与客户的关系。

1. 初次面谈准备

个人理财师与客户初次面谈，应尽量了解和判断客户的财务目标、投资偏好、风险态度和承受能力乃至更多的信息。初次面谈时，个人理财师还应该尽量向客户解释理财规划的作用、目标和风险，以帮助双方在进一步的理财规划中更有效地进行沟通。初次面谈之前，个人理财师应做好以下准备：①明确与客户面谈的目的，确定谈话的主要内容；②准备好所有的背景资料；③为面谈选择适当的时间和地点；④确认客户是否有财务决定权，是否清楚自身的财务状况；⑤通知客户需要携带的个人材料。

2. 个人理财师需要向客户了解的信息

总的来说，面谈时需要向客户收集的信息，一般包括事实性信息和判断性信息两个方面。事实性信息通常是指一些关于客户的事实性描述，包括客户的工资收入、年龄等。判断性信息主要指一些无法用数字来表示的信息，常常带有主观性。判断性信息包括客户对风险的态度、客户的性格特征、客户未来的工作前景等。

一般来说，此类信息较难以收集，但却对整个财务分析有着重要影响，也是针对不同客户提出客观建议的根据。此外，很多判断性信息并不能在客户的回答中直接得出，而是需要个人理财师来加以分析和推断，这类信息我们称为推论性信息。这三类信息的区别可以通过表 3-1 中列出的例子来说明。

表 3-1　不同客户对购买股票偏好的几种可能回答和它们所属的信息类型

信息的种类	客 户 的 回 答
事实性（定量）信息	"我今年收入 15 万元，预计今后每年将递增 5%。"
判断性（定性）信息	"我不希望我的投资计划中采用股票投资。" "我从未购买过股票，我哥哥去年在股票投资中遭受了巨大损失，我对在计划中采用股票表示怀疑。"
推论性信息	"我不希望承担太大的风险，而且对股票的所知有限，我希望能了解一些这方面的知识后再作决定。"

从表 3-1 中不难看出，定性信息往往需要个人理财师做出一定的判断，而推论性信息则需要个人理财师进一步地询问和了解后再做判断。个人理财师可以设计一系列的问题，通过客户对这些问题的回答来归纳所需要的信息。

3. 个人理财师需要向客户披露的信息

设计调查问卷通常是一件十分专业的活动，在个人理财规划的过程中，每个客户都希望知道如按照个人理财师的建议去实施计划，能够获得多少收益并承担多大的风险。因此，个人理财师有义务向客户解释有关的基本知识和背景，以帮助其了解个人理财规划的作用和风险，避免个人理财方案中出现某些不切实际的期望和目标。

（1）个人理财师应向客户解释自己在整个理财规划活动中的角色和作用。

（2）个人理财师应向客户解释个人理财规划的整个流程。

（3）个人理财师还应根据客户的需要解释其他相关事项。

除了以上信息，个人理财师还应该根据客户的需要解释一些事项。寻求服务的客户，通常并不熟悉个人理财师的职业或一无所知，一般都存在不少疑问，这就需要个人理财师能给予耐心的解答。应该向客户说明的信息有以下几个方面：①个人理财师的行业经验和资格；②个人理财方案制作的费用和计算；③个人理财规划过程和实施所涉及的其他人员——个人理财师的工作团队；④个人理财规划的后续服务及评估。

4. 个人理财师与客户的进一步沟通

一般情况下，个人理财师很难通过一次面谈就能与客户建立一次性或长期的服务关系，客户期望有进一步的接触和沟通来确定自己的需要，明晰个人理财师能否提供自己满意的服务。对个人理财师而言，第一次面谈就向客户提出全面收集信息的要求，可能会使客户感到不太愉快，这个工作应该循序渐进但却有效地进行。

一个可行的方法是在初次会谈结束时与客户沟通约定下次见面的时间，并提出进一步收集信息的要求。如客户犹豫不决或吞吞吐吐，则可初步判断客户没有与自己建立服务关系的愿望，那就不用勉强对方，尽快结束话题，以免浪费双方的时间。如果客户决定请个人理财师为其提供理财服务，则可以让他填写财务建议要求书，如表 3 - 2 所示。同时，还可以交给客户一些反映基本财务状况等的数据表格，让其回去后自行填写交回，以节约收集信息的时间。

表 3 - 2　财务建议要求书

本人

◆ 现要求赵伟先生代表财智咨询公司（注册登记号为××××）根据双方在__年__月__日会谈的内容和数据调查表提供的信息，为本人提供个人理财规划服务。

◆ 在个人理财规划建议以书面形式出示后，本人将支付给财智咨询公司服务费__ RMB 元。

◆ 该个人理财规划建议在以下情况下不适用：

（1）

（2）

公司签章：　　　　　　　　　　　　　　　　　　签字人：

　日期：　　　　　　　　　　　　　　　　　　　　日期：

需要特别注意的是，在建立客户关系的过程中，个人理财师的沟通技巧显得尤为重要。除了语言沟通技巧外，还要懂得运用各种非语言的沟通技巧，包括眼神、面部表情、身体姿势、佩戴首饰等。此外个人理财师作为专业人士在与客户交谈时间要尽量使用专业化的语言。在涉及投资回报率等财务指标问题时，则不应给出过于确定的承诺，避免因达不到目标而承担不必要的经济责任。

3.2.4　建立与客户间的信任关系

在初步建立与客户之间的关系后，继而面对的就是如何进一步拓展与客户间的相互信任。与客户互信是个人理财师开展后续工作的基石，能否确立双方的互信，将关系到理财规划过程中资料数据的收集、理财规划落实、执行及反馈等一系列工作。

个人理财师与客户之间的信任关系基于：①在满足需求的基础上；②在个人的基础上；③在提高公司产品或服务信誉的基础上。满足需求是个人理财师与客户互动的基本层面。这是个人理财师必须经过的第一道关口。为此，个人理财师需要询问自己：

◆ 是否真正细致了解客户的真实需求；

◆ 提供的产品或服务能否满足客户的需求，必要时能否调整产品或服务以满足客户的特殊要求；

◆ 提供金融产品或服务的质量是否可以为客户接受，质量能否像承诺的那样好；

◆ 是否对客户的疑问和担心作出了相应的反应，能否直截了当地帮助他们解决这些疑问和担心；

◆ 根据所提供产品和服务的价值，服务价格是否合理，在市场中是否具有竞争力；

◆ 能否做到按时编制好客户需要的财务报告及其他资料，是否尽到了相关义务和责任；

◆ 是否迅速并令人满意地解决好了客户的投诉和问题；

◆ 双方拟订的合同中提出的条款和条件是否合理。

以上事项都是开展业务的基本条件，必须密切注意这些因素，尤其是在与客户的关系处于突破和巩固的阶段，人们的信任在交往中逐步建立并受到客户评判的时候。

3.3　客户资料收集

3.3.1　客户信息

没有准确的财务数据，个人理财师就无法了解客户的财务状况，无法与客户共同确定合理的财务目标，不可能针对每个客户的理财提出切实可行的综合方案。因此，个人理财师在进行财务分析和理财规划之前，能收集到足够的有关信息是个十分重要的程序。国际 CFP 理事会在有关的财务程序条款中指出，个人理财师在为客户提供理财规划服务之前，必须收集到足够的适用于客户的相关定量信息和文件资料。

1. 宏观经济信息

这里的宏观经济信息，是指客户在寻求个人理财服务时与之相关的经济环境的数据。个人理财师提供的财务建议与客户所处的宏观经济环境有着密切的联系，在不同的地区和时期，经济环境的差别会对个人理财师的分析和建议，尤其对个人理财规划中资产的分配比例，产生很大的影响。在正式分析客户财务状况之前，个人理财师必须首先明确宏观经济环境会对客户的财务状况造成哪些影响，对影响客户财务状况的宏观经济信息进行收集和分析，并找出那些具有重大和直接影响的因素。

一般而言，个人理财师需要收集的宏观经济信息主要有以下几类。

（1）宏观经济状况：经济周期、景气循环、物价指数及通货膨胀、就业状况等。

（2）宏观经济政策：国家货币政策、财政政策及其变化趋势等。

（3）金融市场：货币市场及其发展、资本市场及其发展、保险市场。

（4）个人税收制度：法律、法规、政策及其变化趋势。

（5）社会保障制度：国家基本养老金制度及其发展趋势、国家企业年金制度及其发展趋势等。

（6）国家教育、住房、医疗等影响个人/家庭财务安排的制度及其改革方向。

2. 客户的个人信息

客户的个人信息可以分为财务信息和非财务信息。财务信息是指客户当前的收支状况、财务安排及其未来发展趋势等，是个人理财师制订个人理财规划的基础和根据，决定了客户的目标和期望是否合理及完成理财规划的可能性。非财务信息则是指其他相关的信息，如客户的社会地位、年龄、投资偏好和风险承受能力等，它能帮助个人理财师进一步了解客户，对个人理财方案的选择和制订有直接影响。如果客户是风险偏好型的投资者，且有着极强的风险承受能力，个人理财师就可以帮助他制定激进的投资计划；如客户是保守型的投资者，要求投资风险尽量减弱，就应帮助他制定稳健的投资计划。

3.3.2　客户信息收集的方法

1. 初级信息的收集方法

个人理财师要获得客户的个人财务资料，只能通过沟通取得，所以称为初级信息，这是分析和拟定计划的基础。个人理财师与客户初次会面时对其个人资料信息的收集，仅仅通过交谈的方式来得到是远远不够的，通常还要采用数据调查表帮助收集定量信息。

需要注意的是，数据调查表的内容可能比较专业，可以采用个人理财师提问客户回答，个人理财师填写调查表的方式进行。如由客户自己填写调查表，开始填写之前，个人理财师应对有关项目加以解释，否则客户提供的信息很可能不符合个人理财师的需要。

有时候，个人理财师需要向客户的律师或保险经纪人索取相关材料，这时候他必须要求客户填写信息获取授权书并签字，以作为个人理财师索取材料时出示的凭证。授权书的格式如表 3-3 所示。

表 3-3　信息获取授权书

尊敬的先生/女士：

本人×××，现授权××先生，代表××咨询公司向贵公司提取本人在贵公司所有投资/保险/存款/养老基金的信息。××咨询公司的注册登记号为××××××，地址是：

该证明材料复印有效，原件将作为××咨询公司的资料存档。

望贵公司能够给予协助，谢谢。

此致

敬礼

签字人：　　　　　　　　　　　　　　　　　　　　　　　　　　签字人：

日期：　　　　　　　　　　　　　　　　　　　　　　　　　　　日期：

2. 次级信息的收集方法

宏观经济信息一般不需要个人理财师亲自收集和计算，而是可以由政府部门或金融机构公布的信息中获得，所以我们将其称之为次级信息。次级信息的获得相对容易，但因其涉及面很广，需要个人理财师在平日的工作中注意收集和积累，有条件者应该建立专门的数据库，以备随时调用。政府公布的数据有时并不完全适用于个人，个人理财师在使用时应该进行判断和筛选，才能保证个人理财规划的客观性和科学性。目前，国内一些研究机构也提供付费的研究成果，其中有不少适合个人理财师在提供理财服务时使用。个人理财师应注意收集这些专门机构的研究成果。

3.3.3　搜集客户数据

1. 客户数据搜集的一般状况

个人理财师在与客户初次会面时，应当尽量搜集其个人资料，但仅仅通过口头的方式搜集相关信息，是不能满足理财规划需要的，还需要采用数据调查表的方式来协助数据的搜集。数据调查表的使用可以使数据搜集的工作变得规范化，进而提高数据收集工作的效率和质量。

2. 收集相关信息

当客户叙述关注的问题和目标后，个人理财师必须从客户那里收集大量正确、完整、及时的相关信息，信息分为客观信息和主观信息两大类。前者包括客户特有的证券清单、资产和负债清单、年度收支表及当前的保险状况等，后者包括客户及其配偶的期望、恐惧感、价值观、偏好、风险态度和非财务目标方面的信息，其重要性不亚于前者。

个人理财师在收集信息之前，必须设法让客户明白，理财规划的信息收集阶段，客户本人也需要投入一定时间；个人理财师必须设法克服客户的防范心理，建立相互信任关系，或以书面合同形式规定保密责任、提高相互信任的程度，使客户能主动提供一些必要的敏感性信息。

个人理财师可以通过向客户询问一系列问题或填写预先设计好的调查表格来收集信息，但收集信息并非简单地等同于提问或填表，通常还要求对遗嘱、保单等文书进行检查和分析，与客户及其配偶进行面对面的交流，听取意见并加以归纳总结，帮助客户及其配偶识别并清楚地表达真正的目标及风险承受能力。

3. 个人理财师意见和签字

客户在填写完所有的信息数据后，应对有关内容进行检查。如对个人理财师提出的服务收费表示同意，则根据填写情况在使用声明后签字认可。这里的声明有两种：一是客户填写了所有适用的内容，然后要求个人理财师在此基础上提出全面的财务建议；一是客户出于私人原因不愿意披露某些信息，只要求个人理财师根据有限的信息提供财务建议。客户在对有关信息进行确认后，签字认可。个人理财师在这里应当做的各类事项，具体如表3-4所示。

表3-4　个人理财师意见、签字、费用与其他相关事宜

个人理财师意见

声明：本人提供了部分调查表中所要求的信息，并要求×××咨询公司仅根据此信息为本人提供服务。

本人提供了调查表中要求的所有适用信息，并要求×××咨询公司根据此信息为本人提供全面的服务。

本人理解×××咨询公司提供的个人理财规划服务的质量将依赖于本数据调查表中信息的准确性。因此，本人声明并保证，本数据调查表中的信息是完整而准确的。

客户签字：＿＿＿＿＿＿＿＿＿＿＿＿　　　　　　　　日期：＿＿＿＿＿＿＿＿＿＿＿＿

个人理财师签字：＿＿＿＿＿＿＿＿＿＿　　　　　　日期：＿＿＿＿＿＿＿＿＿＿＿＿

以上条款解释权归×××咨询公司。

费用：首次财务咨询无须交纳服务费。如果需要书面的个人理财规划建议，请签署该调查表文件以授权本公司使用该数据为您进行财务状况分析和制订财务计划。服务费为每小时＿＿＿＿＿＿＿人民币。如果您指定本公司来实施部分或全部的财务计划，可以减免部分或全部服务费用，预知详情请与×××咨询公司联系。

＿＿＿＿＿＿＿＿＿＿＿＿签名

3.3.4　数据调查表的内容和填写

1. 数据调查表的设计

一份好的数据调查表可以简单明了地在较短的时间内帮助客户提供个人理财师需要的所有信息。数据调查表的设计要遵循以下原则。

（1）调查表应该条理清晰、语言简洁易懂，为客户填表节约时间，同时提高数据的准确程度。

（2）调查表的内容根据需要设计，但必须有逻辑性，同类信息应归在同一栏目。

（3）调查表的问题设计应该是对个人理财规划有用的，不可以出现可有可无的问题。

（4）设计调查表时，要注意格式和版面的合理性。调查表的页面应该留有较大边距，使用通用大小的字体，方便客户辨认和填写。

（5）在调查表中，针对特定客户的项目要专门指出，对一些专业性的术语或内容应有解释和填写示范。

（6）在调查表的封面或最后要对完成调查表的客户表示感谢。无论是否需要客户寄回调查表，都必须附上个人理财师本人和所在公司的地址和联系方式。

在客户数据的搜集过程中，个人理财师还可以使用理财软件配合对客户数据的搜集、保存，以便于进一步分析客户的财务状况。

2. 数据调查表的内容

客户数据调查表的种类很多，且涉及的内容十分繁多，必须能够为个人理财师提供有效的信息，可以根据不同类型的客户设计。无论何种调查表，至少都应该包括客户个人信息和财务信息两方面内容。下面，根据其包含的主要内容逐一介绍。

1）客户联系方式

客户必须清楚地填写其所有的联系方式，包括工作联系地址、家庭地址、移动或固定电话和电子邮件地址等，以方便个人理财师在需要时与之联络。客户联系方式表如表 3 - 5 所示。

表 3 - 5　客户联系方式表

客户姓名：_____

联系地址：_____

家庭地址：_____

工作电话：_____　　家庭电话：_____

移动电话：_____　　电子邮件：_____

日　期：_____

2）个人信息

个人信息如客户的社会地位、年龄和健康状况等，是数据调查表中不可缺少的部分，个人理财师可以通过这些信息，从侧面了解其财务状况和未来变化方向。个人信息具体包括以下几点（见表 3 - 6）。

表 3 - 6　个 人 信 息 表

信 息 栏 目	本 人 资 料	配 偶 资 料
姓名		
职称		
性别		
出生日期		
出生地		
健康状况		
婚姻状况		
职业		
工作单位性质		
工作稳定程度		
拟退休日期/单位规定退休日期		
家族病史		

子女资料表如表 3－7 所示。

表 3－7 子 女 资 料 表

子女姓名	出生日期	健康状况	婚　　否	职　　业

3）资产与负债、收入与支出信息

客户的资产与负债、收入与支出的状况，是数据调查表的重要组成部分，也是理财师组织个人理财规划的基本内容。一份详细的收入支出表，是个人理财师编制客户现金流量表并作出相关分析的基础，能帮助客户了解自身的财务状况，这方面的具体内容将在后面章节详细说明，这里不予赘述。

4）风险管理信息

风险防范主要是通过购买保险来实现风险转移，本项目下客户需要填写的保险种类主要有以下几种：人寿保险、伤残保险、健康保险、财产保险、责任保险和其他保险等。客户在填写这些栏目时，需要详细说明被保险人的姓名、保险公司、保单编号、投保金额和保险费，以帮助个人理财师进一步分析并作出理财规划（见表 3－8 和表 3－9）。

表 3－8 人寿、伤残、健康保险

被保险人	公　　司	保单编号	投保金额	保险费	注　　释

表 3－9 财产与其他保险

风险住处	公司	保单编号	投保金额	保险费	注释	保险费
住宅						
家具、家电						
汽车						
商业责任						
第三方责任						
其他						

5）客户的财务价值观

该栏主要是了解客户对各种经济指标（如通货膨胀率和税收规定等）的关心程度，以及对个人理财技能的熟悉与否，有助于个人理财规划是了解客户类型及其价值趋向，从而确定将采用何种方式与客户沟通，以及如何解释个人理财程序等（见表 3－10）。

6）其他经济数据

该栏目填置对多数客户来说难以独立完成，涉及了对宏观经济环境信息的收集和预测，包括对通货膨胀率、社会平均投资收益率、社会保障制度和税收制度信息的收集和确认。建议个人理财师先对这些数据进行估算和填写，然后向客户解释采用这些数值的原因，并询问客户的意见，获得客户的确认（见表 3－11 和表 3－12）。

表 3－10 客户的财务价值观

您对以下指标的关心程度如何？请在每项指标后填数字（范围是1～5），数字越大，表示越关心。

1. 关心 2. 偶尔关心 3. 关心 4. 非常关心 5. 极度关心

通货膨胀率水平 ＿＿＿＿＿＿＿

投资所能获得的税收优势 ＿＿＿＿＿＿＿

资产流动性 ＿＿＿＿＿＿＿

投资收益率 ＿＿＿＿＿＿＿

投资管理难度 ＿＿＿＿＿＿＿

其他信息

您以前进行过股权投资或其他非住宅性投资？有＿＿＿＿＿＿ 没有＿＿＿＿＿＿

如果投资有长期升值潜力，但短期内会有贬值，您是否会有顾虑？是＿＿＿＿＿＿ 不是＿＿＿＿＿＿

考虑到收入因素，您希望日常生活来源是：

1. 收入，不动用并保留资产。是＿＿＿＿＿＿ 不是＿＿＿＿＿＿

2. 收入和资产，不需要为遗产保留资产。是＿＿＿＿＿＿ 不是＿＿＿＿＿＿

3. 收入和资产，但也希望为遗产保留部分资产。是＿＿＿＿＿＿ 不是＿＿＿＿＿＿

4. 不依靠收入和资产维持生活。是＿＿＿＿＿＿ 不是＿＿＿＿＿＿

表 3－11 其他经济数据（本表数据在个人理财师的指导下完成）

平均税前名义收益率	本 人	配 偶
税前无税收优惠净资产名义回报率		
税收优惠净资产名义回报率		
通货膨胀率		
双人生活费节约率		
卖房中介费用		

注：双人生活费节约率是指家庭中夫妇两人的生活开支与单身生活开支可节约的比例。如单个人的年生活费用是8 000元，夫妇两人共同生活的年生活费是12 000元，则双人生活费的节约率是0.25。

表 3－12 子女生活开支占成人开支比例

子 女 年 龄	预 期 年 限	子女生活开支占成人开支比例/%

3.3.5 分析客户资信和财务状况

客户现行的财务状况是达到未来财务目标的基础，个人理财师在提出具体财务计划之前，必须客观地分析客户的现行财务状况。

客户的相关信息收集、整理并对其正确性、一致性和完整性检查完毕后，个人理财师需要分析客户当前的财务状况，以发现实现客户目标的有利条件和不利因素。如果个人理财师的分析表明，客户根本不可能实现原定目标，如客户的财力及投资收益率可能难以实现约定的退休收入计划，此时，个人理财师必须帮助客户降低目标，或告知客户为实现既定目标所需作出的调整，如推迟退休时间、增加储蓄、寻求更高的投资收益率等，以便客户作出适当的调整，使之更易于实现。

个人理财师对客户现行财务状况的分析，主要包括个人资产负债分析、客户个人收入与支出分析及财务比率分析等。最终在财务分析的基础上，结合前一步骤利用数据调查表所获得的信息，针对客户未来收入与支出的估计准备好客户的现金预算表。

3.3.6　保存客户的理财记录

保存完整的理财记录对搞好理财规划工作很为重要，一般说来，比较大的理财事务所都设有专门的资料管理系统，保存着以前和现在每位客户的所有资料，甚至是潜在的客户也注意搜集相关的信息资料。资料的形式包括纸质和电子版文档等。这些事务所都规定了内部业务执行程序并保证遵循，从而使得客户的资料能准确而完整地保存下来。规模较小的理财事务所或单个个人理财师，一般也会雇用业务助理或秘书来帮助保存客户的纸质或电子资料。

对接受个人理财师提出方案的客户而言，这一程序意味着将他们的相关文件，无论是纸质或电子文本等，继续保存在整个业务运行的过程中。对那些没有接受个人理财师提供方案和建议的准"客户"（实际上他们并没有成为公司真正的客户）而言，保存他们的纸质和电子形式的资料同样重要，只不过他们的资料会归入"未能继续实施"一类，作为未来的潜在客户。

有序的理财记录体系（见表 3-13），将对客户的以下理财活动奠定良好的基础。

◆ 处理日常商业活动，包括及时支付账单；

◆ 规划并衡量理财进程；

◆ 完成所需的纳税报告；

◆ 进行有效的投资决策；

◆ 决定当前及未来购买物品所需要的资源。

表 3-13　保存客户理财记录的地方

家　庭　档　案	
1. 个人和职业记录 最新简历　员工福利信息　社会保险号码　出生证明	2. 资金管理记录 最新预算　理财目标列表　保险箱内容清单 最近个人财务报表（资产负债表、利润表）
3. 纳税记录 工资单、W-2 表格、1099 表格　抵扣税项收据应税收入记录　既往所得税报税单和文件	4. 理财服务记录 支票簿、未使用支票　银行结算单、取消支票储蓄结算单　地方信息以及保险箱数字
5. 信用记录 没有用的信用卡　支付账本　收据、月结算单　信用账户数字清单　发行商电话	6. 消费者购买与汽车记录 保修证明　大额购物收据　汽车车主手册大型设备的所有者手册　汽车服务和维修记录　汽车注册
7. 住房记录 租约（如果租房）　房地产纳税记录　住房维修	8. 保险记录 保单原件　保险费金额和到期日列表　医疗信息（健康记录、处方药信息）索赔记录

保　险　箱	
9. 投资记录 　股票、债券以及共同基金购买与销售记录　中介结算单　投资权证数字列表　红利记录　公司年报	10. 遗产规划与退休记录 　养老金计划信息　个人退休账户结算单　社会保险信息　遗嘱　信托协议
出生证、结婚证　死亡证明　公民身份证　领养、监管文件　军事文件	昂贵商品的序列号　有价商品的照片或录像
存款单　活期储蓄账户号码　金融机构清单	信用合同　信用卡号码　发行商电话号码列表
抵押贷款纸、所有权证书　保单数字和公司姓名列表	股票和债券权证　珍稀钱币、邮票、遗嘱复印件　宝石和其他收藏品
个人计算机体系	

- 最新及既往的预算记录；已开支票和其他银行交易的概况；
- 用纳税软件准备的过去所得报税单；投资账户概况及业绩表现；
遗嘱、遗产计划及其他文件的计算机化文档。

3.4　拟定理财报告

3.4.1　理财方案的基本要素

1. 理财方案精要

1）理财方案摘要

一份书面理财方案包含很多专业术语和技术细节，对大部分潜在客户来说，会显得晦涩难懂，使客户从一开始就失去阅读下去的信心。解决这个问题的有效办法，就是在理财方案报告书的开头部分设置一段摘要。通过这个摘要理财方案中所包括的重要建议和结论，预先作简要介绍，以帮助客户对理财方案有个概括精要的了解。

2）对客户当前状况和财务目标的陈述

这部分内容主要来自于从客户信息调查表、会谈记录及从其他途径获得的相关信息，还涉及客户的风险偏好和其他关心的财务问题，在整个理财方案中具有重要地位。个人理财师在完成对客户当前状况和财务目标的陈述后，为确保客户对本部分内容的准确理解，必须加上以下一段话（或含义相同的其他表述方式）："尊敬的客户，我们所作的财务建议都是基于以上信息。请您仔细检查上述信息。如果我们对您当前状况的描述有何误解之处，或者您对相关信息有需要补充的地方，请在进入方案的下一部分之前通知我们。"

3）理财假设

一份书面的理财方案，既包括对客户当前状况的陈述，也包括对未来状况的预测。为能客观的分析客户未来的财务状况，个人理财师应首先建立一系列恰当的理财规划假设。长期的理财规划可能需要以下方面的假设：①通货膨胀水平；②工资增长水平；③平均资本利得回报率；④退休金缴纳水平；⑤未来消费的估计成本；⑥购置房屋、汽车、度假等支出；⑦税率。为了让客户明白所作假设的含义，个人理财师应在这些假设后面给予相应的解释和评论，这将有助于客户对理财方案中的指标计算和数据分析的理解。

4）理财策略

理财规划是以客户当前的财务状况为基础，帮助客户实现其未来财务目标的过程。这一过程的关键在于采用何种策略，来帮助客户按预先拟定的计划达到最终目标。一个合格的个人理财师会选择最有效、最合理的策略，并通过口头和书面的形式将这些策略的具体内容传达给客户。为了保证客户对理财规划策略的准确理解，个人理财师还需要就策略中比较晦涩难懂的部分向客户做出解释。

5）理财建议

理财策略的实现要通过一系列具体的理财建议，如现金流（收入/支出规划）建议；投资/储蓄建议；养老金建议；保险建议；遗产规划（遗嘱及委托书）建议等。这些具体建议可以看做实现客户财务目标的媒介，也是个人理财师工作的重心所在。由于客户自身条件和目标的不同，个人理财师提出的具体建议也会有较大不同。

6）理财预测

一般来说，理财预测基于理财假设建立，故设置在理财报告的最后。但出于强调的目的，个人理财师也可以将预测计算中的一些关键信息，提前到报告的其他位置，并用书面语言将其准确地表达出来。

此外，正如本书一再强调的那样，书面理财方案对客户来说太过专业。为便于客户正确、完整地理解理财规划预测部分的内容，个人理财师有必要对客户做详细解释。

2. 其他相关内容

1）各项费用及佣金

根据个人理财师职业道德准则和操守规范的规定，个人理财师有义务向客户解释所收取的各项费用和佣金，客户也有权了解实施理财方案中各项具体建议的全部成本。费用和佣金的披露范围，包括支付给个人理财师和其他相关机构的所有费用和佣金。费用和佣金要尽量采用货币形式。如某些项目需要采用百分比的形式或无法定量披露时，个人理财师应予合理说明。

2）理财建议的总结

理财方案前面的内容中，客户已经接触到大量的书面理财规划建议和相关的计算与预测。为了让客户对这些内容有个清晰、全面的认识，个人理财师有必要在进入下一部分执行方案前，对涉及的各种理财建议进行一次总结。总结的格式可以采用项目列示的形式。

3）执行理财方案之前的准备事项

在本部分，个人理财师要指明执行理财方案之前，还需要客户完成的步骤。

4）执行理财方案的授权

一份理财方案必须包括客户对执行理财方案的书面授权，以从形式上规范个人理财师与客户之间的联系，为理财规划工作建立良好的法律基础。

一般来说，理财规划授权书的正文主要分为以下两个部分：①客户声明，主要包括客户对个人理财师在此前所做的工作，及客户对理财方案的理解等的声明；②客户希望个人理财师提供的各种专业服务等。

5）附加信息披露

理财规划的实施中，往往会有各种限制因素影响方案的顺利实施，导致个人理财师与客户之间发生利益上的冲突。在这种情况下，个人理财师要对可能会产生限制的各种因素进行详细披露，以保护自己的利益。

6）支持文档

支持文档是对理财方案的结论、预测等提供计算分析依据的一系列文件。附加财务计算和分析文档，是为理财规划建议提供支持的一种重要方式。这些计算分析文件一般是放在理财方案的末尾。此外，对所建议的投资提供支持和描述的信息，也应作为支持文档的一部分放在理财方案的最后。

3. 免责声明

为保护自身利益，个人理财师还应当取得客户声明及客户对执行理财方案的授权。免责声明是一种用来限制和减轻个人理财师所负责任的表述方式，书面理财方案中加入免责声明，是个人理财师提醒客户对超出可控制范围的事件引起的损失不承担任何责任。

3.4.2　形成金融理财方案

虽然，个人理财师提出的理财方案只是个单一文件，但其内容则是相互关联，形成过程也是环环相扣。下面把理财方案形成的过程分解成几个单独而又连续的步骤分别介绍。

1. 确保已掌握所有相关信息

在理财规划程序的步骤中，个人理财师已通过数据调查表等各种方式收集了客户的相关数据，并对这些数据作了初步分析，确定了客户的期望与目标，这些工作为理财规划策略的形成打下了良好的基础。理财方案形成的过程中，第一步也是最基本的一步，就是个人理财师必须确保自己已掌握了准备理财方案所需的相关信息，原因是理财规划本身就是建立在充分掌握客户数据的基础之上。

个人理财师在收集客户信息的过程中，如没有履行必要的程序或工作中有重大疏漏，导致所掌握的客户信息不真实、不完全，以此为基础提出的理财方案就必然是不完善的，进而使得理财方案的执行造成对客户利益的某种损害。因此，个人理财师在正式制订理财方案之前，应将已掌握的所有信息做一次全面回顾，必要时还可以再次与客户取得联系，以确保所掌握的相关信息真实、完整，能客观反映客户的整体财务状况。

理财方案的形成则还需要个人理财师遵循以下步骤：①确保已掌握了所有的相关信息；②采取一定的措施保护客户当前的财务安全；③进一步确定客户的目标与要求；④提出理财规划的策略以满足客户的未来财务目标；⑤最终帮助客户形成合理的投资决策。

2. 整合理财规划策略并提出理财方案

影响客户的财务状况及财务目标实现的各个领域之间，存在着以客户为中心的紧密联系，如退休计划就涉及税收、养老金、现金流管理、投资计划、遗产计划等多方面内容。个人理财师进行具体的财务策划时，不能只孤立地考虑客户的某一方面情况，而忽视其他相关方面的重要信息。

　　财务规划的策略整合，要求个人理财师对客户的实际情况与主观要求作出全盘考虑，并在此基础上将所包含的一系列基础性策略。个人理财师的能力，即体现在如何将各种不同的目标策略整合成一个能满足客户目标与期望的、相关联的、具有可操作性的综合理财方案。在策略整合的最后，个人理财师需要向客户呈递一份书面的理财方案，并针对不同年龄层的客户制定适合的理财方案，最终将整合好的理财方案递交给客户征求意见。

　　投资决策的形成可以分为3步：①确定将投资分散到各个资产类型上的合适比率；②针对每种资产的类型确定投资方；③为客户挑选具体的投资品种。

3. 制订理财方案

　　个人理财师的下一步工作是制订一个切实可行的方案，使客户从目前的财务状况出发实现修正后的目标。财务计划因人而异，即针对特定客户的财务需要、收入能力、风险承受能力、个性和目标来设计。财务计划应该是明确的，具体到由谁做、何时做、做什么、需要哪些资源等；财务计划还必须是合理可行、客户可以接受的。通常，财务计划的报告应采取书面形式，必要时插入一些曲线图、图表及其他直观的辅助工具，使客户易于理解和接受。

　　在理财方案的形成中，理财软件是个重要的工具，它可以帮助个人理财师完成许多复杂的计算并输出相应的报告。

　　在将各种策略整合成一系列的初步建议之后，个人理财师需要将这些建议变成一份书面的正式理财方案并呈递给客户。为了保证理财方案的规范性，书面的理财方案需要有一系列的基本要素。不论个人理财师最终的书面方案采用何种格式，都必须包含这些基本要素，要确保客户理解提出的理财方案并征询其意见。如客户阅读之后对理财方案表示不满意并提出修改要求，个人理财师应采取妥善方法应对这种修改要求。

3.4.3　执行并监控理财方案实施

1. 理财方案执行的要求

　　一份书面的理财方案本身是没有意义的，只有通过执行理财方案才能让客户将目标变成现实。因而，个人理财师有责任按照客户同意的进度表贯彻实施财务计划。为了确保理财方案的执行效果，个人理财师有责任适当激励并协助客户完成每一步骤，并遵循准确性、有效性、及时性三个原则。理财方案要真正得到顺利执行，还需要个人理财师制订详细的实施计划。实施计划首先确定理财规划的实施步骤，然后根据理财规划的要求确定匹配资金的来源，最后列出实施的时间表。

　　计划开始实施时，应当对计划的实施过程进行监控。理财方案的执行过程中，任何宏观和微观环境的变化都会对理财方案的执行结果造成积极或消极的影响。个人理财师和客户之间必须一直保持联系，通常，个人理财师每年至少与客户会面一次，对计划的实施情况进行检查，在环境多变时更需要频繁的面晤，就实施结果及时与客户进行沟通。对理财规划的执行和实施情况进行有效的监控和评估，必要时还可以对策划方案进行适当的调整。

　　检查程序的第一步是对各种实施手段的效果进行评估；其次，针对客户个人及其财务状况的变化及时调整财务计划；再次，应该由客户对经济、税收或财务环境发生的变化进行审核。

2. 保护客户当前的财务安全

客户当前的财务安全状况直接决定着理财方案的执行与结果。如客户的财务状况存在较大问题，必然会增加理财方案的不确定性，并直接影响到理财方案执行的效果。

通过对以下问题的调查分析，可找出存在的风险并加以解决。

（1）客户是否已参与了充分的保险（包括人寿保险、医疗保险、失业保险、财务保险等）。

（2）客户是否有必要签署一份长期的或常规的律师委托书。

（3）客户是否已订立有合法有效的契约。

（4）客户的资产负债状况是否正常，客户的收支状况是否平衡。

（5）客户是否有紧急情况下的现金储备。

（6）客户是否还有增加收入的潜力。

这些项目并不代表必须考虑的所有问题。通过对以上项目的评估，个人理财师应根据客户的实际情况增加或减少某些项目，但必须确保所选项目能全面反映客户当前的财务安全状况。

3. 利用理财规划建议实现客户的财务目标

1）确定客户的目标和要求

客户会在会面的过程中提出期望达到的各项目标。包括短期目标（如休假、买空调等）、中期目标（如子女教育储蓄、买车等）、长期目标（如买房、退休、遗产传承等）。这些目标分类相对比较宽泛，为了更好地完成这些目标，个人理财师必须在客观分析客户财务状况和理财目标的基础上，将这些目标细化并加以补充。

在确定客户的财务目标与要求的过程中，因客户对投资产品和风险的认识往往不足，很有可能提出一些不切实际的要求。个人理财师对此需要特别注意。某股评家就讲到，许多客户期望股评家能够每天为客户介绍一两只能在近期涨停板的股票，这显然是股评家无法做到的。针对这一问题，个人理财师必须加强与客户的沟通，增加客户对投资产品和风险的认识。在确保客户理解的基础上，共同确定合理的目标。

2）客户目标和要求的具体内容

此步骤需要个人理财师综合运用所掌握的专业知识与技能，帮助客户达到未来的财务目标。在这里，可以把客户未来的财务目标分为现金流状况与目标、资产保护与遗产理财规划目标、投资目标。为了实现这些目标，个人理财师需要针对每种目标找出合适的理财策略。

（1）现金流收入状况与目标。为了实现现金流目标，个人理财师需要从收入与支出两方面入手。现金流状况与财务目标实现的重要前提是收入的取得。在分析客户的收入状况时，个人理财师会发现工资薪金收入相对固定，社会保障收入也往往如此，而额外收入则主要受投资收益的影响，这是个人理财师工作的重点。

（2）现金流支出状况与目标。关于支出，个人理财师首先想到的是能否帮客户将一些不必要的支出减少到最低，是否存在某些能帮助客户减少过多的支出，同时又不影响客户生活质量和生活方式的好办法。保险规划中，个人理财师有可能会考虑让客户合并保单或运用某些年龄折扣条款来节约保费支出。税务策划过程中，个人理财师通过对纳税人税负的分析，会用收入分解转移、收入延迟、负杠杆等方法减少客户的税负支出。通过对客户收入与支出结构的调整，个人理财师可帮助客户实现其未来的储蓄能力目标，并对如何使用这些储蓄提出建议。

（3）资产保护与遗产管理目标。个人理财师需要在资产、收入、医疗健康、人寿保险等方面保护客户的财务安全。除此之外，个人理财师还需要从实现整体财务目标的角度，帮助客户维护财务安全，尤其是针对遗产管理方面的事宜。

个人理财师在提供理财服务时，需要确定客户的资产管理有无充分的保护。资产保护中，要着重分析提供保护的收益与所消耗的成本，判断这些方法在经济上是否具有可行性。个人理财师还要确认客户拥有的房屋、家具、汽车等重要资产，是否已有了充分的投保。

3.4.4　如何应对客户修改方案的要求

在某些情况下，客户会要求个人理财师对提出的理财方案进行修改。引发这种要求的原因，可能是个人理财师对客户的当前状况和所达目标有误解，或客户对理财方案的部分内容不甚满意。针对产生修改要求的原因，个人理财师也应采取相应的针对措施。

1. 对状况和目标的误解而产生的修改要求

在这种情况下，个人理财师应采取如下措施。

（1）个人理财师应向客户说明，自己会以书面的形式对所要求修改的内容及引起修改的原因进行确认。

（2）对客户要求修改时双方讨论的内容作出详细的记录，并用引号标出当时客户的问题及个人理财师自己的回答。

（3）个人理财师应在给客户的确认信中包含一封回信，要求客户就修改要求及个人理财师提出的修改建议进行确认。

2. 客户不满意而引起的修改要求

针对由于客户不满意而引起的修改要求，个人理财师应采取如下措施。

（1）个人理财师应向客户说明，可以按照客户的要求对方案进行修改，但个人理财师仍然坚持最初的方案。

（2）对客户要求修改时双方讨论的内容作出详细记录，尤其对客户不愿意继续执行方案的原因作重点记录，个人理财师的口头回复也要记录在案。

（3）只有在收到了客户签署要求修改的确认信件之后，个人理财师才可以着手进行修改。

（4）个人理财师应确保自己的上级部门了解所作的修改，并确保已通过书面形式通知了上级部门。

通过这些措施可以确保个人理财师在客户可能会提起的诉讼中处于较为有利的位置，对个人理财师维护自身的利益非常重要。如某个客户对理财风险十分敏感，要求在理财方案中不包含任何股票或其他高风险投资。但因投资的风险与收益之间往往存在正比性，一味的规避风险可能导致投资收益率的降低，资产回报率很可能达不到客户的要求。客户就会认为个人理财师没有尽职尽责，并可能对个人理财师提出诉讼。在这种情况下，如客户坚持要对方案进行修改，个人理财师应要求客户出示相关文件，证明所作的修改是根据客户自己的要求而进行的。

3.5　协助客户执行理财方案

3.5.1　执行理财方案应遵循的原则

执行理财方案时，个人理财师或理财方案的执行者应遵循如下原则。

1）准确性原则

这一原则主要是针对所制订的资产分配比例和所选择的具体投资品种而言。比如用于保险计划的资金数量，或具体的中长期证券投资品种，理财方案执行者应该在资金数额分配和品种选择上准确无误地执行计划，才能保证客户既定目标的实现。

2）有效性原则

这一原则是指要使计划能有效完成理财方案的预定目标，使客户的财产得到真正的保护或实现预期的增值。如原来客户的保险策划方案并未选定具体的保险公司和保险产品，或选择的保险公司和保险产品的状况已发生了相当的变化，理财方案执行者有责任为客户选定能有效保护客户的人身和财产安全的新的保险公司和保险产品，或者及时将现实情况的变化告知客户，对保险公司或保险产品重新进行选择。

3）及时性原则

这一原则是指理财方案的执行者要及时落实各项行动措施，以使方案的执行尽量符合当时代的要求。影响理财方案的因素很多，如利率、证券价格、保险费等，都会随着时间的推移而发生变化，从而使预期结果与实际情况产生较大的差距。

3.5.2　方案执行

个人理财师提出并完成整合的理财方案，或根据客户要求与情况变化进行方案的修改与调整，并为客户接受之后，接下来就是具体执行该理财方案。同样，在执行该财务方案之前，应该制订具体的实施计划。

实施计划需要列出针对客户各个方面不同需求的子计划的具体实施时间、实施方法、实施人员、实施步骤等，是对理财方案的具体化和现实化。

1. 确定计划行动步骤

客户目标按时间的长短进行分类：1 年之内称为短期目标；1~5 年称为中期目标；5 年以上的称为长期目标；贯穿整个人生的则称为永久目标。按客户想要达到的目的分类，又可以把客户的目标分为收入保护目标、资产保护目标、应急账户目标、死亡或失去工作能力时有效转移资产的目标等。

同样，个人理财师在制定具体实施计划时，应该对客户的各个目标按其轻重缓急进行分类，同时明确实现每个目标所需要经过的行动步骤。换句话说，必须弄清楚每个行动过程对应客户预期目标的实现，才能防止或减少行动步骤的疏漏。

2. 确定匹配资金来源

在制订理财方案时，已经针对不同类型的客户分析了各自的风险偏好与承受能力，同时分析了与对应客户相匹配的各种资源配置的策略与原则。但制订并实施计划时，需要根据客户现在的财务状况进一步明确各类资金的具体来源和使用方向，尤其是各个行动的资金来源保障，资金来源的及时和充足与否，直接关系到行动步骤运行的有效性和及时性。

3. 确定实施方案的时间表

一般说来，较容易受到时间因素影响的行动步骤应该放在时间表的前列，比如某些为实现客户短期目标所采取的行动步骤等。对整个实施计划具有关键作用的行动步骤也应放在前面，如客户对个人理财师及理财方案执行者的授权声明或雇用合同的签订。而那些为了实现客户长远的目标所应采取的行动步骤，在实施计划的时间表中则可以适当后移。这类行动步骤一般不会因推迟几天或几个星期而影响最终目标的实现。但长期目标可能会影响到客户的长远生活质量和财产保障，对客户来说一般都意义重大。因此，需要对应采取的行动步骤和特定产品抉择等反复考虑和审慎选择。

3.5.3　执行理财计划

1. 获得客户授权

客户授权主要是指信息披露授权，即客户授权给他所雇请的个人理财师或理财方案执行者，由他们在适当的时间和场合，将客户的有关信息（比如姓名、住址、保险情况等）披露给相关的人员。

在没有获得客户书面的信息披露授权书之前，个人理财师或理财方案执行者不能与其他相关专业人员讨论客户的任何情况，或向他们泄露客户的任何信息。有人甚至认为，在未经客户允许的情况下，即使个人理财师或理财方案执行者只是将客户的姓名告诉其他专业人员，也是一种侵犯隐私的行为。所以在制订与执行计划的过程中，个人理财师和理财方案执行者在与其他人员沟通与合作、讨论客户情况时应该特别谨慎。

2. 与其他专业人员沟通合作

理财方案执行中，个人理财师或理财方案执行者有可能与其他相关领域的专业人员沟通与合作，这些专业人员包括了会计师、律师、房地产代理商、股市咨询师、投资基金销售商、保险代理商或经纪人等。这些专业人员对设计各类财务计划必不可少，如具有专业知识与经验的投资咨询人员，只有他们才会对目前的宏观经济形势、行业发展状况与整体经济走势等比较了解，并对各个投资市场和各类投资产品的结构与特点比较熟悉。由他们参与客户的投资计划设计，才有可能使该计划具有较好的可信度和可行性，满足客户的财务目标与要求。

3.5.4　关注情况变化对理财方案的影响

就像理财方案实施的过程一样，在方案实施之后，整个宏观环境中的各种因素仍然会持续地发生变化，客户自身的个人状况也会不断变化，这些变化都会影响到根据变化前的各种外部条件和个人财务状况所制订的理财目标的实现。

宏观及微观境况变化对理财方案的制订实施，及客户预期目标实现的影响是显而易见的，现实生活中这种影响相当复杂，有时候可能存在着正负两方面作用，或通过其他因素间接发挥作用，这里对各种影响的分析是直接、简单和粗略的，一般只分析了某些因素单向变化所造成的影响，仅供参考。

1. 宏观因素变化对理财规划的影响

（1）官方利率下调。官方利率下调会使贷款的成本下降，降息会使消费增加、筹资成本下降，从而使证券市场行情趋好，潜在收益增加。

（2）经济的周期性波动、证券市场震荡、投资机构业绩变化、利率调整、汇率波动等；持续的高通货膨胀等。可能会使各行业的经济运作成本提高，影响其收益率，从而影响股票市场的收益。

（3）本国货币汇率上升，可能会使客户的国际性投资收益率下降，甚至使其投资的本金减少。此时个人理财师应调整其国际投资的比重。

（4）证券市场行情下调。因股价下跌，可能会使客户有机会增加股票市场投资的比重，这要视客户的风险承受能力而定。

（5）法律因素变化，如税务法律法规修订、社会保障法规改变、退休金法律完善等。

2. 微观因素变化对理财规划的影响

（1）客户业务收益率增加并导致税负上升。客户可能需要增加养老基金的缴付数额，从而规避税收，并增加退休资产。

（2）客户决定为两年内的一次出国旅游储蓄存款，为此可能需要出售部分证券，或减少养老基金缴付数额，这又会影响投资计划或退休计划。

（3）客户的工资薪金、生活成本与标准质量发生变化，如客户已完全或永久丧失了工作能力，不得不停止养老基金缴付，获得保险公司赔偿，寻找新的收入来源。

（4）客户婚姻破裂。客户夫妻双方原是共享一个理财方案，现在婚姻破裂就需要重新制订各自的方案。

3.5.5 理财方案执行评估

对理财方案的评估，实际上是对整个理财规划过程的所有主要步骤重新分析与再次评价，对理财方案的评估过程基本上是根据以下特定的步骤逐步进行。

（1）回顾客户的目标与需求。

（2）评估财务与投资策略。分析各种宏观、微观因素的变化对于当前策略的影响，研究如何调整策略以应对这种变化及影响。

（3）评估当前投资组合的资产价值和业绩。投资组合是否可以达到目标，如未达到目标，应找出相关的原因。

（4）评判当前投资组合的优劣。考虑各项投资的安全性和前景，是否出现业绩下滑的征兆或大量投资者撤资的情况。

（5）调整投资组合，同时考虑交易成本、风险分散化需求及客户条件的变化。

（6）及时沟通客户，任何对理财方案及投资组合的修改，都应该获得客户的同意和认可。

（7）检查方案是否被遵循。这是理财方案评估的最后一步，观察个人理财师制订的理财方案是否被客户遵照执行。

3.6　理财规划案例

3.6.1　客户家庭基本资料

1. 张先生家庭基本资料

张先生与张太太均为 30 岁，研究生学历，张先生从事建筑监理工作，张太太为高校教师，结婚两年尚未有子女。家庭资产分配如下：张先生与张太太存款各为 6 万，名下股票各有 6 万和 2 万，合计资产 20 万，无负债。张先生月收入 5 500 元左右，张太太月收入 4 500 元，目前无自有住房，月租金支出 1 000 元，月生活费支出约 3 000 元。夫妻双方月缴保费各为 500 元，为 20 年期定期寿险，均为 29 岁时投保。单位均缴纳"五金一险"。夫妻两人都善于投资自己，拥有多张证照。预期收入成长率可望比一般同年龄者高。预计平均成长率均有 5%，而储蓄率可以维持在 50%。家庭理财目标如下：

(1) 2 年后生一个小孩；

(2) 3 年后买一套房子，面积 120 平方米左右，准备好装修费用 15 万元左右；

(3) 20 年后需要准备好孩子接受高等教育的费用，作好供其到研究生毕业的准备；

(4) 25 年后退休，准备退休后生活 30 年的费用，希望过上安逸无忧的晚年生活。

张氏家庭的资产负债表如表 3 - 14 所示。

表 3 - 14　张氏家庭的资产负债表

科目	合计	张先生	张太太
存款	12 万	6 万	6 万
股票	8 万	6 万	2 万
负债	0	0	0
净值	20 万	12 万	8 万

2. 家庭财务状况分析

家庭支出构成图如图 3 - 4 所示。家庭月度现金流量表如表 3 - 15 所示。

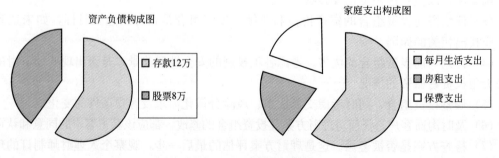

图 3 - 4　家庭支出构成图

表 3 - 15　家庭月度现金流量表

现金流入	金额	占比
张先生月收入	5 500	0.55
张太太月收入	4 500	0.45
收入总计	10 000	1
每月生活支出	3 000	0.6
房租支出	1 000	0.2
保费支出	1 000	0.2
支出合计	5 000	1
月度结余即家庭储蓄能力	5 000	

　　从张先生家庭目前的资产负债表和月收支现金流量表中可以看出，家庭月均收入达 1 万元，年度结余 6 万元，储蓄率达到 50%，无负债，财务状况还是不错的。但资产的收益性不高，60%的资产都分布在低收益的储蓄存款上，目前的资产配置过于单一，资产配置只有存款和股票，收益性资产都集中在股票上，风险过于集中。虽然目前过着潇洒的两人世界，但在未来几年家庭负担将会非常沉重，按照 2 年后生小孩、3 年后购房的短期计划，在不久的将来要面临着小孩的抚养费和教育金筹措及房贷的沉重负担，属于无近忧而有远虑的小家庭，很有必要早做规划，以期达到家庭理财的目标。

3.6.2　家庭理财规划设计

1. 建立家庭紧急预备金

　　紧急预备金的额度应考虑到失业或失能的可能性和找工作的时间，考虑到张先生夫妻双方工作相对稳定，以准备 3 个月的固定支出总额为标准。虽然家庭目前月支出 5 000 元，但不久的将来面临生育费用和月供房贷，建议另准备每月 2 000 元的超额支出，共建立家庭紧急备用金：7 000×3＝21 000 元。其中 10 000 元存银行活期存款保持流动性，其余 11 000元购买货币市场基金或流动性强的人民币理财产品，在保持流动性、安全性的前提下兼顾资产收益性。

2. 购房规划

　　张先生家庭计划 3 年后购房，市中心目前房价正处于高位运行。据了解，所居住城市地铁的兴建已提上城市建设的规划中，未来将带来交通的极大便利，建议购买城郊四室两厅两卫 120 平方米，每平方米单价 6 000 元左右的房子。目前城郊房价是稳中有升，以 2%的房价成长率来看，3 年后总房款为 76.4 万元左右。首付 30%为 23 万元，余款 53.4 万元做 20年按揭，以当前 5.51%的贷款利率来看，月供需 3 676 元。根据张先生家庭的财务状况来看，3 年后年收入结余新增 19.4 万元，年收入达到了 13.9 万元/年。可将前 3 年的结余投资累计值加上已有生息资产 20 万元，作为首付款和装修费用。

3. 子女养育和教育金规划

　　2 年后小孩的生育费用建议从家庭紧急备用金中提取。据统计，当前中国家庭生活费支出的半数是花在小孩的身上，小孩的养育和教育费用不可忽视。随着高等教育自费化和初等教育民办化的趋势，这块费用将越来越水涨船高。假设学费成长率为 3%，小孩上大学之前接受公立学校教育，大学和研究生每年花费按 1 万元保守估计，一个孩子的教育费用现值至少需要 11 万元。以 5％的预期投资报酬率计算，年储蓄额需要 7 886 元（月储蓄 681 元）。教育费用是一个长期支出，尤其是高等教育费用比较高，可准备时间较长，可做一些期限相对较长、收益相对较高的投资，提高资金回报率。

4. 投资规划

前面分析张先生的家庭财务状况，发现现有家庭资产的配置过于集中单一，且收益性不高。储蓄存款收益目前平均为 2％左右，而股票投资收益近 2 年长期低位运行，不断走低，风险相当大。为了达到以上家庭理财目标，有必要对投资组合进行一番调整。

对张先生夫妇两人风险能力和风险态度的测评，均具有中等偏上的风险承受能力。故此可对当前资产和未来的积蓄重新安排，以期达到较高预期报酬。根据风险属性的测评结果和家庭理财目标规划，建议可对资产做以下比例配置：活期存款 5％，人民币理财产品或货币基金 20％，债券 20％，偏股票基金或股票 55％。投资收益率预计为货币 0.58％，人民币理财产品或货币基金 2.5％，债券 4％，股票型基金或股票 7％。该投资组合的报酬率为 5.2％。

特别要提到的是，根据张先生夫妇的风险属性的测评，高风险高收益的投资比例最高可到 70％。但该资产组合中风险资产的配置目前仅占 55％左右，考虑到当前股市长期低迷，市场上高回报的投资产品不多的现实情况，我们建议适当调低此类产品的投资比例。该组合的预期投资报酬率目前相对保守，随着未来股市回暖和高收益投资理财产品的增多，再做出灵活调整，从而提高资产的投资回报。

5. 保险规划

可从遗嘱需要的角度来分析张先生家庭的保险需求。保险规划的基本目标是要保障收入来源者一方出现意外情况的话，家庭可以迅速恢复或维持原有的经济生活水准，使得家庭的现金流不至于中断，生活水准不出现较大的变化。表 3-16 所示是对张先生夫妇遗嘱寿险需求表。

表 3-16   遗嘱寿险需求表

弥补遗嘱需要的寿险需求	张先生	张太太
目前年龄	30	30
目前年收入	66 000	54 000
收入年数	25	25
收入成长率	0.05	0.05
未来收入的年金现值	930 200	761 073
目前的家庭生活费用	36 000	36 000
减少个人支出后之家庭费用	24 000	24 000
家庭未来生活费准备年数	55	55
家庭未来支出的年金现值	447 203	447 203
目前教育费用总支出现值	110 000	100 000
未成年子女数	1	1
应备子女教育支出	110 000	110 000
家庭房贷余额及其他负债	534 000	534 000
丧葬最终支出目前水准	5 000	5 000
家庭生息资产	200 000	200 000
遗嘱需要应有的寿险保额	−33 997	135 130

测算结果显示，张先生应有的寿险保额为负数，张太太是 13.5 万元。夫妻现有的定期寿险各为 20 万元。从数字上看张先生存在多投保的现象。考虑到其工作性质为建筑行业，建议投保意外险 10 万元，定期寿险 10 万元，根据身体状况可考虑再投保大病险和医疗补充保险。张太太工作稳定，所在高校医疗保险等福利健全，考虑到 2 年后小孩出生，生活费用将大大增加，现有投保险种和保额可不做调整。

6. 退休规划

张先生夫妇计划 25 年后退休，且希望在退休后 30 年内保证每个月有现值 4 000 元的家庭支出，每年安排一次旅游计划，过上中等以上水平的晚年生活。假设通胀率为 2%，退休后投资报酬率为 4%，现值为 4 000 元的月支出相当于 25 年后的 6 562 元。预计退休后双方可领取养老金共 4 000 元左右，退休金缺口为 2 592 元。考虑到通货膨胀因素，退休后的实质投资报酬率仅为 2%。要保证 30 年的退休生活达到小康水平，到退休时须准备 70 万的退休金。依照 5.2% 的预期投资报酬率、22 年投资期来看，月投资须 1 426 元。考虑到退休规划的长期性，也具有较大的弹性，可做长期投资打算，投资风险和收益相对较高的产品。

3.6.3　相关投资产品推荐

1）人民币理财产品或货币市场基金

人民币理财产品可以考虑某商业银行的"月月涌金"产品。该产品安全性高，主要投资于高信用等级人民币债券；流动性强，以一个月为理财循环周期，月初按照客户约定扣收理财本金，月末将理财本金和本期收益直接划付到客户指定账户之中。且该产品可以自由增减理财本金，随时可以赎回，收益稳定，目前年预期收益率在 2.3% ~ 2.5%。

货币市场基金可考虑发行较早的南方现金增利基金和华安现金富利性货币基金，收益相对稳定。

2）债券

记账式国债持有到期收益稳定，每年付息可以有稳定现金流，尤其在经济低迷期是客户的收益保障。或考虑购买一些业绩良好的债券型基金，如嘉实理财债券基金等。

3）股票型基金

现阶段国内股票市场变幻莫测，建议选择开放式股票型基金进行投资，享受专家投资、规模效益、风险分散的优点。推荐产品有富国天益价值基金、易方达策略成长基金、广发稳健增长基金，近年来净值增长率基本上都在 10% 以上，具有较大的增值潜力。

资产配置比率如图 3-5 所示。

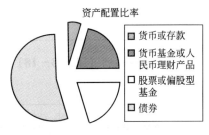

图 3-5　资产配置比率

3.6.4　特别说明

1）定期调整计划

每年调整一次家庭紧急备用金；小孩出生后根据家庭担负责任的变化调整保障计划；根

据市场环境和个人情况的变化检查并调整投资组合。但应在个人理财师的帮助下进行。

2）重视利率敏感性

理财规划根据当前情况对未来的通胀率、房贷利率及收入成长率等进行了预估。但如未来现实生活中出现利率波动较大的情形，如房贷利率和通胀率上升，而投资报酬率持续低迷时，可视情况做提前还贷处理。

3）适当提高生活品质支出的比例

夫妻双方收入较高，且成长性较好，建议有计划外储蓄节余时，应适当提高生活品质支出，可考虑每年安排一次家庭旅游计划，或购买一辆经济型轿车作为代步工具，可方便上下班和以后小孩上下学的接送。

张先生家庭的财务状况基本上是不错的，当前无负债，资产也具备流动性，家庭成员具有一定的保障，不足之处是资产的收益性不足，在现有配置比例下无法达成所有的理财目标，而且风险性资产比较集中单一，需要进行适当的调整。

考虑到购房计划近在眼前，建议先采用目标先后顺序法，再采用目标并进法进行资产配置。3 年后先用家庭现有资产累计值和 3 年累计储蓄之和支付首付款和装修费用，月供房贷、教育金和退休金准备，可采用月/年储蓄的方式，通过定期定额投资方式实现。资产组合经调整后，其预期投资报酬率保守估计为 5.2％，此报酬率下能实现所有的理财目标。如投资报酬率随股市复苏而上升，则可用来改善生活，提高生活品质，实现其他家庭目标，如购车等。

3.6.5　摘要报告

1. 问卷调查（见表 3-17）

表 3-17　问 卷 调 查

流动性检验	存款是否大于三个月的生活支出？	是
风险适合度	风险性资产是否低于承担能力态度？	是
资产收益率	是否 50％以上的资产用于投资？	否
负担承受力	偿债额是否在收入额 20％以下？	是
目标达成率	是否所有的理财目标可达成？	否
保险适足性	主要人身风险是否有安排保障？	是

2. 投资规划（见表 3-18）

表 3-18　投 资 规 划

投资组合比较	货币或存款	货币基金或人民币理财产品	债券	股票或偏于股票型基金	总资产
建议资产配置	5.00％	20.00％	20.00％	55.00％	20 万
目前资产配置	60.00％			40.00％	月储蓄
应调整资产配置比例	−55.00％	20.00％	20.00％	−15.00％	6 000（5％递增）
预计投资报酬率	5.20％				

3. 建议投保的保险（见表 3 - 19）

表 3 - 19　建议投保的保险（张先生）

项　　目	寿险	补充医疗险和重大疾病险	意外险
建议保额	10 万元	根据身体状况和年龄上升决定投保	10 万元
目前保额	20 万元	单位已加入社会医保	
应调整额	（一）10 万元		（＋）10 万元
保额占年支出的倍数	6.6	正常倍数	10
保费占年收入的比率	0.11	正常比例	0.1

附录：

理财规划方案（参考文本）

第一部分　理财寄语和声明

一、重要声明

尊敬的某某先生：

非常感谢您对我们的信任与支持！

我银行是经注册批准，取得中国银监会和证监会资格的金融理财规划资格的专业理财策划单位。理财师是受过专业培训，获得国家标准理财规划师证书培训和相关金融产品销售证书的专业人员。理财师的收入结构由公司支付固定工资，其他收入根据业绩获得奖金组成。

围绕您和您家庭的人生规划目标和投资目标，我行专业理财顾问提供的金融理财顾问和涉及的金融产品销售来自于专业知识和对您和您家庭状况的了解。金融市场瞬息万变，您的家庭状况和人生目标也有可能发生变化，我们对由此产生的投资损失或者是家庭状况变化带来的损失不承担责任。

理财规划是我们为客户提供的理财服务之一。本理财报告用来帮助您明确财务需求及目标，帮助您对理财事务进行更好地决策。本理财报告是在您提供的资料基础上，并基于通常可接受的假设和合理的估计，综合考虑您的资产负债状况、理财目标、现金收支以及理财对策而制订的，推算出的结果可能与您真实情况存在一定的误差。

我们经您的许可搜集了您个人和您家庭的资料。按照您的理财目标和要求，通过分析您的财务状况，参照目前市场环境、政策背景等，我们为您设计了"现金规划、风险管理规划、家庭财产规划、投资规划、税务规划、不动产规划、遗产规划"。

本建议书是在您所提供的相关资料的基础上，综合考虑您目前的财务状况、风险偏好、投资取向、理财目标和理想的经济预期而为您提供的理财指引，仅作为您投资理财的参考。您提供信息的完整性、真实性将有利于我们为您更好地量身定制个人理财计划，提供更好的个人理财服务，数据的误差将导致结果与事实不符。作为我们尊贵的客户，所有信息都由您自愿提供。我们将严格保管您和您家庭提供的个人资料，除了政府执法部门要求之外，我们没有义务向任何第三方提供您的资料。客户承诺向理财规划师如实陈述事实，如因隐瞒真实情况，提供虚假或错误信息而造成损失，我行将不承担任何责任。

我银行及理财规划师承诺勤勉尽责，合理谨慎处理客户委托的事务，如因误导或者提供虚假信息造成客户损失，将承担赔偿责任。你如果有疑问或对某位理财顾问进行投诉，请联系我行客户服务部经理。如果您认为我行不能给您满意答复，请直接同中国金融理财规划师协会联系。

【结束语】

理财的方案有千万种，从流动性、风险性、收益性等角度能满足客户需求的方案才是合适的方案，只有合适的才是最好的方案。理财规划并非已经制定就不再改变。随着时间的推移，根据您家庭情况的变化、金融产品的进一步丰富、国家经济形势和政策的变化，本人将本着诚信理财的宗旨为您的理财策划做适时的修改。需要说明：本建议书所列数据未完全考虑税务政策因素。

最后，我们建议您经常与我们保持联系，根据环境的变化不断调整和修正理财规划，并持之以恒地遵照执行。一个合理的理财规划能客观地展示客户的财务状况，减缓财务忧虑，助于认清和实现目标，成为指导您实现财务自由之路的好帮手。为获得较好的理财效果，建议您定期检查并适时做出调整。欢迎您随时向理财策划师进行咨询。

客户签名：　　　　　　　　　　　　　　　　　　理财师签名：

日期：　　　　　　　　　　　　　　　　　　　　日期：

本 章 小 结

1. 理财规划过程包括以下 6 个步骤：①个人理财师与客户建立联系；②收集客户数据，明确客户的理财需求和目标；③分析、评估客户的资产财务状况；④整合理财规划策略并向客户提出全面的理财计划或方案；⑤执行个人理财计划或方案；⑥监控个人理财计划或方案的执行并酌情予以相应调整。

2. 客户市场细分，是按照客户的需求或特征将客户市场分成若干等级市场，并针对不同等级市场设计个性化服务。客户市场分类的首要步骤是要选定划分的依据。各行业、各企业可采取不同的划分标准，通常主要按照地理因素、人口动态、心理因素和行为因素四类因素，对个体客户市场进行细分。

3. 客户的个人信息分为财务信息和非财务信息。财务信息是指客户当前的收支状况、财务安排及未来发展趋势等，是个人理财师制订个人理财方案的基础和依据。非财务信息则是指客户的社会地位、年龄、投资偏好和风险承受能力等其他相关信息，它能帮助个人理财师进一步了解客户，对个人理财规划的选择和制订有着直接影响。

4. 理财方案是指针对个人在人生发展的不同时期，依据其收入、支出状况的变化，制订个人财务规划的具体方案，以帮助客户实现人生各个阶段的目标和理想。在整个理财方案中，不仅要考虑财富的积累，还要考虑财富的安全保障。

5. 理财方案的内容主要包括：理财方案摘要、对客户当前状况和财务目标的陈述、理财规划假设、理财规划策略、各项费用及佣金、理财规划预测、理财规划具体建议、理财规划建议的总结、执行理财方案之前的准备事项、执行理财方案的授权、附加信息的披露、免责声明等。

6. 免责声明是一种用来限制和减轻个人理财师所负责任的表述方式。在书面理财方案中加入免责声明的目的是为了提醒客户，个人理财师对于超出他们控制范围的事件所引起的损失不承担任何责任。

7. 理财方案一般分为 4 个步骤：①回顾自己的资产状况；②设定理财目标；③弄清风险偏好是何种类型；④进行战略性的资产分配。在执行理财方案时，个人理财师或理财方案执行者应遵循准确性原则、有效性原则和及时性原则。

思　考　题

1. 简述个人理财规划的流程和评估阶段的步骤。
2. 简述个人理财师与客户初次见面所需准备的工作。
3. 个人理财师如何与客户建立信任关系？
4. 简述客户信息的内容。
5. 论述目标客户市场细分的原则和依据。
6. 如何制订理财方案的实施计划？
7. 哪些因素影响到理财方案的执行？这些因素会产生何种影响？
8. 简述理财方案执行时应遵循的原则。
9. 如何应对客户对理财方案的修订要求？

第4章
个人理财价值观与财商教育

学习目标

1. 树立正确的个人理财价值观
2. 了解个人理财规划目标及其原则
3. 了解财商教育的基本知识
4. 培养金融理财意识

4.1 个人理财价值观

4.1.1 个人理财价值观

1. 理财价值观的一般状况

理财观又可称为金钱观，这是指人们对金钱的看法与评价，实际理财生活中，受到人们理财个性、个人财富、家庭状况等多种因素的制约。理财价值观是价值观的一种，对个人金融理财的方式选择有着决定性影响。要理财首先要确立正确的理财观念，即"我是金钱的主人，要让金钱为我工作，而非我为金钱工作，沦为金钱的奴隶"。获取财富的方式很多，并不一定都要通过艰苦的劳动，理财与不理财的结果可能相差万里。

对于个人与家庭生活幸福美满而言，钱的重要作用不言而喻。金钱可以使家庭在以下十个方面生活得更加美好：①拥有丰富的物质财富，免于生活匮乏；②多彩的娱乐活动，丰富家庭生活；③改进家庭教育；④拥有医疗保障，保证身体健康；⑤退休后的经济保障；⑥形成稳定的社交圈子，拥有更多的朋友；⑦增强家人的生活信心；⑧保证全家人充分享受生活；⑨激发家人取得更大成就，并为将来的事业打下良好基础；⑩提供从事公益事业的机会。

一般而言，影响人们管理金钱的动机包括以下方面。

（1）及时行乐：对这种人而言，人生充满未知，每天的享受是最重要的，他的年终奖金不会留在户头里生利息。

（2）建立安全感：这种人经历过苦日子，或看清了世态炎凉，认为钱虽然不是万能的，没有钱却是万万不能的，孜孜以求只为寻找最佳的生财之道，即使不虞匮乏，还是会哭穷。

（3）掌握权力：对这种人来说，钱代表了"可以自主地做出决定"，经济不能独立就必然会受制于人，有钱才能巩固自尊，把自己的需求摆在第一位。

（4）增进关系：对这类人而言，钱不过是一种工具，如何运用金钱让生活过得更美好才是重点，如果他中了大奖，很可能买礼物分送，并举办盛宴广邀亲友庆贺。

2. 家庭的三种生活价值取向

（1）以家庭为中心的家庭。这类家庭的内部凝聚力极强，成员间的亲和力较高，家庭观念重，家人间联系紧密。他们注重家庭经济文化的建设，注重家庭环境整洁与卫生，注重储蓄、孩子的教育和前途，注重家外的亲友联系，夫妇下班后先回家，消费的家庭意识强。

（2）以事业为中心的家庭。这类家庭以知识分子型居多，事业心强，书报杂志等利于事业进步的费用，在家庭消费结构中占据较大比例，家务处理则是因陋就简，不下太多的功力。家中的业余时间几乎全为事业发展所占用。

（3）以消费为中心的家庭。这类家庭的成员一般没有较远大理想，较少事业追求，对家庭生活的长远打算也很少顾及，而仅仅注意于及时行乐和享受生活乐趣，享受性资料、奢侈浪费性支出在家庭消费结构中占有较大比重。

理想的家庭生活的价值取向应是积极向上，符合时代生活方式、价值观念的本质要求。每个家庭都自觉地以社会的大目标来要求自己，建立自身的生活目标，同时又保持自身的特色，生活丰富多彩，这才是我们应追求的家庭生活模式。

4.1.2　理财境界九"段"[①]

黄伟文模仿围棋段位的称呼，尝试将个人理财的状况和层次，按照所需要运用的智力水平和风险程度分为三层九级，简称为理财九"段"。这种分类是一种较好的办法，这里在黄伟文分类的基础上又做出了某些修订。

1. 个人金融理财的初级层次

理财一段即储蓄。是所有理财手段的基础，来源于计划和节俭，是个人自立能力、理财能力的最初体现。

理财二段是购买国债和保险。目前寿险市场的大多数保险产品是理财和保险功能相结合。购买保险是理财方式和个人家庭责任感的体现。

理财三段是购买各类货币基金、人民币理财产品等保本型理财产品。金融市场又新增加了集合理财产品、可转债券等低风险金融产品，也可归属到这一段位。

以上三段是个人金融理财的初级层次，属于大众化的金融产品。特点是将个人财富交给银行、保险、证券等金融机构即可，风险较低或全无，收益低而固定，流动性则较高。购买这些产品无须具备太多的专业知识，一般人都会操作也都在大量地实践操作之中。

2. 个人金融理财的中级层次

理财四段是投资股票、期货。股票是高风险，收益可能很高，也很可能很低或无收益、负收益；期货在收益与风险的急剧程度方面比股票是有过之而无不及。

理财五段是投资房地产。房地产投资是金额起点高，流动性差，适合做长线，参与难度相对较大，运作的程序比较复杂，有一定风险，但在目前房价呈现长期上升的态势下，投资

---

① 黄伟文. 理财境界分九"段". www.hexun.com. 私人理财，2005(6). （引用时作了较大修改）

房产的风险又并非很高。

　　理财六段是投资艺术品、收藏品。需要更加专业的知识和长期积累，有更为雄厚的财力，投资品的流动性低，技术性强，参与难度高，参与人群少。

　　以上四到六段可归结为个人金融理财的中级层次。这个层次的投资品都是高风险、高收益。它需要较为专业的知识技能和相当的运气，更需要有较为雄厚的经济实力。敢于冒险者利用某些财务杠杆，在这个层次努一把力，往往能使自己成为富翁，运气不好也会负债累累。

3. 个人金融理财的高级层次

　　理财七段是投资各类基金、公司的股权，担当专门的投资人。这里特指为拥有基金、公司等经营机构的控制权，或直接参与企业经营而进行的产权投资，或者将企业公司收购进来乔装打扮再行出售。

　　理财八段是投资人才。投资于儿女，投资于自身，发现并投资社会上真正的人才等。真正的老板是善于发现并运用人才的人。聪明人往往雇用比自己更聪明的人并与他们一道工作，能成就大事业的人不仅能雇用比自己更聪明的人，还能充分信任并控制他们，将自己的事业交给他们。根据风险收益对应原则，这种投资风险较大、潜在收益也最高。

　　理财九段是打造自己的社会声誉和事业前途。人活在世上不仅要积累财富，过上好日子，还要有更高的精神生活和事业发展的追求。为此，不仅需要大量的金钱，还需要将这些金钱用得其所。如美国大富豪比尔·盖茨，将自己一生辛苦积攒来的580亿美元全部捐赠给社会，就是一个典型的范例。

　　这三个段位是个人金融理财的高级层次。在这个层次上，投资品种都非简单物体，而是物与人的组合；所需要的知识是某领域专门知识。在这个层面上，理财成败的关键在于对社会的把握，如行业趋势、市场变化、人们心理因素变化等。在这个层次上，个人理财已非仅仅关系自身财产，而是关系到许多人财产和职业前景，具有了较强的社会性。

4.1.3　四种典型的价值观

　　每个人的理财方式都有不同。有先牺牲后享受，也有先享受后牺牲的人，有为了拥有自己的房子牺牲工作期与退休期的生活水准，还有甘愿为子女牺牲自己一切的人。人在成长的过程中，受到社会家庭环境、教育水平等方面的影响，逐渐形成了自己包含理财价值观在内的独特的人生价值观。毛丹平博士按照理财价值观的不同，将人的理财方式形象地划分为4种，分别命名为蚂蚁族、蟋蟀族、蜗牛族和慈鸟族，表4-1对各种价值观下理财方式给予了较好的比较。

表 4-1　各种价值观下理财方式比较

价值观	特　点	优　点	缺　点	注意问题
蚂蚁族	不注重眼前享受	退休期生活较好	过于保守	注意财富的有效增值
蟋蟀族	注重眼前享受	工作期生活较好	消费过度	注意收支平衡
蜗牛族	关注住房较早	拥有房屋	资金紧张	合理做出购房决策
慈鸟族	关注子女	子女可能较为成功	资金紧张	应留一些资源给自己

4.1.4 确立正确的理财观

正确的理财观念是，理财即意味着善于使用钱财，使个人/家庭财务始终处于最佳运行状态，从而提高生活的质量和品位。实际上，理财不知不觉地存在于个人日常生活之中。领取每个月的薪水，缴纳水电费，添置彩电、冰箱、空调等物品，将结余的钱存入银行等，这都意味着理财生活已经开始。再如，找个好职业，寻找自己心仪已久的"另一半"，购买一套梦寐已久的住房，将子女培养成才等，其中也都蕴涵着理财的思想在内，要用财商的意识与观念来对此做好较好的衡量和评价。但真正的科学理财绝不仅仅于此，它的好坏将直接影响到正常生活的顺利进行。

理财的诀窍是开源节流，开源即增加资金收入；节流即计划消费资金。成功地理财就是有效地实现资金的保值增值，有计划地改善个人家庭生活，并拥有宽裕的经济能力，以储备美好的明天。

顺利的学业、美满的家庭、成功的事业、悠闲的晚年，一个个生活的驿站构筑着完美的人生旅程。然而，走过这一个个生活驿站的时候，金钱往往在其中扮演着基础的、重要的角色。如何合理地利用手中的钱，及时把握每个投资的机会，便是个人理财所要解决的重要课题。理财应永远伴随着大家的一生，为人生增光添彩。

4.2 个人理财目标及原则

合理、明确的目标是理财规划取得成功的前提，通常涉及死亡、残疾、退休收入、纳税、赠与、遗产、应急基金、教育基金等内容，都是人生中要做出的重大决定。但许多人往往是目标不明决心大，贸然作出了重大的财务决策。个人理财师必须通过有效的引导和询问，了解客户的财务目标，然后帮助客户按优先排序确立合理、可行的目标及整个理财生活的基调。

4.2.1 个人理财目标

理财要有目标，从某个角度来说，理财实际上就是设立财务目标并达成这一目标。每个人想追求的生活和自身所处的情况有别，不同的人设定的目标会不相同。将设定目标实体化，假想目标已达成的情景，可以增强想要达到目标的动力。

1. 个人理财目标概说

个人具体的理财目标，在某种程度上又是指个人所追求的未来经济生活的境界，取决于其生存环境及所希望选择的人生道路为何。每个人希望追求的生活不同，自身所处的情况如年龄、工作及收入、家庭状况等都有差异，设定的人生目标也会不大相同。即便是同一个人在其人生的不同生命阶段里，目标也会有长期、中期和短期之分。

2. 个人/家庭三大理财目标

任何社会群体，为了顺利实现自己对社会的功用，都需要有恰当的管理，包括组织、指挥、协调、控制、监督等管理要素，并通过对各项要素的合理配置，实现既定的目标。个人/家庭为了正常履行功能，顺利组织家庭经济生活，维系家庭机体的正常运转，维护家人间的和睦团结，也需要有相应的组织与管理，实现既定目标。家庭理财的目标可包括如下3方面的内容。

（1）经济目标。如家庭如何积极组织收入，科学运用支出，加强财产的维护管理，安排好家务劳动的最佳处理方法，搞好家中的生活消费。同时在这一经济活动的全过程中，用最小耗费获取最大的经济活动成果，实现家庭经济利益最大化。

（2）社会目标。家庭是社会生活的细胞组织，家庭在安排其经济活动组织与管理时，社会利益、国家需要都应当统一考虑，并尽量使其同家庭利益、家庭需要衔接起来。

（3）家庭目标。家庭理财目标，不只是经济目标，还必须体现家庭整体目标的要求，其中包括内容较多。如家庭整体利益与各成员个人利益、家庭共同生活需要与各成员特殊需要、小家庭与大家庭、家庭经济与家庭伦理情感等多方面内容的关系处理。管理目标主要地还不是经济利益最大化，而是如何加强婚姻家庭建设，实现家人的和睦团结，顺利履行家庭的多功能作用。

家庭理财的经济目标，社会目标与家庭目标，三方面应能统筹兼顾，全盘考虑，不应偏废。

3. 实现理财目标应注意要素

通常有两个主要因素会影响你对未来的财富渴望：一是实现理财目标的时间表；二是促使实现理财目标的经济动机。另外，还需注意下列要素。

（1）现实性。理财目标应建立在既定和潜在收入和生活状况的基础上。

（2）可行性。要明确如何制定可行的计划帮助实现理财目标。

（3）时间性。有个明确的时间表将更有助于实现理财目标。

（4）操作性。理财目标将是未来经济活动的基础，它将影响未来经济活动的趋向。

4. 理财目标的特点

合理的理财目标应该具有如下特点。

（1）灵活性。可以根据时间和外在条件的变化作适当的调整。

（2）可实现性。在客户现有的收入和生活状态下是可以实现的。

（3）明确性和可量化性。客户对目标的实现状态、风险、成本和实现的时间都有清晰的认识，并且可以用数字描述出来。

（4）对不同的目标有不同的优先级别，同级别的目标之间没有矛盾。

（5）该目标可以通过制定和执行一定的行动方案来实现。

（6）实现这些目标的方法应该是节省成本的。

5. 理财目标的制定原则及其步骤

为客户制定的理财目标是否合理，必须针对不同客户的具体情况确定。为选择一个适合于自己的理财目标，人们在选择理财目标时一般均遵循以下步骤（见图4-1）。

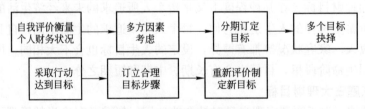

图4-1 理财目标调整过程

4.2.2　个人理财原则

个人理财原则，俗谓"持家之道"，是指个人在组织其理财活动时，应遵循的若干准则和规范要求，或者说应具备什么样的指导思想的大问题。这一原则要能体现家庭理财活动的特点，反映社会家庭对其理财活动的根本要求，包括内容广泛。择其要而论，可有合法性原则、伦理道德原则、民主平等原则、计划性原则、量入为出和量出为入原则、核算与效益原则、现代化原则等。

1. 合法性原则

这是社会生活的一切方面都应遵循的首要原则，家庭理财生活也同样要将其作为基本原则首先提出。社会主义社会的确立，人们共同的利益追求和奋斗目标，为将合法性原则确立于家庭理财生活提供了坚实可靠的基础。遵循这一原则，家庭个人利益应遵从社会国家的利益，遵从国家法令和计划安排；要求家庭事务处理中，当家庭个人利益同国家社会利益发生矛盾时，应自觉地首先满足国家利益的安排，以个人和小家庭利益服从社会整体利益的需要。社会也应尽可能地照顾和满足各个家庭的正当利益和要求。其次，在家庭具体的组织收支消费的活动中，应严格遵守国家法令政策和社会道德规范的要求。可以说，这一原则的确立，也是家庭理财活动的客观要求。

2. 伦理道德原则

理财行为往往同时又是道德行为，理财关系也大都体现着一定伦理关系，要实现人际和谐、家庭生活幸福。家庭理财这种特殊理财现象更是如此。家庭生活不仅是理财物质的生活，还是建立在家庭成员特殊伦理关系基础上的互敬互爱、愉快幸福的思想情感的结合。家庭关系除理财关系外，更有夫妻、父母、子女的伦理情感的多方面关系。这一原则反映了家庭伦理关系对其理财活动的支配制约性和特殊要求。

遵循这一原则，要求家庭内部理财关系处理上，各家庭成员能从维护与发展家庭整体利益出发，自觉遵从家庭伦理道德规范的支配；要求各成员个人利益同家庭利益冲突时，能首先服从家庭整体利益的需要。当然，这种家庭利益应是符合社会整体利益，不违背社会道德规范。另一方面，家庭也应最大限度地满足和照顾各成员的正当利益和特殊需要。其次，遵循这一原则，要求家庭应积极发挥赡老抚幼的职能作用，自觉担负起赡养老人、抚养教育子女的神圣职责，从物质生活、精神文化生活上关心老人的晚年幸福，子女的健康成长。

3. 民主平等原则

这一原则包括家庭理财民主和各成员经济地位平等两方面内容。地位平等才可能实现理财民主，理财民主则是各成员地位平等的客观反映。家庭理财计划的制定与执行，都应是民主协商、平等自主，遵从各成员的意愿。家庭理财应是民主的，民主持家、共商家事；各成员地位应是平等的，平等协商、共理家政。民主理财提高了家庭财务管理的透明度，能够增强全体成员的家庭责任心和相互间的信任感，增强家庭的整体凝聚力，使家庭管理更加顺畅。

4. 计划性原则

计划性是一切理财活动的客观要求。"家计民生"中要能科学组织家庭理财，也要有相当的计划性,为家庭理财的计划化提供良好前提。这一思想的提出是必要的,可行的,也是家庭理财活动的客观要求。家庭理财计划化管理,既是家庭内部根据客观理财状况和实际需求的计划编制与实施管理,又需受外部社会理财机制的影响。

5. 量入为出和量出为入原则

所谓量入为出,就是要根据自己的收支财产状况进行投资,有多少钱办多大事,决不能见异思迁、好高骛远地盲目投资,或超出家庭理财承受能力的投资,导致影响家庭正常生活和工作。把握量入为出原则,要求各个家庭根据自己的收入水平,财产拥有量消费基准及对各类消费品的需求迫切程度,分别轻重缓急,选择同家计状况相应的消费水平和财产结构;要求收支相符,收支平衡,不能使消费和支出高于收入,更不能寅吃卯粮,举债消费;还要求审时度势,有计划有顺序地添置家庭财产,如生活必需品优先购买,一般品按需购置,耐用品计划购买,享受品酌情添置。

坚持量入为出原则的同时,量出为入原则也同样需要予以考虑。今天人们推崇的"用明天的钱圆今天的梦",在许多状况下,负债经营、负债投资、负债消费未尝不是一种更好的选择。

6. 核算与效益原则

核算与效益原则贯穿于家庭理财的全过程,而不仅限于通常意义的收支后的记账核算。如怎样才能积极组织收入,增加收入之途径为何;如何合理运用支出,实现货币在各项商品劳务上的最佳分配;科学处理家务,减轻家务负担,实现家务劳动的社会化、现代化和合理分工;如何管理好家庭财产,使之发挥最佳效用,延长寿命期,提高使用值;以及科学地指导消费,提高消费的理财效益,都需要精打细算巧安排。

7. 现代化原则

家庭理财管理现代化,包括管理技术方法、管理工具装备和管理思想观念三个方面。其中管理思想观念的现代化是主要的。现代化的管理技术方法,在家庭理财生活中也能派上大用场。如运用电视、广告、网络等现代化的信息传递技术来获取市场情报,据此决定购买商品的方式、路线、数量和品种,以得到最佳的时间利用率和理财效益。再如采用 ABC 管理法、运筹法、财产折旧法、价格功能分析法、生命周期法等科学的合理方法,来运用于家务管理、时间运筹、物资调配、商品选购等,都可取得满意的效果。用现代化的思想观念和生活方式,来考察以往的家计管理思想和生活方式,哪些应继承发扬,哪些应革新扬弃,促使人的现代化,家庭现代化和社会现代化的进程。

4.3 财商教育

4.3.1 财商教育在我国的经济社会背景

随着居民收入增长,财产增多,也随着理财工具手段的增长,投融资渠道的增多,个人理财教育的课程设置已经是愈益重要。人们需要有此方面的知识技能,以对个人拥有资财以科学打理，保值增值，积极参与资本市场的运作。国务院有关资本市场发展的九条意见中，也谈到金融创新和引导居民个人积极参与资本金融市场和投融资运作的要求，鼓励和支持新金融产品的研发。但现实生活中，随着国际金融资本相继进入，银行保险业竞争加剧，国内银行保险业在金融产品提供和服务竞争中明显处于劣势。人们相关金融理财知识技能的缺乏，已是在所难免。

为何要组织财商教育，原因正在于目前的社会中人们对待物质金钱、理财的知识与技能尚严重缺乏，相关意识观念有大量缺位或相对越位，对金钱的一概不知或过度追逐，都是不够正确的。学生毕业到社会后，经济、金钱作为社会存在与活动的基础，也作为人生在世的基本要素，对此的教育应在学校教育中给予应有体现。个人理财教育的兴起，正符合今日经济社会发展的大趋势。它将大大开拓人们就业的渠道，自主创业的才干，更好地立足于社会的资本，强化适应经济社会发展的能力。培养在市场经济社会中生活应当具有的财经知识与技能，能实现个人拥有资源的优化配置和效用最大化，先"修身齐家"，为"治国平天下"，成为社会的有用人才打好基础。公民理财意识的增强，将使理财技能向全社会做广泛普及，并因此对经济社会发展、市场经济意识培育与体制健全完善以巨大的推动力。

4.3.2　投资者教育

1. 投资者教育的背景

投资者教育（Investor Education）①，一般被理解为针对个人投资者所进行的一种有目的、有计划、有组织的一项系统的社会活动。它主要包括：投资决策教育、个人资产管理教育和市场参与教育三方面内容。目的是为了传播投资知识、传授有关投资经验、培养有关投资技能、倡导理性投资观念、提示相关投资风险、告知投资者权利及保护途径、提高投资者素质。

最初的投资者教育是由消费者组织、证券或期货中介机构、专业的投资教育机构及学校进行的，政府部门的作用仅仅是组织协调和法律、财务上的协助。但全球资本市场的重大变革，已使得各国市场的监管者纷纷将投资者教育工作纳入自己的法定职责范围。

鉴于个人投资理财呈现向证券市场集中的趋势，各国金融市场中投资品种的技术复杂程度及风险日益增大，网络技术在金融保险证券交易活动中的广泛运用，都对投资者教育提出了相应的要求。综观西方各国资本市场，投资者教育经历了由分散到集中、由自发到自觉的过程，目前已成为维护市场健康发展、提高市场运作效率、促使市场监管水平不断提高的重要途径。如投资者信息的不对称，将会像投资者教育一样，永远伴随投资者的投资决策。此外，国外有大量的研究文献表明，投资者教育可增强投资者对现行经济及政治体制的满意程度，有利于创造更为和谐及稳定的社会环境。

2. 投资教育的内容

党剑从期货的角度谈到投资者教育，认为，目前国内期货市场对投资者的教育主要分为

---

① 党剑. 期货市场的投资者教育. 期货日报，2001 - 11 - 09.

两类。

第一类称之为"入市教育",投资者在进入市场之前,被告知选择一家具备代理业务资格的期货经纪机构,并被告知期货市场的总体风险。机构选择上,投资者愿意选择经营良好、资金安全、运作规范、程序迅捷、收费合理、资讯优良,具有健全的组织结构、服务质量上乘、人员素质上佳的期货经纪机构。风险告知则是由社会舆论宣传、老投资者的言传身教及投资者本人通过书籍尤其是实践而接受的。

第二类称之为"交易教育",主要由期货经纪机构实施。它包括:①签订客户合同及风险揭示,投资者应认识期货交易可能面临的经济责任及各种市场风险,并明确委托方(投资者)和受托方(期货经纪机构)之间的责任、权利和义务;②开设交易账户,投资者确认资金来源的合法性和承诺用于交易履约结算;③投资者了解交易的规则,掌握合约的各项条款,选择交易方式等,然后才能够入市买卖。

4.3.3　消费者教育

消费者教育活动包括的内容很多,如怎样提高居民的消费知识与技能、提高购买的熟练程度和交易效率,是社会、企业、个人都十分关注的。提高消费者的消费技能、消费效益乃至消费权益维护等,也应是而且已经为社会、生产厂家、居民百姓等广为关注。这是一件大好事,而且是更有必要做的事情。原因如下。

(1) 消费者人数远远大于劳动者,每个社会成员在其一生的任何时候都是消费者,为求得更好地消费生活,都有必要接受消费教育。

(2) 劳动是术有专攻,讲究的是专而深;消费则是广泛全方位地存在于社会,人们同生活消费的多方面都有广泛接触,需要掌握的技能要广博得多。

(3) 消费技能具备同居民百姓的直接经济利益挂钩,且联系是直接而紧密。劳动技能的具备同取得收入报酬的高低相关,消费技能的具备则只同使用收入报酬的效益相关。前者应当重要于后者,但劳动后的成果也只有通过消费才能得以具体实现。

消费者教育的内容很多,这方面的研究也很多,这里不再重复说明。

4.3.4　财商教育课程开设应做的工作

通过财商教育准备达到的目标如下:
(1) 公民及未来公民在市场经济社会中谋生技能的具备;
(2) 公民及未来公民拥有有关金融理财的各种知识和应具技能;
(3) 公民及未来公民的经济意识、投资理财技能的培养;
(4) 增强公民及未来公民在社会中就业与创业的能力与才干;
(5) 增强公民及未来公民应对财务危机、创新应变、风险管理的能力。

个人理财教育的课程设置,我们认为应广泛推行普及于各门类、各学科、各级次的大中小学生。首先从财经类大学生开始,待取得相当经验再向大学的其他学科、门类的学生全面推广,进而以各个财经院校为培训基地,为中小学培养专门师资,最终在各中小学全面普遍地开设"财商教育"的课程。将个人理财教育的思想方法、技能大量融会入各类学生的课程教育之中，成为各类学生课程教育中必应具备的一项主打产品，并将这一经验向全国推广。这一课程的设置和知识技能的传授，将因其实用、针对性强、密切结合经济社会生活，而受到广泛的欢迎。

　　财商教育的具体课程，可包括个人理财规划、家庭经济学、财商教育等。具体内容有：个人财务理论、个人理财师培养、个人储蓄保险投资、个人投资消费教育、信用贷款、证券、房产、税务策划、退休与养老保障、遗产规划、个人创业计划、财务指标分析、会计核算、个人生命周期规划、职业规划、个人会计报表、个人资产管理、负债营运、资源优化配置等。

4.3.5　财商教育与法律意识、伦理道德观念、现代科技知识

　　金融理财意识与能力的培训教育是必要的。作为一名合格的公民，还必须具有相应的法律意识和伦理道德观念。法律意识要求公民应通过正当合法的手段，凭借自己的知识能力、勤奋劳动赚钱，而非为了钱可以不择手段，违反社会公共利益或侵犯他人的合法权益。公民教育不仅要普法，使大家知法、懂法、守法，维护法律尊严，懂得用法律保护自己的合法权益。

　　伦理道德观念的确立也是必要的，培育大众金融理财意识的最终目的，不是为了钱财而不顾一切亲情友情与伦理规范，更非要使大家都以"经济动物"、"赚钱机器"的形态在社会普遍出现。

　　此外，还应当在大众中普及计算机、信息、网络等现代科技知识，使在今日的经济时代，也能追随时代前进的步伐，不致落伍。即使日常投资理财而言，是否掌握这些高科技知识与技能，其效果也有相当不同。

4.4　金融理财意识培养

4.4.1　金融理财意识的内容

　　金融理财意识是一个较大范畴，包含内容颇广，是指人们通过亲身参与生产经营、生活消费、投资融资、收支购买等经济生活实践所形成的，用来指导人们的理财行为，以实现预期的经济活动目的和要求，使拥有的各类资源得以合理配置，经济效用得以实现最大化等。

　　依其大类而言，金融理财意识可以包括以下方面。

　　(1) 就业、择业、创业的劳动意识。这是指劳动者运用所拥有的劳动力资源自主选择工作单位，竞争上岗，或自行筹资开业、自我创业的意识。

　　(2) 支出、购买、消费的花钱意识。支出、购买、消费是人们作为消费者组织其消费生活的必具行为，也有较多决策事项予以考虑。如有限货币收入如何安排支出开销，以满足

物质文化生活的多方面需要；对购买物品和劳务如何加工制作、使用消费，以使消费效用最大，都有较多知识、技能蕴涵其中。

（3）收支记账、财务分析的核算意识。收支记账、财务分析在大多数公民心目中，还是相当欠缺。若真能在每日终了，将个人/家庭当日的收支消费行为作记账核算，并于月终、年底组织一定形式的汇总、整理、财务指标分析，以取得诸多有用数据，做到心中有数，注重经营、投资或效益的提高，也是一大乐事。大家应当适应市场经济社会的要求，讲投入，论产出，计成本，算消耗，讲求经济核算，注重效益提高，运用好经济手段管理好家庭经济。

（4）市场、物价、行情、利率的风险意识。市场经济社会，一切围绕市场行情转，经济风险加大，不确定因素大为增加。物价、行情经常有变，利率、税率随时调整，下岗、失业常常可见，个人收入状况及将来趋向难以预料，这些随机、不确定性，客观上要求投资者能具备对经济走向和市场趋势的分析和洞察能力，并具备相当的把握与规避、化解风险的意识和能力。

（5）投资融资、储蓄保险的金融意识。

（6）大众还应具备勤奋劳动、正当经营、合法投资、依法纳税、遵纪守法的法律意识及维护自身合法权益，抗击不法侵害的维权意识。

4.4.2　应大力培养人们的金融理财意识

人生在世的过程，就是一个不断地劳动—赚钱，消费—花钱的过程，又是个人运用所拥有的资源，在各种可供选择的社会交易场所，不断做出选择、目标确定及最终抉择，以实现资源合理配置及效用最大化的过程。但这一过程的实现，并非是天赋之物，还必须有相应的社会环境、资源禀赋条件等条件的具备。个人是否拥有这种自觉选择抉择的意识，有无合理配置资源，做出科学决策、正确选择的知识技能，也是很重要的一点。个人面对各种经济行为前，应当自觉主动、自主独立地运用手中掌握的经济资源依法做出自主抉择与决策，实现资源配置的合理化。

1. 公众经济意识觉醒需要具备条件

公众经济意识的觉醒复苏，需要具备如下 3 个条件。

（1）公众真正成为经济活动的主体并发挥功用，并依法享有民事权利，承担民事责任。具体表现是：公众在法律规定的范围内，有权对自己拥有的经济资源合理配置并抉择、决策，对自己的经济行为负起完全的责任与义务，其中没有第三者或其他权力机构参与其间并横加干涉。

（2）公众拥有各项资源逐步增长，且种类增多，内容丰富，有了经济意识赖以存在并发挥功用的物质基础。这些资源除满足最低限度的生存需要外，还有较多的剩余财力可供大家自主选择并决策。

（3）社会可提供的商品、劳务及各种投融资交易的工具与场所大幅增加，大家面对众多消费品和劳务服务，面对各种资金、劳务与技术、信息市场，有了可供选择的较多余地与场所，从而能够运用所拥有的各类资源，依据客观需要及主观偏好，实现资源的最优配置或效用最大化。

为促使经济体制改革的成功及现代化目标的早日实现，我们需要造就成千上万的一代精英人才，更需要培养数十万懂经济、会经营、讲求成本核算与效益提高，符合现代知识经济时代需要的财经工作者和企业家群体。但在全民族中普及经济金融意识，提高理财技能，使投资、融资、利率、风险、收益的观念深入人心，并转化为人们的自觉行动指南，更好地适应市场经济社会的客观需要，则是更为宏大的事业。加强对个人的金融意识培育，造就千百万个人金融家，应是很切合时代要求的。

2. 加强对人们金融理财意识培养的现实意义

大力加强对人们金融理财意识的培养，具有相当的现实意义。

（1）市场经济社会生存与发展的客观要求。大家在社会中生存与发展，有权利也有义务和责任作为社会经济活动的主体，自主独立支配其所拥有的经济资源，达到经济效益最大化的目的。

（2）个人金融理财意识增强，有利于促成人们参与各类社会经济活动的态度更为自觉主动，国家经济政策更易得到贯彻执行，并成为人们的自觉行动。市场经济社会的发展，迫切要求大众金融理财意识的增强，而大众金融理财意识的增强，又可以更好地推动市场经济社会的快速健康发展。

金融理财意识的具备与否是非常重要的。日常论及我国沿海经济发达地区与内地不发达区域经济社会发展的不平衡，差异是异常明显且在不断加大之中。探寻其深层次原因时。这种观念的差异首先表现在经济头脑、金融意识、经营技能、理财知识具备与否的差异，并被置于较高的层面加以认识。沿海发达地域尤其是民营经济异常活跃的浙江省的温州、台州地区，公众的功利意识很为强烈，大家敢想敢干，敢为天下先，而且希望政府干涉越少越好，权力放开由大家自己干。而内地不发达地区，安贫乐道的传统意识仍很浓厚，大家有了婆婆怨婆婆，没有婆婆想婆婆，似乎一旦解开头上的金箍圈，反而不知道如何走路了。这种经济意识与行为能力的巨大差异，又进一步导致人们的经济行为、活动方式及最终结果的巨大反差。

4.4.3　金融理财意识培育的途径与方法

培育公众金融理财意识的途径很多，这里仅从学校、家庭、社会教育与社会实践等各方面予以说明。

1. 学校教育

目前，尽管公众对理财的需求甚为迫切，但还只能通过非学校教育的方式取得。作为教育主体的学校，各级次、门类的学校教育，有关财经、财商、理财教育并未能登上应有的议事日程。财经院校和其他几乎各类教育机构，都应该加强对金融理财理论的探讨和扶持工作，加强同相关金融领域的银行、保险公司在金融理财层面的合作，以便教学相长、科研与教学并用。

学校教育中应当大量增加经济知识、理财能力的教学内容，应在各类学生中增设有关"个人理财"等课程。大学层次的教育中，应向各类专业（并非仅局限于财经或文科专业）的学生，增加开设会计学、理财学、个人金融理财等财商教育课程，并对传统的经济学理论以根本性改造，尽量与经济生活实践相结合。中小学生的课堂应开设"经济生活"或"经济学常识"等课程，为中小学生讲授有关货币、劳动、商品、生产、购买、消费、投资、核算、成本、税收、工资、利润、股票、税收、会计、理财等经济生活的基础知识。应当使中小学生从小了解这些知识，从小就向学生介绍相关的意识与观念。

2. 家庭教育

家庭是孩子最早的课堂，父母是孩子的第一任教师，也是终身的教师。个人教育的内容中，应当适当增加有关持家理财、挣钱花钱知识技能的教育。父母应从小给孩子灌输关于金钱、商品、劳动的知识和意识，使孩子知道劳动创造财富、爱护劳动成果，尊重劳动人民，养成良好的劳动习惯；要使孩子懂得一些购买、选择、效用、核算的知识，引导孩子参与家庭的经济生活实践，成为家庭的小会计、小管家，从小培养孩子的经济意识和参与经济活动的能力与才干。这些事项都是目前的家长很少注重的。家庭培养的孩子或根本不懂花钱购买，没有经济生活的经验和自立自理的能力；或爱花钱、乱花钱却完全不热爱劳动，没有劳动的习惯。两种状况都不适应今日市场经济社会的需要。

3. 社会教育

社会舆论宣传、知识介绍、技能传授等，可发挥的功用很大。如今日的电视电台、报刊图书等新闻媒介，有关经济生活、投资融资、持家理财、挣钱花钱、购买消费、就业择业等专栏介绍是很多的，很受公众欢迎，对普及经济知识、培育经济意识起到了很大的功用。但系统条理性还有较大的缺欠，知识方法宣传等还未能灵活多样，使人喜闻乐见。

今日市场经济社会里，人们每日都要接受大量的广告媒体，收看诸多消费、购买、财经信息。人们每日要从事种种职业、非职业活动，以赚取收入，运用支出，购买消费，还要以投资人、保险者的身份出面储蓄存款、投资融资，参与养老及人身、财产各种保险行为，同外界各种经济组织、个人发生种种经济联系。为此，人们要精打细算，将手中拥有有限的货币、财产、时间、精力等经济资源与非经济资源予以有效合理配置，以更好地满足日常消费生活效用最大化的需要。而这些经济生活及经济资源配置中，都有众多经济学知识方法需予掌握。

4. 社会实践

社会实践是培育大众金融理财意识的大课堂，提高大众经济活动能力的最好场所。如我国证券市场从建立到发展至今日之盛大景象，对提高大众的利率、投资、风险、盈利等金融理财意识的培育功用非同小可。当我们看到许多家庭妇女也能对国家经济形势、改革进程、政策调整、企业效益、市场行情等表现出异常敏感，且能迅速在自家的储蓄、购买、股票、证券的理财安排中作出积极反应时，不能不认为这是金融理财意识的大普及，社会实践是金融理财意识培育的最好学校。再如我国的劳动者以往捧惯了铁饭碗，毫不具备择业就业的意识。但当下岗、转业之风日盛，国家已不可能对如此庞大之劳动力大军做统筹安排之时，他们在最初的彷徨、焦虑之后，也勇于走上劳动力市场，自主择业，就业创业，此方面的理财意识、抗风险能也随之大为增强。

小 测 试

你的财商高吗，测试一下？

你是否是一个高财商的人呢？做好下面这个简单测验可以告诉你答案。若你非常同意以下句子，就给出 10 分；非常不同意请给 1 分，依序计算给分，然后把分数加起来，就知道自己的财商水平了。

1. 经常进行财务规划，计算自己资产负债的总和，分析每月的现金流量情况；

2. 对自己每月的支出进行预算，并保存信用卡消费的收据，计算每月的实际花费并检查是否与计划相符；

3. 经常能储备至少相当于 6 个月生活费的现金，以备不时之需；

4. 准备足够的保障金，若有不幸发生，家庭有足够的能力支付现有的开支和费用；

5. 每做一项投资时，完全清楚投资项目的性质及风险的大小；

6. 投资于股票市场或外汇时，每项投资均设止损价位，且严格执行；

7. 对各项投资品，如股票、基金及衍生工具等都很熟悉且非常了解；

8. 对各种保险产品都非常熟悉，并且明白其中的细则和条款；

9. 每天都阅读财经报道，关心财经方面的新闻；

10. 很清楚现在每项投资的预计回报和风险程度。

专家分析：

76 分或以上：恭喜你！你拥有很优良的财商，可以很有效地管理财富，对你自己的财务状况做出很好的规划。

51 分～75 分：你有不错的财商，但仍然需要努力，以便更有效地管理财富。

26 分～50 分：对不起，你的财商不太理想，应该从多方面着手努力，例如多阅读财经书籍或参加理财培训，以便增进自己的财商。

25 分或以下：你的财商分数太差，除不能有效管理财富外，还有可能使自己陷入财务危机之中。建议努力学习，把自己的财商提升到理想水平。

本 章 小 结

1. 家庭的三种生活价值取向：以家庭为中心的家庭、以事业为中心的家庭和以消费为中心的家庭。

2. 个人理财目标是指个人所追求的未来经济生活的境界，取决于各自的生存环境及所希望选择的人生道路为何。家庭理财的经济目标、社会目标与家庭目标，三方面应统筹兼顾，全盘考虑，不应偏废。

3. 实现理财目标应注意：现实性、可行性、操作性与时间性这四大因素。通常有两个主要因素会影响客户对将来的财富渴望：一是实现理财目标的时间表；二是促使实现理财目标的经济动机。

4. 理财目标体系的特点：灵活性、可实现性、明确性和可量化性、对不同的目标有不同的优先级别，同级别的目标之间没有矛盾、该目标可以通过制定和执行一定的行动方案来实现、实现这些目标的方法应该是节省成本的。

5. 个人理财原则，俗谓"持家之道"，是指个人在组织其理财活动时，应遵循的若干准则和规范要求，或者说应具备什么样的指导思想的问题。这一原则要能体现家庭理财活动的特点，反映社会家庭对其理财活动运营的根本要求。

6. 投资者教育，一般被理解为针对个人投资者所进行的一种有目的、有计划、有组织的传播投资知识、传授有关投资经验、培养有关投资技能、倡导理性投资观念、提示相关投资风险、告知投资者权利及保护途径、提高投资者素质的一项系统的社会活动。它主要包括：投资决策教育、个人资产管理教育和市场参与教育三方面内容。

思 考 题

1. 公众经济意识觉醒需要具备哪些条件？
2. 简述个人理财原则。
3. 简述4种典型的价值观。
4. 简述家庭的三大理财目标。
5. 财商教育课程的开展需做哪些工作？
6. 简述投资教育的内容。
7. 简述理财目标的制定原则及其步骤。
8. 简述金融理财意识的内容。
9. 简述加强对人们金融理财意识培养的现实意义。
10. 论述金融理财意识培育的途径与方法。

第 5 章
职业生涯规划与福利规划

学习目标
1. 理解职业生涯规划的含义、意义及步骤
2. 理解工资薪金的含义
3. 理解股权期权激励计划的相关类型
4. 理解员工福利规划

5.1 职业生涯规划

个人理财规划的指导思想是"先理人，后理财"。理人就是根据个人的天然禀赋、兴趣爱好、知识结构、能力才干、潜在特质以及个人对理财生活的兴趣意愿等，对个人人生的各个阶段应确立的目标与相应的资源配置做出全面的筹划。不管个人现实财富的多寡，每个人都是自己人生经营的"董事长"。任何人的人生发展状况和前景，除了客观的限制条件，更主要地取决于个人的理财理念、眼界与胆略思路。

5.1.1 职业生涯规划

1. 职业生涯规划的含义

职业生涯规划是确定个人的事业奋斗目标，选择实现这一事业目标的相应职业，又是指个人在单位和社会的大环境下，自我发展与组织培养相结合，对决定一个人职业生涯的主客观因素进行分析、总结和测定，确定个人的事业奋斗目标，并选择实现这一事业目标的职业，编制相应工作、教育和培训的行动计划。计划中应对整个生命历程中每一步骤的实施时间、顺序和方向都做出合理安排。

职业选择是生涯规划中很重要的事项，是人生中较重大的抉择，对那些刚毕业的大学生来说更是如此。选择职业需要做到：

（1）正确评价自己的性格、能力、爱好与人生观，确定自己的人生目标，适合向哪些方面发展，也准备向哪些方面发展；

（2）对社会经济的大环境给予明晰的考察和把握，自己拥有的知识技能应如何适应社会的需要，把握社会前进的脉搏；

（3）收集大量有关工作机会、招聘条件等信息，对这些信息资料组织整理分析，选择对

自己最适合的职业信息；

（4）确定自己的工作目标，为实现这个目标制订相应的工作计划，然后按照计划行事。随着形势的发展对计划进行必要的修订。

2. 职业生涯规划的特征

良好的职业生涯规划应具备以下特征。

（1）可行性：规划并非美好的幻想或不着边际的梦想，要有事实依据，否则将会延误生涯良机。

（2）适时性：规划是预测未来的行动，确定将来的目标，人生的各项主要活动是何时实施、何时完成，都应有时间和顺序上的妥善安排，作为检查行动的依据。

（3）适应性：未来的职业生涯目标的实现，需要牵涉到多种可变因素，规划应有一定的弹性，增加其适应性。

（4）持续性：人生的每个发展阶段都应是整个人生过程的一部分，应给予有机联结并能保持连贯和相互衔接。

3. 职业生涯规划的期限

职业生涯规划的期限，可划分为短期规划、中期规划和长期规划。

（1）短期规划，为1年以内的规划，主要是确定近期目标，规划近期如一年内准备完成的任务。

（2）中期规划，一般为1～5年，或是从事某一较大的独立事项。应在远期目标的基础上设计中期目标，并进而指导短期目标。

（3）长期规划，规划时间是5～10年，主要是设定人生中较长的目标，如购买住房的资金筹措及还款付息等。

（4）终生规划，对自己整个生命周期的各个事项给予全面的规划安排，重点是职业和养老退休等。

职业发展的阶段、特征与注意事项如表5－1所示。

表 5－1　职业发展的阶段、特征与注意事项

阶　　段	特　　征	注 意 事 项
事前准备和求职阶段	评估个人的兴趣，确定职业目标 得到必需培训找到工作	将兴趣与工作能力相结合
建立事业与职业发展阶段	获得经验、职位及同事尊重 着重于某专业领域	开发各种职业关系 避免过度劳累和投入过大
事业进展以及中期调整阶段	继续积累经验和知识以获得升职 寻找新调整，扩大职权	寻找持续的满足感 保持对同事和下属的关心
事业后期和退休前阶段	退休理财规划和个人计划 帮助训练继承人	决定退休后继续工作的时间 策划参加各种社区活动

5.1.2　个人生涯规划的意义

人们读了大学，接受了高等教育，不仅学到了一大堆知识，更重要的是学会把握社会前进的方向，使得自己能随时追随社会前进的步伐，而非让时代的列车甩出来，沦落为边缘群体。这就需要个人自觉地做好生涯规划，发现自身的优势特色资源所在，并通过积极的宣传营销，使其能发挥好最大的效用，也使得自己的社会经济地位、收入声誉等各方面都有所上扬。

选择职业是人生中较重大的抉择，特别是对那些刚毕业的大学生来说更是如此。选择职业需要做到的是：一是正确评价自己的性格、能力、爱好与人生观，确定自己的人生目标，能够向那些方面发展，也准备向那些方面发展；二是对社会经济的大环境给予明晰的考察和把握，自己所有的知识技能应如何适应社会的需要，把握社会前进的脉搏；三是收集大量有关工作机会、招聘条件等信息，对这些信息资料组织整理分析，选择对自己最适合的职业信息；四是确定自己的工作目标，为了实现这个目标制订相应的工作计划，然后按照计划行事。随着形势的发展对计划进行必要的修订。

职业生涯规划是确定个人的事业奋斗目标，选择实现这一事业目标的相应职业，又是指个人在单位和社会的大环境下，自我发展与组织培养相结合，对决定一个人职业生涯的主客观因素进行分析、总结和测定，确定个人的事业奋斗目标，并选择实现这一事业目标的职业，编制相应工作、教育和培训的行动计划。计划中应对整个生命历程中每一步骤的实施时间、顺序和方向都做出合理安排。

5.1.3　职业生涯项目目标与规划

1. 职业生涯项目目标

目标一：介绍与事业规划和进步相关的活动。

个人事业规划和进展将要经历以下活动和阶段：①评价和研究个人目标、能力及事业领域；②评价就业市场，寻找特定的就业机会；③准备简历、自荐信以申请相关职位；④为相关职位进行面试；⑤对得到职位的经济状况和其他因素进行合理评价；⑥规划并实施事业发展目标。

目标二：评价影响就业机会的因素。

择业时要考虑个人能力、兴趣、经验、培训以及目标；影响就业的社会因素，例如劳动力就业趋势；经济状况变化及工业和技术的演进趋势。

目标三：实施择业计划。

要进行成功的事业规划和进步，请考虑做以下工作：①通过兼职工作或参加社区和校园活动获得就业或相关的经验；②利用各种职业信息了解就业领域并寻找工作机会，为某个特定就业职位提供相关信息；③练习面试技巧，展示自己对职业的热情和工作能力。

目标四：评价与获得职位有关的经济和法律因素。

评价潜在雇主的工作环境和薪酬组合，从市场价值、未来价值、应税性质及个人需求和目标的角度评价雇员福利。

目标五：分析事业成长和进步的技巧，加强职业进步，为更换工作做好准备，寻找各种正规和非正规的教育和培训机会。

2. 职业生涯项目规划

（1）事业发展规划：如就业岗位抉择、工资晋升、职务晋级的规划安排等。

（2）收入财富规划：准备将来实现的收入及财富的拥有状况及准备达到的目标等，如拥有别墅、轿车等。

（3）子女培养规划：如将子女培养到大学本科或研究生毕业等。

（4）婚姻家庭规划：如自己结婚、成家、生育的时间及相应资金费用的筹措等。

3. 职业生涯规划制定应遵循原则

（1）清晰性原则：考虑目标、措施是否清晰、明确，实现目标的步骤是否直截了当。

（2）挑战性原则：目标是否具有挑战性，还是仅仅保持原来状况而已。正确的目标确立应当是"跳一跳，够得着"。

（3）变动性原则：目标是否有弹性或缓冲性，是否沿循环境的变化作出相应调整。

（4）一致性原则：主目标与分目标是否一致，目标与措施是否衔接，个人目标与组织目标是否协调。

（5）激励性原则：目标是否符合自己的性格、兴趣和特长，能否对自己产生一种内在激励的作用。有无激励作用，对目标的实现而言至关重要。

（6）协调性原则：个人的目标与他人的目标，与整个社会的大目标，是否协调一致。一般情况下，个人面对社会发展进程，只能是随波逐流并争取做个好的弄潮儿，但不可能逆社会潮流而动。

（7）全程原则：拟定生涯规划时必须考虑个人生涯发展的整个历程，做好人生全程的考虑，同时在全程考虑的同时拟订阶段性目标。

（8）具体原则：生涯规划各阶段的路线划分与安排，必须既有远大理想，又具体可行。

（9）客观性原则：实现生涯目标的途径有很多，在做规划时必须考虑到自己的特质、社会环境、组织环境及其他相关因素，选择确实可行的途径。

（10）可评量原则：规划的设计应有明确的时间限制或标准，以便评量、检查，使自己随时掌握执行情况，并为规划的修正提供参考依据。

5.1.4　择业应考虑因素

个人作为劳动者，目前在选择职业方面已经有了前所未有的权利。个人可以根据自己的兴趣爱好、意愿选择自己乐意从事的职业。同时，寻求较为理想工作，也成为人生的一大难题。择业中需要考虑的因素较多，可包括以下内容。

1）目前的收入福利待遇

工资收入与福利待遇的高低，是选择职业中首先要关注的指标。它直接影响到个人在社会中的经济地位，并影响到理财规划的层次标准与内容。在对工资与福利待遇的选择上，工资经常被置于第一位看待，其实福利待遇的优厚与否，也是需要给予关注的重要内容。

2）工作环境的满意度

工作环境的状况如何，是否对此很为满意，或是很不满意。是大家找工作要重点考虑的。若环保部门、殡仪馆、矿山等，很难引起大家的青睐；而当白领坐办公室、到政府部门担当公务员则往往被视为首选。

3）人际关系处理的复杂程度

人际关系处理已是单位工作中不可避免的热点话题，员工在工作中接触的密切程度，相互关系协调的复杂程度，也成为择业的一条理由。

4）职业的社会定位与声望

某个职业是否在社会中具有较高的定位和声望，是大家很为关注的。在某次职业信誉度和声望的调查中，高校的教授曾经荣列榜首，超出企业家和政府官员。我国的高校教授受尊敬的状况，并非其拥有的钱财、权力资源要超过政府官员和企业家，只能说是教授的社会声望使然。农民、个体户的社会声望则要低得多。

5）未来职业发展

青年人在寻找职业时，对未来的职业发展及能否得到较多的培训进修的机会非常关注，甚至超出了对工资收入的关注。

6）职级的晋升机会、职称的评定晋级

职级晋升、职称晋级是大家关心的。有的单位这种机遇很多，有的单位则很少有这种机会和运气。在选择职业时，这是应予考虑的一个方面。

7）职业的稳定性，是否朝不保夕

人们喜欢当公务员，其中一重要缘由是公务员职业稳定，单位不会破产，人员不会下岗。到企业工作，哪怕是相当不错的企业，对此也无法做出完全保障。

8）退休后养老是否有足额保障

人们寻找工作希望得到较高的收入待遇，但这只是目前的收入状况。国外有种流行的观点是人们不仅要注意当前收入的最大化，还希望得到延续终生收入的最大化，希望在晚年退休时有足够的养老保障。

9）处理好职业与事业的关系

职业是个人取得收入报酬，养家活命的饭碗；事业则是为实现个人人生价值，个人特长得到发展并积极努力的所在。两者最好达到一致，否则本职工作搞不好，事业发展也会受到相当的时间、精力、物力资源条件制约难以顺利运行。

5.1.5 职业生涯规划流程

步骤 1，开始编织美梦，包括自己想拥有的、想做的、想成为的、想体验的。

步骤 2，选出在这一年里对自己最重要的四个目标。建议明确、扼要、肯定地写下自己实现它们的真正理由，告诉自己能实现目标的把握和它们的重要性。

步骤 3，审视自己所写的内容，预期希望达到的时限。有实现时限的才可能叫做目标，没时限的只能叫梦想。

步骤 4，核对自己所列出的四个目标，是否与形成结果的五大规则相符：①用肯定的语气来预期自己的结果，说出希望的而非不希望的；②结果要尽可能具体，还要明确订出完成的期限与项目；③事情完成时要能知道已经完成；④要能抓住主动权，而非任人左右；⑤这个目标是否对社会和他人有利，而非仅仅对自己有利，而对社会和他人有害。

步骤 5，针对提出的四个重要目标，订出实现目标的每一步骤，列出自己为实现目标已经拥有的各种重要资源。

步骤 6，当自己做完这一切，请自己回顾过去，有哪些自己所列的资源已经运用得很纯熟。

步骤 7，当自己做完前面步骤后，写下要达成目标本身所具有的条件，写下不能马上达成目标的原因。

步骤 8,为自己找一些值得效仿的典范,使目标多样化且有整体意义。

步骤 9,经常反省自己所做的结果,为自己创造一个适当的环境。

步骤 10,列一张表,写下过去曾是自己的目标而目前已实现的一些事。从中看看自己学到了什么,有哪些特别成就。有许多人常常只看到未来,却不知珍惜和善用已经拥有的。成功要素之一就是要存一颗感恩的心,时时对自己的现状心存感激。

➤ 小 贴 士 ◄

员工自身职业生涯设计存在缺陷

(1)没有自己的人生目标,未能考虑自己的生涯规划,浑浑噩噩混日子,得过且过,当一天和尚撞一天钟,更谈不到自我价值的实现;

(2)这山望着那山高,见异思迁,频繁跳槽转换单位,最终都难以如愿;

(3)个人具备的知识技能过于单一,职业设计未能对人生做多方面拓展,目前的时代里,信奉"一招鲜吃遍天"已经过时,需要多准备几手方才能够适应环境变化;

(4)对自己拥有知识技能的状况,对职业兴趣爱好、未来事业发展前景不了解,尤其是可以发展潜质的了解不透彻,自我发展路径不清楚,需要首先确定人生的目标;

(5)对社会目前状况的把握不清晰,更难以谈到对社会未来发展趋向的把握,自身的生涯设计未能同社会发展的大前景及发展趋向,同社会对人才的需要等尽好地结合在一起;

(6)只希望社会迁就自己,而非主动适应社会,大家大都是芸芸众生,无法做到凭借个人努力来改变这个社会,仅凭借一腔良好愿望,这就难免到了社会上老碰钉子。

事业成功的要诀

(1)能在许多环境下与他人共事;

(2)渴望将工作完成得更出色;

(3)有广泛阅读的兴趣;

(4)愿意应对矛盾,适应变化;

(5)了解会计、金融及市场营销、法律等现代社会所必须具备的知识;

(6)掌握新技术以及计算机软件例如文字处理、工作表、数据库、网络搜索和图形工具;

(7)富有创新精神,能够创造性地解决问题;

(8)较好的书面和口头交流的能力;

(9)在团队中富有合作精神,能带动大家共同做好工作。

这些能力使人们拥有求职的较大自由,而且能够很方便地从一个机构跳到另一个机构,成功地转换职业。

5.2　自我经营与经营自我

随着个人生涯规划的提出,经营自我、自我经营等,就是目前大家论之较多,应引起社会积极关注的话题。

5.2.1　经营自我、自我经营的含义

个人作为经营者，是运用自己的经营能力，对自身拥有的各种人力、财力、物力及其它资源，通过自主运营、配置、抉择与运用耗费等各种手段，给予完好的配备与利用，组织营运核算，以取得最大的经济和非经济的效益。

个人生涯规划中，经营好自己的劳动力资本是重要的。一般谈到经营，大家往往认为只有对金钱等身外之物，才存在经营的问题，如产品生产经营活动中的投资管理并获取效益等；实际上，个人拥有的体力、知识、时间、技能、头脑等身内之物，都有经营的需要。一般认为，这种经营只是被视为企业家、职业经理人的专利，或降格一点是个体户的日常经营与管理核算，和一般劳动者似乎不大相关。其实则不然，个人往往又是一种经营者。个人的劳动、消费、投资乃至婚姻家庭、子女生育教育、生涯规划设定、养老保障、遗产传承等种种行为，都有一个如何更好运营以更多获益的事项。

人们如欲在既定的环境和社会条件下，充分运用自己的聪明才智，将自己拥有的劳动力资源或人力资本予以合理配置，时刻根据社会需要而改换、重新包装自己，向市场推销，以期得到较高的"售价"。必须凭借个人拥有的知识技能、特长爱好、意愿并结合社会对人才的需要，充分运用自己的知识技能、聪明才智，为社会做出最大贡献，也使自身的价值得到最充分的实现。

5.2.2　自我经营的主体和客体

1. 自我经营的主体

个人之所以能作为经济主体，并在社会经济生活中现实地发挥功用，自我经营是必须首先提出的。在"物"的经营和"人"的经营两者之间，后者无疑更为重要，但又具有更大的难度。个人在这里不仅是经营活动的主体，也是自我经营的对象，在某种程度而言，还是个人作为经济主体实施其应有权利、承担应负责任的真实体现。简单而言，自我经营就是积极认识自己，大力开发自己的潜能，对个人的一生发展历程预为筹划。

个人在经济运行中的角色转换和身份变更，只是个人运用自己拥有的不同资源，从事各种经济活动的具体表现。个人作为经营者，既有对自己大脑的经营筹划，如人生的演变历程应如何在既定轨道上健康顺利发展；也有对自己拥有并运用的各类劳动力、消费力物质性资源的经营筹划，使得在同等的资源约束和配置安排下，得到更多的经济效益和非经济的效用。

2. 自我经营的内容——个人拥有资源

个人作为经营者，经营的内容绝不只是钱财物质，通过经营得到的收益，也不只是物质钱财类收益，还包括经营者自身素质提高、潜能发掘、人生价值实现等事项。即如何将经营者自身视为一种待经营开发的对象，充分认识和评价自己，包括特性、长处、缺陷及待开发的潜能、现有知识结构及评价，有何需要完善补充之处；还有个人拥有的时间（职业活动而外的自由发展时间）是否充裕，精力是否充沛、心智是否健全、身心是否健康等，对个人的基本状况做出全面剖析与评价。个人拥有的各种社会关系，各种可资利用的人际网络、职

业、社会地位、所处行业及发展趋向等，如此这般都需要洞察全面而精细，这都是个人作为待经营开发的对象，需要认真做的各项工作。

人们拥有的各类资源，应当有合理的结构配置与协调完善。虽然因各人的身心爱好、受教育程度及人际交往能力的差异，各有侧重不同，各种职业工作及社会活动对各种资源需求的程度也有较大不同。如数学家、艺术家与社会活动家所拥有知识技能、社会交往、活动能力等，自有较大差异，也不必强求一致。但作为公民既然都要在社会中顺利生存，并期望能有较好发展，就应当充分运用自己拥有的各项资源，并根据职业和事业活动的特点，及对资源需求程度的不同，随时拾遗补缺，找准自己在社会中的位置。

根据西方经济学的基本观点，一个国家、社会乃至个人的经济活动的状况、效率高低及资源配置的合理与否，来自个人内在的经济动力。整个国家、社会、各种企业单位组织的活动运行，莫不以个人的经济活动为基础和原动力。而这种原动力的存在并发挥作用，又来自于个人追求经济利益的最大化。总之，追求个人利益是人们经济行为的最根本的动机，是导致经济繁荣和社会利益最大化的原动力。可以说，整个西方经济理论都是建立在这个基础上的。而这一点又是同个人拥有经济资源的充裕度及对资源的配置运营，分离不开的。

3. 个人拥有资源的含义

人们拥有的资源包括有形资源和无形资源，前者如货币、住房、设备器具等金融、实物形态资源，可称身外之物；后者包括拥有的知识技能、时间、体力、精力，文化素养等无形资源，即身内之物。此外还有各种可资联络、援引的人际关系、信息等社会关系资源。各种资源构成一个有机整体，并保持一种合理的知识结构和平衡态势。

个人拥有资源，无论是人力物力资源总是有限，但个人可以援引运用支配的资源并非局限于拥有资源的狭小范围。必要时可资借鉴运用他人或社会的资源等，达到自己的目的。如大家遇到好的投资或经营项目，在囊中乏物无法达到目的时，会想到找银行贷款，亲朋告借，以在短时间内大量增加可运用的资源。我们生活、工作中遇到困难，也总会想到找同事、亲友帮助度难关。这种人际社会交往资源的援引借用，是经常出现并卓有成效的。

4. 资源结构与援引外界资源

许多人或许具有精湛博深的知识技能或出色才华，却因人际关系资源不足而得不到有力援引，或阴差阳错处于社会较低层次，始终难以找到充分展现自身价值的大舞台，无法施展远大抱负，可谓怀才不遇，抱恨终生。在历史和现实社会中，这种状况应是出现太多，举不胜数。如前些年广为炒作的"北大才子卖肉"等，就是明显典型。有的人并无多少真才实学，却凭借其八面玲珑的处事技巧，精心布局的人际关系，在社会生活中是如鱼得水，混得舒心适意。我们对前者往往表示同情，却少有人伸出援助之手；对后者颇为鄙薄，却又心生嫉羡或暗暗效仿。应当认为，真才实学是做人的根本，事业成功的基础，但却不能保证在此基础上事业必定成功，它还需要种种际遇、关系、条件的具备。人际关系、处世经验等，都是应予具备的重要资源。后者虽缺乏真才实学的知识技能资源，却是人际交往的资源具备多，联络广，并将其淋漓尽致地发挥到极限，这就不能不造成众多的人生悲喜剧。

5.2.4　核心竞争力——特色优势资源

一个单位、团体、个人乃至地区、国家，能够在社会中顺利生存并较快发展的重要缘由，就在于该团体、单位、个人甚至是一个地区或国家是否拥有雄厚的，或最好是一种独特的，为其它单位个人、地域等所不具备，但对大家，对整个社会又都是很重要的特色优势资源。如拥有这种别人很希望得到但又没有的资源，就能够在社会资源的重新配置与交换中具有较大的优势。

核心竞争力是目前大家谈论较多的，一般谈到核心竞争力，都是指企业公司的核心竞争力，即如何运用该种核心竞争力为企业谋取利益最大化。个人是否具备核心竞争力，个人拥有的特色优势资源为何，则不大给予关注。何谓核心竞争力，简单而言，正是某个团体单位、个人乃至地区、国家所拥有的其他单位、个人或国家所不曾拥有的某种特色优势资源。该项资源对社会、对自己的事业经营等都是非常重要，完全可以通过大力推介宣传，在社会中得到较好的价值实现。这种特色优势资源可称为该单位、个人乃至该地域、国家的核心竞争力。

核心竞争力的存在并积极发挥功用，在今日的社会中诚然是非常需要，却又为大家论之甚少或完全不予关注。如该项资源能否在社会具有相当的特色和优势，拥有某种新型资源却难以为大家关注，或属于过于超前，或同现实社会脱节过大，或该项资源已经在社会中明显过时，或完全不具有任何市场等，都可能出现这一状况。

5.2.5　如何经营好自己的劳动力资源

公民要在社会中顺利生存，并期望得到较好发展，应根据职业和事业活动的特点，充分运用自己拥有各项资源及对资源需求的不同，随时拾遗补缺，找准自己在社会中的位置。为此，就要知晓如何经营好自己的劳动力资源，并对拥有资源的运做、经营，达到合理配置，使其在市场社会里能够发挥最大的价值。

1. 清仓查库，了解自己

人们要知晓如何经营好自己的劳动力资源，以求得最大限度的价值实现，首先需要清仓查库，检点自己拥有的各项资源的状况和数额，检查在经营过程中能够真正投入多少资源。如自身的知识结构、精神状态、身体状况、创新意识、交往能力等；这些资源又具备何种特点，可发挥的特长如何，那些是自己特别具有或是自己做得最好，其他人员难以具备也不可能具备。同时还需了解自己的知识结构尚存有那些缺陷，社会交往、学习创新的能力还有那些不足，应当如何给予补足等，都需要认真思考。这里主要的还不是物质钱财的付出，设备厂房的垫本投资等，还需要考虑时间、精力、心血的大量付出，是否能将全部或至少是大部分的精力、心血、时间等，投入到所经营的事业中去。这就是说要了解自己，了解社会，寻求个人与社会的最佳结合点。

2. 把握社会，适应社会

人们要经营好自己的资源，除首先了解自己掌握资源的详情外，还应了解社会，尤其是各种职业工作和事业发展，对各种资源的具体需求状况，以最好地使自己适应社会，主动勇敢地面对人生，接受社会的选择。主动适应社会也是一种重要的能力资源。

个人相比较社会，力量总是渺小。个人不能要求社会适应迁就自己，也不能像少数精英人才或时代弄潮儿那样，主动地驾驭社会，而只能是面对未来社会的发展趋向，追踪社会的需要，并为此检查自己尚有那些缺欠，应如何弥补这些缺陷等。这就需要了解自我的特色优势资源及未来发展潜力所在，自己应向何方发展，使自己得到最好的发展机遇。并根据这种需要及发展趋向学习知识、补充资源能量，调整知识结构，将自己塑造成型，跟上时代发展的要求。

把握社会首先要了解自己、把握自己，不仅是了解把握自己和社会的现状，更应了解自己尚未曾发挥的潜质在那里，如何将这些潜质得到更好的发挥，将来准备在那些方面得到发展。同时，既要了解社会的目前状况，以适应社会，更应把握社会未来的发展趋向为何，以使自己能够一直追随着社会的发展，变革自己，充实改善自己的知识结构，在长远的目标上适应社会，寻求个人与社会的最佳结合点，并时刻关注社会的新变化，并尽量走在社会的前面，做时代的弄潮儿，至少是不被社会所淘汰。

3. 资源投入，自我经营

个人拥有的各类资源在真正投入自我经营的过程中，能够真正投入的资源的数额是多少。这里考虑的不是物质钱财付出或设备厂房的垫本投资等，而主要是时间、精力和心血的付出。在自我经营中，能否将个人拥有的全部或至少是大部分的精力、心血、时间，投入到所经营的事业中去。某些纨绔子弟在面对学习是空有钱财付出，而很少有时间、精力、心血的付出，是不可能真正将学习搞好的。相反，出身于贫寒之家的子弟，则往往在学业上是大有成就。某些家长认为只要能为子女学习花费上百万，肯定能将自己的宝贝儿女培养为大博士，这就只能是一种一厢情愿，或可称为痴心妄想。

是否拥有某种资源就肯定能保障成功，并非一定如此。它只是具备了成功的基础和前提，而非是成功的全部必具要素，这些必具要素包括：

（1）是否认识或发现自己具备的这种特殊的资源拥有；

（2）对自己拥有的资源是否予以特别的开发、利用，实现其最大的价值；

（3）拥有的资源是否为社会所认识并注重，并名重一时；

（4）对自身拥有资源的状况、开发的特点、方式等，由谁来开发等，要有足够的了解和把握；

（5）对自身拥有资源的价值给予准确定位，是否为优势特色资源，并具有某种不可替代性；

（6）经营自我，首先要对自己作出深刻的剖析，认清自己在社会中的位置，认清自己真正的需要。自我经营的关键，是自己将有权决定以何种方式度过和选择自己的人生。

总之，经营自我看似复杂，实质内容却很简单，正是要将自己作为一种资源，经营、宣传、推介等，最终在这个市场经济社会里"作为一种商品出售个好价钱"。

案例介绍：

小金应当报考金融学博士吗

某硕士研究生小金现年 27 岁，在大学和研究生阶段都是主修食品质量检验专业，现在某质量检验部门工作，属于事业单位，工龄 3 年，每年薪金福利待遇合计约 8 万元，最近刚买到属于自己的 90 平米的三居室，并经过装修、结婚建立了自己的小家庭。先生同样为硕士研究生毕业，主修管理学，现在某政府部门任主任科员，年薪福利等计 10 万元。

小金对现有的工作和专业等都不甚满意，难以培养兴趣爱好，看到社会上频频出现的"金融热"，再加上平日对财经金融等也有一定的兴趣，为此，很希望能通过自己的努力，报考并修读金融学博士，毕业后到银行工作，将来担任金融部门的中高级管理岗位。小金的愿望能否实现，是继续在原单位工作，还是报考金融博士呢？

评析

小金是否应该重新作出人生规划，笔者认为需要仔细观察和询问以下事项。

1. 小金现有的知识结构同金融财经专业需要的知识结构距离甚远，专业转换后既有的知识必将发生巨大损失，而学习新知识又需要付出极大的辛苦和努力。假如原来的专业是财务会计、企业管理等，转换金融专业是轻而易举；如原来系人文法律、社会学专业，专业转换有一定难度，但也非高不可攀，但现在是食品检验专业，同金融保险是"风马牛不相及"，原有知识大部分都要抛弃，一大堆新知识又几乎是从头开始学习。目前，小金已经工作，且工作单位较好，再加已结婚成家，每日繁忙的单位事、家务事都必须担当，难以像学生时代那样全力以赴。

2. 小金对金融财经专业是否已经具有较为雄厚的知识基础，知识迁移表现得较为简单；或者对此有很高的兴趣爱好和事业规划，十分乐意于在金融保险事业上做出较大贡献；或者通过自己的勤奋努力，已经对某方面金融事项持有自己的深层次的见解和观点。这是需要询问的。如果对金融保险知识只是简单的兴趣爱好，或者只是看到金融专业的人才工作好，待遇高，容易就业，而并未设想到其他。

如系前者，小金完全可以为了事业发展而破釜沉舟，全力打拼，即使辞掉现有工作也在所不惜，有志者事竟成。如果只是后者，就无法也不应当做出偌大牺牲，即使考上了金融学博士，也难以在该领域做出较大成就，或者说很难完成博士论文，戴上博士的桂冠。小金的先生是管理学专业，若报考金融学博士，情况显然会好得多，把握会大得多，需要付出的时间和精力也会小得多。

3. 俗话说，三十年河东，三十年河西，金融财经目前是很热，而且从经济体制改革的数十年来，一直都是很热，30 年来高校培养的财经金融人才比比皆是，金融保险部门也是人才济济，人满为患，许多名牌大学的硕士研究生进入银行部门，也只能到营业部做事务性工作。等待小金考上博士再到博士毕业，六七年过去局势又会发生较大变化。很有可能发生的事，就是好容易博士毕业，到了自己心仪的金融部门工作，又发现并不比原来所在的食品安全检疫部门强出太多。比如，美国的金融人才应当是最多，收入也是很高，但要寻找到理想的工作，并非易事，金融危机来临后，首当其冲遭遇失业的就是这些金领人士。

4. 小金作为一个年龄已经 27 岁的已婚女性，当前的重要事务除搞好工作，在职业发展上站得住脚外，还要生养教育好自己的子女，操持好家务，这众多事项必然要牵涉到太多的时间和精力。男士固然也要做好这些，但女士却要在其中担负较多的精力。为此，小金固然可以将读博士放在第一位，到博士毕业后再操劳相夫育子之事。但在一切顺利的情形下，要完成这些已经到了六七年之后，如有稍许蹉跎，博士毕业就到 35 岁之后了。再者，按照一般常规，博士毕业到了新单位后，正要凭借自己辛苦学到的知识和能力，在新单位很好地表现自己，以求站得住脚，使得事业能有很好开拓，这又需要数年光阴了。

须知，女性怀孕、生育的年龄都有自己的规律，科学家推算最佳生育年龄应当在 25～28 岁，至多不应超过 30 岁，若到了 35 岁才开始生养第一胎，有可能先天发育不良，后天培养精力不济，既耽误了自己，又影响了很为看重的下一代。夫妻双方在家庭中有个简单分工，是"男主外，女主内"，这既是两性先天的生理心理特点所使然，又同其在社会家庭中担负使命紧密相关，当然有众多的特例作为反证，但在大多数情况下还是贴切的。假如，小金的先生提出报考博士，情况就会好得多。

5. 各人对自己从事职业的兴趣爱好强烈与否，对能否创造性地做好该项工作并有较大发展，是很重要的，但又非全然如此。兴趣爱好又有个后天培养的过程。目前，我国出现了太多的食品假冒伪劣事项，这正说明食品检验工作的重要性和潜力所在，也说明相关人才的极大缺乏。从事这一行当是大有可为的，其间也有众多的内容需要研究探索，硕士研究生完全可以在这个行业中大有作为的。

6. 小金辞职攻读博士后，目前的薪金待遇就要完全丧失，目前每年是 8 万元，考博和读博以 5 年计，再考虑工资福利待遇的升迁，这笔机会成本就达到 50 多万元，数额巨大。而博士毕业就业后，每年度的工资待遇能够增加多少，要经过多少年才能将这笔损失捞回来，是否也应当算算账。如果家庭经济状况颇佳，这笔损失无所谓，可以忽略不计，或者一切以事业发展为重，不应当过多"赚钱眼"，那是对的。如果小金的经济状况和思想境界都还没有达到如此之高，这笔经济账的计算就是必须的。事实上，理财的核心内容就是算账，一切用数据说话。

最终的结论是，从个人生涯和理财规划的角度来看，小金不一定要报考金融学博士，也不大必要转换职业。小金目前最需要做的是：一是培养对食品检验工作的兴趣爱好，将自己的本职工作做精做好，在事业上得到更大的发展；二是相夫教子，打理好家财，操持好家务，为即将到来的怀孕生养子女等，做好相应的知识技能、思想观念的准备。

5.3 员工薪酬

5.3.1 员工薪酬的状况

工资是工业革命和劳动关系的产物，是雇主对员工做出贡献的酬报，或说对员工付出劳动的补偿。工资的理论和实践主要经历了如下阶段：

(1) 生命工资，其意义在于维持劳动者的生命和劳动力的再生产；

(2) 基本工资，其意义在于保障工人及其家庭的基本生活；

(3) 劳动工资，意义在于根据工人劳动的时间和责任提供小时工资和月工资；

(4) 补偿工资，其意义在于根据生产要素在经营活动中的投入与贡献给予相应地补偿。

20 世纪末期，在西方工业发达国家，工资的概念逐渐被薪酬（Compensation）这一概念覆盖，这是时代变革的缩影。薪酬即按照生产要素投入，尤其是劳动、技术、知识等人力资源的投入与贡献等，进行全面补偿。在知识经济时期，信息传播多元化，竞争更加激烈，提供了机会也增加了风险。理智的劳动者应当对未来生活可能遇到的各种风险具有较清楚的认识。收入期望值可用式（5-1）表示：

$$收入期望值＝当期收入最大化＋未来收入最大化（风险最小化）\qquad(5-1)$$

这一公式即适当的工资水平和各项社会保险和企业福利的结合。伴随时代变革，分配制度也发生了变化，日趋多元化和弹性化，以满足各类岗位和多种生产要素的需要。工资演变成为包括各类当期支付和延期支付的一揽子计划，其定义被薪酬取代，即全面补偿计划，见式 (5 - 2)：

$$一揽子薪酬计划＝当期分配＋延期分配 \qquad (5 - 2)$$

5.3.2　员工薪酬的分配

1）当期分配

当期分配即当前承诺的时间支付的薪酬，通常按月、季和年进行支付。包括以下几部分内容：①基本工资，是员工的固定收入；②奖金，是与企业员工的业绩直接相关的收入，使员工能够在岗位业绩的改善中获得自己应得的报酬；③福利和津贴，包括带薪休假、由企业购买的保险等；④年薪制，是根据企业员工的生产经营成果和所承担的责任、风险支付其工资收入的工资分配制度。

年薪由基础年薪和风险收入组成，基础年薪用于解决员工的基本生活问题，主要取决于员工的岗位责任和工作难度，与其工作业绩没有联系，确定基本工资的主要依据是企业的资产规模、销售收入、职工人数等指标，体现了企业对员工身份、角色的认可，因此这部分收入基本上属于固定收入；风险收入以基础年薪为基础，根据企业本年度经济效益的情况、生产经营责任的轻重、风险程度等因素确定，要考虑净资产增长率、利润增长率、销售收入增长率、职工工资增长率等指标，严格与工作业绩挂钩。

当期分配的主要特征是：①当期兑现，属于即时权益；②基于交易和贡献原则进行分配，以满足员工当前生活及个人发展的需要；③是对员工工作贡献的直接补偿，补偿形式主要是现金。

2）延期分配

延期分配，即按照预期承诺的时间延期支付的薪酬，通常在法定和约定条件发生时进行支付。延期分配的主要特征是：①预期兑现，属于既定权益；②基于劳动力折旧和风险补偿原则进行分配，以补偿员工未来风险和保障其个人和家庭基本生活需要；③是对员工工作贡献的间接补偿；④补偿形式多样化，包括现金、物质和服务行为。

延期分配的主要形式包括：①社会保障；②员工福利计划；③股权期权计划等。

5.3.3　员工动态薪酬化系介绍

动态薪酬体系有以下两层含义：

（1）根据公司生产经营和发展情况对薪酬制度及时更新、调整和完善；

（2）根据调动各方面员工积极性的需要随时调整各种薪酬在薪酬总额中的比重，适时调整激励对象和激励重点，以增强激励的针对性和效果。

现行动态薪酬体系包括以下 6 项。

（1）基本薪酬：保持相对稳定，体现劳动力的基本价值，保证员工家庭基本生活。

（2）自保性退休金：1996 年建立，员工缴纳费用，相当于基本薪酬的 2%；滞后纳税，交由基金机构运作，确保增值。

（3）奖金：1997 年建立，包括：①人均奖，具有保底奖励的作用；②绩效奖金，起增强激励力度作用，使员工能分享公司的新增效益和发展成果。

（4）有价证券：1998 年建立股票期权。

（5）员工持股计划：1999 年建立，体现员工的股东价值。

（6）企业补充养老保险：2001 年建立，设立了养老基金，相当于总薪酬的 5%。

组织风格与薪酬组合如表 5-2 所示。

表 5-2　组织风格和薪酬组合

组织类型	工作环境	现金报酬	非现金报酬	
		基本薪水短期激励	水平	特点
成熟行业业务平等	平稳	中等	中等	中等
发展中行业短期定位	成长，有创造性	中等	高	低
保守资金长期安全定位	安全	低	低	高
非营利组织短期安全定位	社会影响，个人履行	低	无	低到中等
销售短期定位	成长，动作自由	低	高	低

资料来源：Jerry S. Rosenbloom. 美国员工福利手册（5 版）. McGraw _ Hill，2001.

在现代企业制度所有权和经营权相分离的情况下，股权期权激励计划在缓解委托代理矛盾、降低代理成本、吸引稳定优秀人才和抑制经理人短视行为等方面，发挥着越来越重要的作用。

5.4　员 工 福 利

5.4.1　员工福利概述

1. 员工福利的定义和特征

1）员工福利的定义

员工福利（Employee Benefit）是指员工的非工资收入。员工福利首先是雇主责任的产物，伴随企业文化的进化而发展。狭义员工福利仅指雇主提供的福利，如补充养老金和医疗保险等；广义员工福利则包括社会福利和企业福利两部分。

2）员工福利的特征

员工福利具有如下特征：①是劳动关系的产物，属于员工所有，通过企业集体协议或个体协商来决定；②是薪酬计划中带有补充意义的部分；③以延期支付为主，当期表现为一种承诺，属于既定受益权益；④具有补偿未来社会风险的风险保障和长期激励员工生产积极性的作用；⑤依托企业分配计划正在制度化、福利项目和支付形式多样化，目前正日趋完善。

2. 员工福利计划

员工福利计划即企业规定和管理非工资性薪酬的具体安排，主要包括两类内容。

1）强制性社会福利

强制性社会福利是国家依法建立的基本保障计划，包括养老保险、医疗保险、失业保险、工伤保险、生育保险和住房公积金等。企业和员工负有纳税或缴费义务，员工是最终受益人。

2）补充性企业福利

补充性企业福利是企业建立的补充性保障计划。在国家基本保障计划缺位和资金不足的情形下，企业福利计划属于基本保障计划，主要包括以下几种形式。

（1）风险保障项目。这是为提供或提高员工社会风险补偿而建立的福利项目，可覆盖老年和健康风险，包括养老金、牙科治疗费、死亡、法律费、残障收入、不动产损失、医疗支出和责任判决等。

（2）增加激励项目。这是为增强人力资源制度长期激励性而建立的独立项目，主要包括：①时间奖励，包括带薪和不带薪的休假、孕产休假、病假、公休假、陪审义务休假等；②现金奖励，包括教育资助、搬迁费用补助、节日奖金、住房补助、交通补助、老幼扶助补助等；③服务奖励，如自助计划资助、娱乐项目、旅游项目、健康项目、服装项目、托儿所、财务和法律咨询等。

3. 员工福利的价值取向

员工福利具有物质激励、风险保障和成本抵减三大价值，可以根据企业动机和员工需要进行计划设计，以实现不同的企业发展和个人生活改善的目标。

1）物质激励

员工福利以其丰富灵活的表现形式，加上公平与效率有效结合的运作计划，可以极大地发挥对员工的物质激励作用。欧美企业员工和国际组织员工的福利费已经占到薪酬总收入的1/3 以上，平均每个员工年福利总额超过 14 000 美元。

2）风险保障

员工福利以其人性化的设计和兑现方式，极大地发挥出对员工基本生活的保障作用，甚至改善生活的作用。

3）税前利润抵减

举办员工福利对雇主来说是划算的。员工福利以延期支付为主，可为企业节约现金支付；很多国家鼓励雇主举办各项福利计划，企业可因福利费用允许税前列支的制度规定得到税收优惠。

4. 员工福利的社会意义

1）保障功能

员工福利与退休计划通过给员工提供各种福利、援助，有助于员工及其家庭收入和生活质量的提高。企业为员工提供的各种风险防范措施，为员工在疾病、退休和可能遭受的各种身体意外伤害和经济损失提供了保障，有利于员工及其家庭的发展。如员工有疾病时，医疗健康保险就能有效减轻员工及其家庭的经济压力，尽快加以救治；养老保险则为员工的老年生活提供了基本保障。

2）激励功能

员工福利不仅给员工提供了经济保障，还是企业薪酬体系的重要组织部分，使企业在人才市场上具有吸引和留住人才的凝聚力。员工福利能充分调动员工的积极性，为企业创造更多价值。西方国家员工福利的形式多样，服务于员工的中介市场非常发达。

3）稳定社会

员工福利提高了员工及其家庭基本生活的保障力度，促进了企业的经营发展，并由此具有稳定社会和推进社会进步的功能。员工失业时，员工及其家人会面临收入的锐减，如没有失业保险，他和家人就会成为社会负担和潜在风险。如员工发生重大疾病甚至残疾，则不仅要失去经济收入还要耗尽原有积蓄。员工福利计划为员工提供了意外事故、疾病、失业时的经济补偿，使员工及其家庭生活得以维持。这在经济衰退期、重大灾难发生时尤为重要。

5.4.2　假期福利

休假即经过批准的非工作时间，休假福利即带薪或其他待遇的休假。

1. 带薪休假

带薪假期具有两个特征：①经过批准的非工作时间；②工资和协议的薪酬待遇继续支付。带薪假期的主要形式包括节假日、个人带薪假、临时事假、奖励假。设计假期福利主要考虑员工工龄、企业职位、何时休假及休假处理办法等。

带薪休假上对国家，下对职工个人都大有裨益。在中国就业压力日益加大的形势下，还能够缓解社会就业的压力。有调查显示，若一单位实行每年两周带薪休假制度，其就业人数可相应增加 4％左右。带薪休假还可以分散"黄金周"过分集中的旅游人流，调整旅游休闲的淡季旺季。目前，中国推行带薪休假的时机已经成熟，通过国家意志将带薪休假制度化，将会强制单位保证员工利益，减少摩擦，使得休假有章可循。国家目前正在研究关于带薪休假的具体办法，改变长期来带薪休假制度有名无实的现状。

2. 无薪假期

无薪假期即经过批准的非工作时间，并且不支付薪酬，保留劳动关系的持续性。许多工业化国家，开始允许员工在不影响工作的情况下延长个人假期。为解决企业富余人员的分流，雇主和员工也欢迎这一法律，开始自愿允许员工无薪休假。为保护企业利益和维护员工权益，这类休假需要有法律依据或集体协议，经劳动关系双方协商同意。

5.4.3　企业专项服务福利

1. 免费服务

在许多服务性行业中雇主常向雇员提供免费或打折的服务。如电话公司向员工提供的免费通话服务；航空、铁路公司向员工提供的免费航班、铁运服务等。应当注意这类免费服务运用过当，而损害了一般消费者的利益。

2. 免税折扣

在商品制造和零售行业，员工免税折扣也是一项重要福利。折扣可以由出售服务的其他行业提供，如保险公司或经纪公司提供的手续费减免等。

免税折扣的规模是受到限制的。对于商品而言，折扣不能超过该商品向消费者销售时的毛利率。如雇主销售特定商品的毛利率是 40％，员工得到 50％的折扣，超出的 10％折扣对员工来说是应税所得。在出售服务的情况下（包括保险保单），免税折扣不能超过该企业在正常情况下向非雇员消费者收取价格的 20%。

不能享有免税政策的服务折扣有：金融机构以优惠利率提供给雇员的贷款等。

3. 税收待遇

员工折扣适用的税收条例与免费服务相似。只要员工折扣是在非歧视的基础上提供的，并且是对员工从事工作对应的商品和服务提供的折扣，均不应计入应纳税所得。如存在一些额外条款，不动产折扣及个人理财物品（如金币、证券）的折扣，不能享受免税优惠。

4. 亲属护理

双职工和单亲家庭的增多，家属护理的需求增多起来。这种人口结构的改变给雇主带来较多问题。如照顾家属可能会引起缺勤、怠工、家庭事务请假而带来的时间耗费。如雇主对员工的家庭责任是漠不关心，雇主会丧失在员工中的威信。提供家属护理福利计划减轻了上述问题，且更容易吸引新员工的加入。家属护理福利计划主要包括儿童看护计划和老人护理计划等。

5. 健康计划

旨在帮助提高员工甚至是家属健康状况的计划，在近几年来日益盛行。这些计划主要包括：①尽早发现和治疗员工的病症，以防病情恶化而导致巨额的医疗支出、残疾或死亡；②改变员工的生活习惯，减少发生健康问题的可能性；③向员工提供预防医疗服务，如给员工接种流感疫苗。这类计划通过提高员工的健康状况、工作态度和家庭关系而提高了生产效率。这些计划既可以提供给任何感兴趣的员工，也可以提供给那些经过检查发现已经处于心脑血管病高危群体等，职业病群体中的员工更应优先享有这一计划。

6. 员工援助

越来越多的雇主建立了员工援助计划。通过提供这种计划的目的在于帮助员工解决个人问题：①酗酒和吸毒的治疗；②精神问题和压力的咨询；③家庭和婚姻问题的咨询；④儿童及老人护理的仲裁；⑤急难援助等。大量的研究表明，此类问题的恰当解决能有效节约成本并可节省医疗支出、伤残申请、病假天数和旷工。个人问题得到较好的关注，员工的士气和生产率就会有较大提高。

过去，员工援助计划是基于员工的工作表现而展开。一般地说，员工会被告知他们的工作没有达到标准，并被询问他们是否有某些个人麻烦需要帮助。如员工给予肯定回答将推荐合适的顾问和中介机构。员工的上司并不试图诊断员工的特殊问题。

新员工援助计划已经超越了这种模式，它允许有问题的员工直接向员工援助计划寻求帮助。员工家属也可以使用这一计划，在员工不知情的情况下直接申请帮助。员工援助计划的实施需要有顾问服务。顾问可以是公司自身的员工，也可以是专门从事这类计划的专业组织的专家。

7. 理财规划服务

向高层管理人员提供理财规划服务的观念已实行多年，作为提前退休咨询计划的一部分，理财规划已经提供给许多员工。任何全面的理财规划均可以考虑获得福利和潜在的福利。公司已经将这种福利看成是高管人员的必需福利，来吸引和挽留那些将财务计划看成是现有报酬增值途径的高管人员，以便使高管人员能充分发挥他们的才智，为公司的重大决策献计献策。

有些公司通过雇员自身来完成理财规划，多数公司则从律师、注册会计师、保险代理人和股票经纪人等外部专家，或专业从事全面财务计划的公司和个人那里购买理财规划。只要理财规划项目对雇主是非歧视性的，为理财规划支付的咨询费就是可以扣税的。雇主付给理财公司的咨询费则形成应纳税所得。

8. 退休咨询

越来越多的企业，在员工退休前就向员工提供退休咨询计划。这些计划有效地减轻了员工因退休而引起的恐慌感。使他们了解到，有了合适的退休计划，不但可以享受舒适的财务条件，还能度过有意义的晚年。退休咨询计划主要包括以下几个方面。

1）退休后的财务计划

合适的退休后财务计划，必须在实际退休前许多年就开始筹划。有些退休前咨询计划，利用至少一半的时间开展退休后财务计划方面的咨询。这类计划可以帮助员工确定退休后的财务需求，并从公司福利和社会保障中得到资源来实现这些需求。如退休后的财务需求不能通过这些途径实现，员工将会被告知怎样才能通过投资或储蓄的办法增加退休后收入。

2）其他退休前咨询计划

除了财务需求外，退休咨询计划还注重员工在退休后所要面对的其他问题如住房安排、健康计划；改变生活方式使退休后生活得更健康；空闲时间安排；退休后适合参加的休闲和社区活动？如何利用退休后的闲暇时间？通过什么途径寻找义工、兼职和再教育的机会？研究文献表明在退休者人群中，酗酒、离婚和自杀行为更容易发生。很大程度上，是因为缺少有意义的活动来充实空闲时间。

3）税收待遇

只要退休咨询计划没有向员工提供特殊的、以个人为基础的歧视性福利，员工不会因参加退休咨询计划而增加应纳税所得。

9. 交通补助

有些雇主向员工提供长期的交通福利作为额外的福利项目。这种福利有很多形式，包括交通费补助、班车、免费停车、提供公司用车等。

10. 就餐设施

雇主常常设有向员工提供全额或部分补助的食堂。这种食堂给员工提供了方便就餐和讨论问题的场所，减少了员工因外出就餐而拖延的时间。提供给员工的伙食补助可以从员工的应纳税所得中扣除。

例：

某公司的员工福利计划

广州某公司的员工福利制度健全、完善、充满人情味。公司高度重视员工的薪资与福利管理，力求在提供良好的可持续平台基础上形成劳资双方对奋斗目标的一致认同，实现企业与员工的共同发展。

法定假日。每周双休日制。所有公司员工都可享有国家规定的每年 11 天法定带薪假。妇女节妇女放假半天。

带薪年假。公司为员工提供带薪年假，员工在公司工作满一年后，即可享受带薪年假 5天。工作满 3 年，每增加一年，其带薪休假日增加一天，最多不超过 15 天为限。

公假。员工参加相关社团活动时，经公司批准可以取得有薪假期。

特别休假。员工试用期结束后，按国家有关规定享有婚假、丧假、分娩假等有薪假期。

社会保险。公司根据广州市有关规定为员工办理"养老、生育、工伤、失业、基本医疗"等五项社会保险，为满足员工退休、生育、看病等不同需求提供了基本的社会保障。

商业保险。公司为员工办理了包括综合意外险、住院保险、门险医疗保险在内的商业保险，以保证员工可以享受完整的医疗保险及发生意外时获得赔偿。

住房公积金。公司根据广州市有关规定为员工缴存住房公积金，为员工购房提供保障。

工作餐。公司向员工按标准提供工作餐。如因市内出差误餐的员工可报销误餐费，外埠出差或驻外人员享受出差补贴。

员工业余生活。该公司成立了工会，隶属于广州经济技术开发区工会的统一管理，工会不定时组织员工的文娱体育竞赛或其他活动，丰富了员工的业余文化生活。

附录：

博士的职业选择

某人博士毕业，现在欲选择未来从业的道路。假若该博士到政府部门、到企业公司就职，或留在高校、科研院所当教师、搞研究，均可有很好的建树。若留在高校，可以较有把握地说，六七年内凭借个人的努力一定会拿到教授职称，但却很难在同样时间里，凭借个人同等程度的努力一定会做到地级市或县级市的市长，或者说同级的处长、局长等；即使到公司就职也很难确认自己一定会做到公司老总这一职级。做教授主要凭借个人努力，多出成果，多做项目课题等，是可行的（目前也有了愈益增大的人为的非正常因素）。做市长、当老总却要涉及种种社会因素和机遇，并非单凭个人努力就可以达到。再者，市长、老总等管理职位上，总是有种种的职数限制，而教授这一技术岗位上的职数限制却总要少得多。

本 章 小 结

1. 生涯规划是确定个人的事业奋斗目标，选择实现这一事业目标的相应职业，又是指个人在单位和社会的大环境下，自我发展与组织培养相结合，对决定一个人职业生涯的主客观因素进行分析、总结和测定，确定个人的事业奋斗目标，并选择实现这一事业目标的职业，编制相应工作、教育和培训的行动计划。

2. 良好的职业生涯规划应具备可行性、持续性、适应性和适时性这四大特征。职业生涯规划的期限，可划分为短期规划、中期规划和长期规划。

3. 职业生涯规划制定应遵循原则：清晰性原则、挑战性原则、变动性原则、一致性原则、激励性原则、协调性原则、全程原则、具体原则、可评量原则和客观性原则。

4. 工资是工业革命和劳动关系的产物，是雇主对员工做出贡献的酬报，或说对员工付出劳动的补偿。薪酬即按照生产要素投入，尤其是劳动、技术、知识等人力资源的投入与贡献等，进行全面补偿。

5. 当期分配即具有当前承诺的时间进行支付的薪酬，包括基本工资、奖金、福利津贴和年薪制。延期分配，即按照预期承诺的时间进行支付的薪酬，通常在法定条件下和约定条件发生时进行支付。

6. 员工福利是指单位或雇主为员工提供的非工资性收入。员工福利首先是雇主责任的产物，伴随企业文化的进化而发展。狭义员工福利仅指雇主提供的福利，如补充养老金和医疗保险等；广义员工福利则包括社会福利和企业福利两部分。

思 考 题

1. 简述职业生涯规划的含义、特征与期限。
2. 简述职业生涯项目目标与规划。
3. 制定职业生涯规划应遵循哪些原则？
4. 论述职业生涯规划的步骤。
5. 简述员工薪酬的含义。
6. 简述员工福利的定义和特征。
7. 简述员工福利计划的内容。
8. 简述员工福利的社会意义。
9. 论述企业的专项服务福利。

第6章

现金流量规划

学习目标

1. 了解什么是家庭收入、支出以及财产
2. 了解什么是家庭消费与储蓄
3. 了解什么是家庭贷款
4. 了解什么是家庭负债消费、负债投资、负债经营

6.1 家庭收入、支出与财产

家庭现金管理包括现金的流入、流出与结存管理，基本的相似于家庭收入、家庭支出和家庭货币金融资产的管理。本节就从家庭的收入、支出、财产入手谈及家庭广义的现金管理。

6.1.1 家庭收入

家庭收入指家庭劳动者通过多种途径与形式，积极参加社会生产劳动或个体组织生产经营，各项证券、实业投资理财等，取得各项货币、实物、劳务收入的总和。收入是家庭劳动经营的成果，又是购买消费生活的开端。家庭收入包括劳动收入、财产收入和资本收入；形式上分为货币收入、实物收入和劳务收入，按家庭经济性质不同又分为工薪户、个体户、农户3种。

家庭收入一般包括以下项目：①工作所得，包括工资、奖金、补助等；②经营所得；③储蓄收入和投资收入；④投资收益，包括租金、分红、资本收益、权利收益；⑤偶然所得，包括赠与、奖学金、礼金、彩票中奖等；⑥政府福利补贴、资助救济；⑦赡养费和子女抚养费、财产继承所得等。

理清家庭收入的所有项目，并编排出适合自己家庭的收入类目，是家庭记账的基础。尽管客户的收入项目不一定有表6-1中列出的那么多，但一个完整的收入表却是必要的。对不同项目的收入，个人理财师应帮助客户分门别类填入，为以后的理财规划打好基础。

表 6 - 1　家庭收入明细表

目前年收入	本人	配偶	其他家庭成员
应税收入			
1. 工资、薪金所得			
（1）工资、薪金			
（2）奖金、年终加薪、劳动分红			
（3）津贴、补贴			
（4）退休金			
2. 利息、股息、红利所得			
3. 劳务报酬所得			
4. 稿酬所得			
5. 财产转让所得			
（1）土地、房屋转让所得			
（2）有价证券转让所得			
6. 财产租赁所得			
（1）不动产租赁收入（房租收入）			
（2）动产租赁收入			
7. 个人从事个体工商业生产经营所得			
8. 对企事业单位的承包、承租经营所得			
9. 特许权使用费所得			
（1）专利权、商标权、著作权费使用收入			
（2）专利技术等使用费收入			
10. 偶然所得			
应税收入小计			
免税收入小计			
收入总计			

　　除常规性收入外，客户还会有某些暂时性的其他收入，如这些收入的数量较大，也会对客户的财务状况产生影响。为能较好地把握客户未来的收入增长情形，在填写这类信息时，不仅要填写已经实现的收入，还应合理估计将来可能得到的收入（见表 6 - 2 和表 6 - 3）。

表 6 - 2　居民其他收入

收入类型	开始年份	持续时间/年	年平均收入金额	收入现值	应税与否

表 6 - 3　居民未来工资收入预计

本　　人			配偶及其他人员		
基准年	预计年限	收入年增长率/%	基准年	预计年限	收入年增长率/%

6.1.2 家庭支出

支出购买是商品经济社会的家庭经济运行的普遍方式，是联结家庭收入与生活消费的桥梁与纽带。收入是为了消费，但又必须通过支出购买，才能将获取的收入——主要是货币收入变换为符合生活需要的各种消费品和劳务服务。支出购买又是家庭据以同社会各种组织和个人发生广泛经济联系的特定形式，家庭正借此对国民经济运行发挥着重要的功用和影响，使社会经济生活得以持续不断地顺利运行。支出购买还是家庭履行各项职能活动，维系家庭机体顺利运转的必具前提。

家庭收入用于生产性支出、消费性支出和投资性支出。家庭支出有商品支出和劳务支出、有偿支出与无偿支出，还可以分为收益性支出和资本性支出。各类型支出的状况及其发展趋向，同家庭经济性质、经济状况、消费水平习惯有相当影响；同家庭的规模结构、生命活动周期及所处地理环境等也有一定联系。家庭支出的研究，必须将其同一定的社会家庭因素联系考虑。

家庭支出额取决于收入的多少，又对家庭财产的拥有量、家务处理方式、生活消费水平等发挥一定影响。支出水平决定了消费水平，支出趋向制约着消费的内容，影响着家庭财产的构成；同家务处理、闲暇时间利用也有相应联系。每个家庭都有自己不同的支出分类。原则上只要支出分类清晰，便于了解资金流动的状况即可。

家庭支出表如表 6-4 所示。

表 6-4 家庭支出表

生活开支类型	本人	配偶	其他成员	总计
消费支出				
1. 消费支出——食				
（1）日常饮食支出				
（2）饮料与烟酒				
（3）在外用餐餐费				
2. 消费支出——衣				
（1）着装与衣饰				
（2）洗衣				
（3）理发、美容、化妆品				
3. 消费支出——住				
（1）房租				
（2）水电气				
（3）电话费				
（4）日用品				
4. 消费支出——行				
（1）燃油费				
（2）出租车、公交车费				

生活开支类型	本人	配偶	其他成员	总计
(3) 停车费				
(4) 保养费				
5. 消费支出——教育				
(1) 保姆费				
(2) 学杂费				
(3) 教材费				
(4) 补习费				
6. 消费支出——娱乐、文化				
(1) 旅游费				
(2) 书报杂志费				
(3) 视听娱乐费				
(4) 会员费				
7. 消费支出——医疗				
(1) 门诊费				
(2) 住院费				
(3) 药品费				
(4) 体检费				
(5) 医疗器材				
8. 消费支出——交际				
(1) 年节送礼				
(2) 丧葬喜庆礼金				
(3) 转移性支出				
消费支出小计				
理财支出				
9. 利息支出				
(1) 房贷每月平均摊还额				
房贷本金				
房贷利息				
(2) 车贷每月平均摊还额				
车贷本金				
车贷利息				
(3) 信用卡利息				
(4) 其他个人消费信贷利息				
(5) 投资贷款利息支出				
10. 保险支出				
(1) 财产险与责任险保费				

续表

生活开支类型	本人	配偶	其他成员	总计
①住房险保费				
②家财险保费				
③机动车辆险保费				
④责任险保费				
(2) 社保、寿险与健康险保费				
①社保养老、失业、工伤、生育、医疗险保费支出				
②企业补充保险计划中的保费支出				
③寿险保费				
④医疗费用险保费				
⑤疾病险保费				
⑥残疾收入险保费				
保费支出小计				
11. 税收				
12. 捐赠支出				
13. 其他偶然性支出				
支出总计				
盈余/赤字				

　　家庭除主要支出外，还会有某些临时性的其他支出。另外，为了预计未来开支的变化情形，还要根据家庭人口、生活水平增长、通货膨胀及其他因素，合理估计未来开支的可能增长情况。有关资料如表6-5和表6-6所示。

表6-5　未来生活开支预计表

本 人			配 偶		
基准年	预计年限	生活开支年增长率/%	基准年	预计年限	生活开支年增长率/%

表6-6　居民其他支出表

支出类型	开始年份	持续时间/年	年支出金额	支出现值	可否免税

6.1.3　家庭财产

　　家庭财产指社会财产中归属家庭及其成员所有，并在家庭生活中实际运用支配，来满足家庭物质文化生活需要的物质财产。家庭财产是以财产所有权的法律界定而言,从会计学角度则可称为家庭净资产,意谓家庭资产总额减除家庭负债总额后剩余的,完全归由家庭自有的资产,也可称为家庭对其拥有净资产的所有权。从其来源看,家庭财产是家庭收入减除消费后的积累,是家庭财富长期积聚的结果。

家庭财产就其存在形态及在家庭经济生活中可发挥功用而言,可分为资本财产和消费财产两部分。前者是该项财产可以作为投资经营性资产存在,并在未来为家庭带来预期的利益流入;后者则是该部分财产只能作为生活消费性资产存在,它以其资产的消费效用,为家庭的消费生活带来现实效用,并促使家庭消费规模的增长和水平质量的增进。

生活消费品是否构成家庭资产的一部分,大家争论不一。目前大多数的研究文献中,对家庭资产只考虑其中的不动产和金融资产,而对构成日常消费生活主体内容的消费性资产,则不大考虑入内。这显然将家庭资产的内涵大大缩小,很不合理。原因是:①家庭生活消费品是现实地用于日常生活消费,并随着日常生活消费而逐渐耗减其价值;②这类资产除少量的低值易耗品、即刻消费品外,大多具有或长或短的消费周期,如彩电、冰箱、空调等都可以使用较长时期;③家庭消费性资产的存量如何,会影响家庭金融资产的配置;④家庭生活费用总额的计量,是以消费品和消费性劳务在实际生活中的消耗为依据。因此,笔者认为家庭资产应包括消费性资产,但在分析资产的功用,并论证资产的投资性时再将其摒除在外。

6.1.4　家庭收入、支出与财产关系

如将家庭财产视为一个蓄水池,家庭收入和家庭消费正是这一“蓄水池”的两个进出口。家庭收入使财产拥有量增加,家庭消费则导致财产拥有量持续减少。其中蕴涵的家庭支出,则是家庭财产形式的一种变换,即从货币性财产转化为实物财产和劳务服务。家庭财产通常是指家庭资产减去家庭负债后的数额,也即家庭实质拥有财产的状况。

当期家庭收入等于当期家庭消费时,期初家庭财产的总额等于期末家庭财产的总额;通常,家庭收入额都会大于消费的额度,这又表现为家庭拥有财产量的增加。家庭收入、支出、财产与消费的关系如图 6-1 所示。

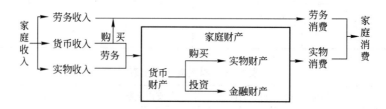

图 6-1　家庭收入、支出、财产、消费关系图

图 6-1 中,各项指标的相互关系为:

$$家庭收入 - 家庭消费 = 家庭财产$$

期初家庭财产存量 + 本期家庭收入总额 - 本期家庭消费总额 = 期末家庭财产存量

这里的家庭财产是指家庭拥有的自有资产,包括实物资产和金融资产。对家庭租入、借入的资产,应予以剔除。

6.1.5　编制家庭收入支出表

1. 编制原则

编制家庭收入支出表的目的是提供家庭生成现金的能力和时间分布，以利于准确地作出消费和投资决策。编制需要遵循的原则有：真实可靠原则、反映充分原则、明晰性原则、及时性原则和充分揭示原则。需要说明的是，如果家庭持有某些外币资产，汇率变动对现金的影响，要在收入支出表中单独列示，以说明对个人或家庭财务状况的影响。

2. 编制步骤

家庭收入支出表的编制主要包括：记录收入和支出日记账并整理账簿资料、确定本期现金和现金等价物的变动额、分析原因和分类编制、检验确定、附注披露、最后汇总等步骤。其中，关键环节是确定本期现金与现金等价物的变动额，这一数额既是现金流量表所要分析的对象，又可以用来与现金流量表中计算出的现金净流量相互核对检验，以保证编报的准确性。计算公式是：

现金净增（减）额＝现金与现金等价物期末余额－现金与现金等价物期初余额

3. 家庭收入支出表的细目

表6-7给出了家庭收入支出表的主要科目和可以进一步划分的细目。

表6-7　家庭收入支出表主要科目和可以进一步划分的细目

主要科目	可进一步划分的细目
工作收入	1. 本人、配偶、工资、奖金、稿费
经营收入	2. 个体工商经营所得、其他经营所得
租金收入	3. 房屋、设备、车辆之租金收入
利息收入	4. 存款、债券、票据、股票等的利息、债息、股息红利收益
已实现资本利得	5. 出售股票、赎回基金的结算损益
转移性收入	6. 救济、遗产、赠与、理赔金、赡养费、福利彩票或体育彩票中奖
其他收入	7.
收入合计	8. ＝1＋2＋3＋4＋5＋6＋7
所得税支出	9. 当月扣缴税额、结算申报补缴税额
其他税负支出	10. 房产税、契税、增值税
消费支出：	
食	11. 蔬菜、水果、米油盐、饮料、在外用餐费、烟酒
衣	12. 洗衣、理发、美容、化妆品、首饰
住	13. 房租、水费、电费、煤气费、电话费、日用品
行	14. 加油费、出租车费、公交车费、地铁费、停车费、保养费
教育	15. 学杂费、补习费、教材费、保姆费
娱乐	16. 旅游费、书报杂志费、视听娱乐费、会员费
医药	17. 门诊费、住院费、体检费、药品费、医疗器材
交际费	18. 年节送礼、丧葬喜庆礼金、转移性支出
消费支出小计	19. ＝11＋12＋13＋14＋15＋16＋17＋18
利息支出	20. 车贷、房贷、信用卡利息、其他消费信贷利息
寿险保费	21. 住房险、家财险、机动车辆险、责任险保费

续表

主要科目可进一步划分的细目	
产险保费	22. 社保、寿险、意外伤害险、医疗费用险保费、残疾收入险保费
其他支出	23.
支出合计	24. ＝9＋10＋19＋20＋21＋22＋23
当期结余	25. ＝8－24
本期现金变化额	26. ＝期末现金与活期储蓄额－期初现金与活期储蓄额
本期投资变化额	27. ＝期末投资置产余额－期初投资置产余额
本期负债变化额	28. ＝期末负债本金余额－期初负债本金余额
当期净资产储蓄额	29. ＝26＋27－28
两储蓄算法差异	30. ＝29－25

4. 编制家庭收入支出表应注意要点

（1）已实现的资本利得或损失归入收入或支出科目，未实现的资本利得为期末资产与净资产增加的调整科目，不会显示在收入支出表中。

（2）期房的预付款是资产科目，不是支出科目。每月房贷的缴款额应区分本金与利息，利息费用是支出科目，房贷本金是负债科目，确切地说是负债的减少。所有的资产负债科目都会将期初期末的差异显示在净资产储蓄额中。

（3）产险保费多无储蓄性质，应属费用科目。寿险中的定期寿险、残疾收入险、意外伤害险、医疗费用险保费等以保障为主的费用，属于费用性质，应列为支出科目。而终身寿险、养老险、教育年金及退休年金，因可累积保单现值，有储蓄的性质，应列为资产科目。可将养老险的保费分两部分，实缴保费与当年保单现值增加额的差异部分当作保险费用，现值增加额的部分当作资产累积。因此，储蓄险的保费如同定期定额投资，是以储蓄累积资产的方式，不应该列入理财支出而应列入净资产储蓄额。

编制个人收入支出表的繁简，根据个人的时间与需求而定。如果无法每日记账，但仍想列出支出的细目，可提高信用卡的使用比率，让信用卡账单记录支出明细账目，也可以用信用卡网上购物、缴保费，甚至以信用卡缴付定期定额投资款。而缴信用卡费用时，还是由活期存款账户转账缴款。此时活期存款账户是总账，信用卡的费用明细便是明细账，由此可知消费的时间及地点，而水费、电费、煤气费、电话费也可由活期存款账户或银行卡按月转账缴款。利用银行的活期储蓄存款账户及信用卡月结单写理财日记，便可以很轻松地掌握每月的收支储蓄及资产负债变动状况。

6.2　家庭消费与储蓄

6.2.1　家庭消费

1. 家庭消费含义

家庭消费又称居民个人消费，包括家庭生产消费和家庭生活消费两类。前者指农户、个体户家庭的生产经营活动中，从事物质资料的生产、加工、流通、服务所发生的生产性耗费；后者指所有城乡家庭的生活消费活动中，衣食住行用、文娱教育、卫生保健、旅游等生活性消费。一般指家庭消费则仅指其生活消费。

家庭消费是家庭对取得各种消费品和劳务直接或经过一定的加工制作后，给予消耗和使用，以满足日常生活需要的经济行为。它是家庭功能履行的物质基础，对家庭组织人口与劳动力的生产与再生产有重大意义，同时它又是社会消费的主体形式，并由此而影响到消费品的生产与流通状况。家庭消费直接涉及家中拥有财产物资的耗费减少和生活费用增加。因各项财产物资的使用周期有长短不同，计量其耗费状况和家庭生活费用增加，是项技术性复杂的工作，要通过各项财产的计算折旧和使用摊销的办法得以解决。

2. 家庭消费需要

消费的最大目的在于满足人们的需要。目前的社会生活条件下，人们的基本需要大致如下。

（1）生理需要：人们为了维持生命机体的生存与发展所必需的、对食物、衣物、居室、阳光、空气和水的需要。

（2）安全需要：人们为了保证自己的身体和精神、心理、安全不受他人或自然灾害威胁的需要。如预防失业、自然灾害及外来盗窃、抢劫、战乱等伤害的需要。

（3）情感需要：这是人类希望给予和接受来自亲人间的纯洁亲密关系的高级情感的需要。如男女之间的交往，亲人之间的关怀等。

（4）社交需要：人是社会的动物。如参与社会交际，结识朋友，交流情感等。

（5）自立需要：人们都有生活与工作自立能力的欲求，希望能随着自己的意旨独立生活，不依赖于他人，希望对自己的事务有一定的控制力或自主权。

（6）能力需要：这是人们希望能扩大学识与智能，充分满足求智欲望的需要。如要求工作能力、理解能力出众，学识渊博、专业造诣深等。

（7）成就需要：这是人们希望实现自己的潜在能力，取得相当的成就，对社会有较大贡献，能得到别人赞赏与尊重的欲求。

3. 一次性消费和永久性消费

弗里德曼认为"永久性收入与永久性消费之间的比率，对于所有的永久性收入水平来说，都是相同的，但它还取决于其他变量，如利率、财富与收入的比率等。单位消费者的消费水平是由较长时期的收入情况及直接影响以消费的暂时性因素所共同决定的。收入的暂时性构成要素主要通过单位消费者的资产与负债的变动（即测得储蓄的变动）而表现出来。"永久性收入与永久性消费两者间有一定的比率关系，在不同类型家庭中是有差异的。收入有一次性收入和永久性收入，消费也有一时性消费和永久性消费。关系式如表 6-8 所示。

表 6-8　永久性收入与永久性消费之间的关系

一次性	一次性收入	一次性消费
永久性	永久性收入	永久性消费
	收入总额	消费总额

居民家庭消费行为的特点是，不是以整个一生为时间跨度，而是将整个人生分为各个不同阶段，寻求各个时间段的效用最大化。具体表现就是消费支出安排上具有显著的阶段性，

如婚前、婚后、子女生育、子女教育、退休养老等。这一做法诚然是很明智的，但在集中力量实现当前阶段效用最大化的同时，却对未来阶段的消费和效用最大化较少给予关注。如很难想像一个未婚或初婚的年轻人会想到退休后的消费安排，并预为筹措资金。这种短视性固然有计划经济时代一切由国家给予保障相关，但也因此引致了生活目标不确定、为未来打算的意识缺乏、长期资本预算的金融工具不足等缺陷。从收入的角度来讲，理财即是指管理好自己的资金并使其保值、增值，从而满足个人更多的消费需求。消费中的理财指用一定数量的金钱获得自身更大需求的满足，即消费过程中节省的钱就相当于赚来的钱。

4. 家庭消费规划编制

家庭经济活动规模不大，事体也较为简单，但要搞起正规的规划而言，也是颇为复杂。就以简单的消费计划的编制而言，它应当注意以下几点。

(1) 各个家庭根据自己的经济状况、财产结构及收支消费水平，根据自己家中的人数和就业人数的多少，并预计社会家庭方面会影响家庭经济的各因素条件的发展变化及趋向，如国民经济发展前景、物价涨跌、工资收入增长，以及家中人数、就业人数及收入水平的增减变动状况，再参照日常消费生活习惯和生活方式，考虑家中各项功能活动履行的需要，确立家庭经济发展的长远规划。

(2) 在长远目标规划的要求下，根据收入水平、财产状况、消费需要及对各项消费品的需求迫切程度，制订年度经济计划，如收支储蓄计划、耐用品购置计划等。

(3) 在年度计划的要求下，根据实际需要与条件可能，具体安排日常生活消费和月度收支预算等。计划执行过程中，根据执行状况及外来因素变化，还可随时加以调节完善。

在今天人们收入增长、商品市场活跃，购买消费中不确定因素增多的状况下，家庭经济计划的编制是较为困难的。但却有了制订计划、实施计划管理的必要。今日的农户、个体户经济，因还是个生产经营单位，经济活动繁多，经济联系广泛，又面对整个社会实施商品性生产，实施计划管理就更为困难一些，但这种计划却又是更为必要，更应实施的。比如说，家庭生产项目的抉择、生产要素供应、收益分配、家中生产经营与生活消费的衔接等，客观上都需要有一定的计划性。要建立起一些具体的生产计划、成本费用计划、盈利及分配计划、日常收支计划等，实施计划化管理。

6.2.2　家庭储蓄

1. 家庭储蓄的含义

从广义上所指，储蓄是人们经济生活中的一种积蓄钱财以准备需用的经济行为；从狭义上所指，则专指银行的货币存储，是人们将暂时不用的货币存进银行生息的一种信用行为。储蓄是古来就有的，功用很多。英语中的 savings 除了储蓄的意思外，还可以做富有、丰裕甚至援救来解释。

储蓄存款是家庭金融资产的重要组成部分，是合理组织家庭经济生活的基本手段。人们组织收入主要是用于生活消费的，但不同时期的收入会有多有少，消费水平也有高有低。为了计划收支，或防备万一，或调节消费，就需要把暂时不准备动用的钱财送存银行，以准备将来支用。储蓄不仅可以帮助家庭妥善理财，积聚财富，开辟财源，计划消费，还可以帮助家庭有备无患，防患于未然。储蓄更是家庭经济稳定发展的物质保证。

2. 储蓄的动机与目标

储蓄的心理与动机是经济学家很早就给予关注的。著名经济学家凯恩斯在其大作《就业、利息与货币通论》中，详细谈到影响人们消费支出及其在收入中所占比例大小的八大主观因素，它们是：①建立准备金以防止预料不到的变化；②为可以预料到的未来个人和家庭的需要做准备，如由于年老、子女教育、亲属抚养等需要；③目前要积蓄以增加未来的收入，使未来能有更高水平的消费；④出于一种人类本能，总希望未来的生活程度能比现在高，所以存钱留作将来享受，尽管年纪大了，享受能力可能逐渐减少；⑤即使心目中不一定有什么特殊的用途，也想存钱来维持个人的独立感和有所作为的感觉；⑥存钱作为投机或进行生产经营之用；⑦把钱作为遗产，留给后人；⑧纯粹是一种吝啬，以致节省到不合理的程度。

一般而言，储蓄主要用于以下六大目标：①风险保障；②子女教育；③退休养老；④结婚嫁娶；⑤改善生活；⑥保值盈利。

3. 储蓄的方法

人们的收入是有限的，满足需要的支出则是无限的，要用有限的收入满足近乎无限需要的支出，并尽力增加储蓄，显然有一定的难度。这就需要有一种"挤劲和巧劲"，广开财源，节约开销，以增大储蓄，搞好消费。经验证有效的方法有以下几种。

（1）计划储蓄法。每月取得工资收入后，留出当月的生活费，将多余的钱拿出来储蓄。这种方法可免除许多随意性开销，使日常生活按计划运转。

（2）目标储蓄法。全家协商共同确定一个储蓄目标，为实现目标大家齐心协力去增收节支。

（3）增收储蓄法。日常如遇增薪发放奖金、亲友馈赠及其他临时性收入，将这些收入全部或大部分存入银行，权作收入没有增加过。

（4）节约储蓄法。减除一切不必要的开支，戒绝奢侈浪费性支出，把节约的钱用于储蓄。

（5）缓买储蓄法。很想买一件珍贵物品或高档耐用品时，不妨先将钱存入银行，缓后再买。缓后即有一定的思考时间，对问题可设想得更周密一些。

（6）投资储蓄法。储蓄中注意对储种、存期、利率的选择，自然可以钱生钱，利上生利，增加储蓄金额。

4. 家庭储蓄与消费的关系

讨论储蓄时，不可避免要涉及储蓄和消费的关系。这就产生了劳动期的全部收入向其终生的生活消费做出合理配置的问题。诺贝尔经济学奖获得者莫迪利亚尼认为人一生的收入总额在用于一生的消费时，收入总额等于消费总额，这时没有任何额外积蓄和负债。假如某成员寿命为 70 岁，工作年限为 40 年，40 年中共可收入 70 万元，则在世的 70 年中，每年可以消费 1 万元。当然，在其刚出生到 20 岁的 20 年中，是由其父母抚养并承担一切生活教育费用，作为回报的是，该成员在有孩子后，同样要将孩子从零岁哺养到 20 岁，并为其支付一切费用。该成员的父母退休后，要靠该成员养老并予以经济资助和劳务生活照料的。同样，该成员自身退休后，又靠其子女来担当这一重任。

在此种状况下，个人有生之年的收入总额等于有生之年的消费总额。个人的收入总额平均分摊于各年度的消费，最终结果是不多也不少。实质性结果应当是每个社会成员对社会的贡献都大于他来自社会的收入，如此才能使经济社会能继续发展，社会财富持续增多；同样，每个家庭成员的收入总额也都大于该家庭成员的消费总额，只有如此才能使该家庭的财富、消费状况日积月累，年年增多。为达到这一目的，储蓄、积累随之出现，并成为人生幸福美满之必需。

6.3　家庭贷款

6.3.1　家庭贷款的一般状况

1. 家庭贷款的含义

家庭贷款是金融机构为家庭生产经营或生活消费中资金不足而提供的一种贷款，包括生产经营性贷款和生活消费性贷款，前者存在于具有生产职能的农户、个体户，是为解决经营资金不足提供的贷款；后者存在于一切消费者个人和家庭，主要用于购建自有住宅和购买耐用消费品的资金不足而申请贷款。消费信贷有分期付款和消费贷款两种。分期付款是消费者取得消费品时，先支付部分货款，余款按合同规定分期支付；后者则是由银行或其他金融机构采用信用放款或抵押放款方式，对消费者发放贷款，并按规定期限一次性偿还本息。

庞大的个人金融资产，既构成对国民经济的一种潜在冲击力，又是实现个人消费增长的物质基础。因此，解决好个人消费信贷，实现消费快速增长，既能减轻储蓄对经济增长的压力，又能拉动经济增长。

2. 家庭贷款的种类

（1）抵押借款。用于融通不动产资金的一种分期偿还的长期借款。这种借款最重要的特征是以借款所购财产为借款的抵押品。

（2）定率抵押借款。在抵押借款到期日前，借款利率与每期还款额均为固定数的一种抵押借款。这种抵押借款的优点是每期偿还借款数量可以确定。适合于预期收入有限的年轻人。

（3）变率抵押借款。在借款利率随借款盯住指数波动的一种长期抵押借款。这种借款的借款者每期需偿付金额随利率波动而波动，风险较大。

（4）累进还款抵押借款。每期偿还额度递增的一种抵押借款，利率与期限是固定的。累进还款抵押借款对首次购房家庭特别有吸引力，会使他们在购房的初期支付较少金额，代以后期偿还减轻目前的财务负担。

（5）分享增值抵押借款。贷款者同意收取低于同类贷款的利息，代以分享所购不动产增值额的一种长期抵押借款。虽然这会使购房者在未来失去部分财产增值的利益，但增强了他的支付能力。这种借款也有一个致命缺点，即在特定期限之后，贷款机构往往要求借款人支付累积的财产增值利得。如购房后无现金支付，他就必须出售房屋清付。

（6）循环抵押借款。利率固定、每月偿还款额固定，在借款期末整笔款项可以重新商借的一种抵押借款。这种借款的优点在于其灵活性。借款者可按自己的需要与贷款机构重新商诺，且有机会无代价调整所借金额与借款的期限。

3. 家庭借贷的用途

借贷行为的发生需要考虑借款的用途为何。贷放者放款的用途是单一的，即将自己拥有货币的使用权在一定时期内让渡给他人，以获得相应的利息收益。相形之下，借款的用途则要复杂得多。借款用途一般有以下几种。

（1）生活困难遇到特殊难关，如家人生病，生存消费受阻而临时借款，可称为消费性贷款。

（2）生产经营型贷款。经营中遇到资金临时周转不灵，或负债经营而贷款，以及经营中发生的应付未付，应交未交等经营型贷款。

（3）投资贷款。借款人欲筹措款项用于投资，如投资办实业、购买证券、买住房等，资金不敷需要时申请贷款。

4. 家庭贷款应考虑因素

每个家庭在举债前都应认真考量自己的现实状况，理智判断应举债的程度。应考虑的因素有以下几种。

（1）收入稳定性：举债的利息不论投资赚钱与否，都必须按时支付，若个人的收入来源不稳定，则可能有无法按时支付固定利息之虞，不适合过高的举债投资。

（2）个人资产：向金融机构借款，必须有实体性资产作为担保品。

（3）投资报酬率：在其他条件不变的情况下，投资报酬率越高，财务杠杆的利益就越大。

（4）通货膨胀率：通货膨胀率较高时，借款较为有利。

（5）贷款收益与贷款成本比较。如果决定使用信贷，请确定当前购买的收益高于信贷的使用成本（经济和心理成本）。

（6）风险承受程度：人们对风险的承受能力都不一样，这与个性及个人条件有较大关系。

（7）年龄因素：对年轻人而言，负债购房、购车乃至旅游、购物等已成为时尚。相比较中老年人员，年轻人更喜欢冒风险，中老年人员则较为稳妥，尽量少负债。

6.3.2 家庭消费负债

家庭负债按其用途划分，包括消费负债、经营负债和投资负债。负债消费、负债经营、负债投资是今日谈论较多的。用"明日的钱圆今日的梦"更成为勇于负债者的口号被响亮提出。这表现了随着时代的变化，人们对负债观念认识的一大进步。

1. 家庭消费负债的含义

家庭消费负债，指家庭消费生活中遇到某些难关，如生存消费受阻，购买住房、汽车，供养子女上大学等事项，因资金缺乏而向银行、其他亲朋好友、同事等发生的负债。某些突发性事件发生急需大量资金时，也会出现这类负债。

消费负债可分为绝对负债和相对负债，前者是指家庭生活困难，收入长期低于维持最低限度的生存消费需要而产生的负债；后者则是收入用于维持最低限度生存需要，已够用且有结余，但又尚需要相当积累才能维持享受与发展的较高水平需要，故在资金积累尚不敷需要之时，提前借债以满足要求。绝对负债状况今日不能说完全绝迹，但也相当之少。相对负债的状况是较多的，但是否需要负债，负债是否合算，大家是否乐意负债、敢于负债，则是很应考虑之事。

2. 家庭消费负债的因由

家庭消费负债的原因很多，大体可分为以下两项。

1）为维持最低限度的生存、意外事项而负债

这类负债是穷人的专利，在相当多情况下是生活贫困交加，迫不得已而负债，负债的数额小，期限短。时至今日，人们普遍富裕的状况下，仍有某些家庭的收入过低，不能负担家人生病、孩子读书、结婚成家等较大额的开销。这种负债是正常的、必需的，也是被迫无奈的。

2）维持较富裕乃至豪华的生活水平而负债

家庭为维持富裕乃至豪华的生活水平而负债，如借钱住宾馆、办酒席、大吃大喝、国内外旅游等，应当坚决反对。这种债务用于很不必要的事项，而非正途，难以借此增加自己的人力资本、金融资本。

总之，申请消费贷款者都是因缺钱而负债，贷入资金无论是经营或投资，都要冒相当风险。若贷款消费，则该笔款项是白白消耗而无法予以收回，将来能否赚取收入还贷就是个问题。有钱有偿还能力的高收入阶层不必贷款，无钱者很需要钱，但收入少又不稳定；绝无偿还能力的低收入阶层，很需要钱却又不可能申请到贷款。

3. 家庭应否消费负债

消费负债行为是否发生，负债状况是否适度、适意，需要考虑预期还债付息，还需要考虑负债的用途。机构贷款的目的是单一的，即将自己拥有货币的使用权在一定时期内让渡给他人，以获得相应的利息收益。但借款人负债消费是否应当，可以考虑的一项基本原则是：负债增长与家庭的资产（包括人力资本、信誉等无形资产）增长是否呈同步态势。在如下状况时，我们认为提前消费而负债是可行的，比如：①有稳定的工作和经济收入，临时出现资金短缺；②经济收入和财产状况预期将有较大幅度增长；③预期将会有一笔较大额收入，如遗产继承等；④预期未来会有较严重的通货膨胀，物价上涨率将会远远高于银行存贷款利率。

在第②③种情况时，负债是合算的。钱财的数额预期有较大增长时，钱财每增加一元的边际效用就会有较大减少，此时的负债随着时间推移，其实际价值已大为贬值，或在人们心目中的价值是大为减值。在第④种情况时，负债同样是合算的，目前以较低利率向银行贷款，将来当然要还本付息，但物价上涨必然会导致存贷款利率的上涨。两种利率的差价正是目前贷款所获取的收益。

家庭负债状况的评价，可以计算家庭资产负债率等指标。其计算公式为：

$$家庭资产负债率＝家庭负债总额÷家庭资产总额$$
$$家庭资产净值＝家庭资产总额－家庭负债总额＝家庭自有资产$$

6.3.3　家庭经营负债

1. 家庭经营负债的含义

家庭经营负债，指家庭生产经营活动中因规模扩大或临时性的资金周转困难，而引致的

负债。

农户、个体工商户的生产经营活动中，经常会遇到如下事项，需要负债：①临时性的资金周转不灵；②经营中发生的临时大批量进货的应付货款、应付工资、应交税金等负债；③有好的经营项目，为扩大经营规模以获取更大盈利，但因经营资金匮乏而借债。①和②的借债期限短，额度低；③的借债则需长期和大额度。这时需要考虑的因素是：应否借债、借债是否合算及债款是否借得到等。

2. 经营负债是否合算

负债经营的认识问题易于解决，但应否负债的关键，是负债经营是否合算，是否值得为此既承担经营风险，又承担债务风险。这需要比较债务资金的成本率和收益率两个指标的孰高孰低。

债务资金成本率是指以负债的形式来筹措和使用资金，所应担负的代价，包括资金使用期的支付利息及资金举债和偿还期间所需支付的手续费、公证费及其他各项可能发生的费用等。债务资本的收益率则是指所举借的债务资本投入生产经营后，可能取得的各项收益，通常指经营纯收益，即经营收入在扣减经营成本、经营费用和税金后所剩余的部分。

债务资本的收益率大于债务资本的成本率时，负债经营是合算的，且超出数额越多，债务举借就越合算，经营投资的收益在支付利息后还有相当剩余。如资金收益率等于资金成本率，则这种负债是不必要的，经营投资收益在支付利息后已是毫无所剩，只是白白为银行"打工"。而在相反的情形下，则预示着该笔债务资本的取得很不必要，其效益为负，负债越多，经营亏损就越大。

3. 经营负债举借能否成功

家庭即使考虑负债经营，且这种负债预期又是非常合算时，还有一个能否举债成功的问题。需要考虑：①举债者家庭的资信状况如何；②资信状况如何取证并得到贷款机构的承认；③贷款机构放贷政策的宽松程度；④其他相关因素。

举债者家庭的资信状况，即通常所称个人信用问题，目前颇受公众注视。我们衡量某个人、某个企业的财力是否雄厚、信用良好，需要考察如下事项：①资产拥有状况，借款人是否拥有较雄厚的财力；②资产结构，如资产负债率的高低，全部资产中自有资产的数额为多大；③资产流动性，众多的资产中有多少处于流动随时可动用的状况，还是账面资产不少，其实却有相当资产被压于固定资产和存货无法调动，或是有较多应收款项，虽说是企业自有钱财，却迟迟难以收回使用；④企业融资能力，比如能在较短的时期内，迅速通过向银行举债，向其他企业求助等，得到大批款项供使用。这显然比单单评价资产总额更为实用。

6.3.4　家庭投资负债

家庭投资负债如家庭参与投资项目，因资金不敷需要而向银行，向其他企业单位、个人等借入款项。投资负债的风险系数较大需要慎重对待，尤其是负债炒股等更应考虑其中蕴藏着的巨大风险。投资自然是为了取得盈利，在预期收益可观，而家庭又一时无法筹措到较多的用于投资的资金时，如能通过举债的方式获得所需要的资金，也是一大幸事。但投资性负债还应考虑借入资金的成本和预期收益率的高低，力争将风险减弱到最低限度。

　　家庭应否负债投资呢？如通过负债的办法取得较充足财力用于购买股票债券等。这种负债投资应否进行，需要考虑因素较多，如：①这种投资预期的收益率如何，能否大幅超出举债成本，否则就不应负债，这是前面已谈到的；②投资风险大小，如负债炒股要冒相当的风险，万一失败就需要考虑债务偿还问题。

　　负债消费时，其消费额度为多大，尚欠缺资金为多少，都可以事先加以确定，且比较家庭财力而言，债务比例并不大，还债能力也较强。负债经营时，举借债务规模会比较大，经营风险也较大。但举借债务的增加又会相应增加经营性资产，对还债也有相当保障。而负债炒股票时，一般能够做此打算的人员，都是有相当魄力，也都计划通过这种方式迅速实现资本积累，故举借债务的额度都会很大，甚至远远超出家庭的资产规模。

　　负债经营时，盈利固然很难，经营亏损尤其是重大亏损也非很容易，至少也要假以相当时日。而负债炒股票时，盈利似很简单，而亏损也很容易，若某只股票连拉几个涨停板，或一连出现几个跌停板等。盈利当然是好事，但若发生亏损或亏损数额还比较大，债务偿还就非很容易了，故负债炒作股票等事项应尽量避免发生。

　　家庭负债经营、负债投资、负债消费都是可行的，企业则只有负债经营和负债投资。企业负债只承担有限责任，在资不抵债无力偿还债务时，最多是将投资人投入企业的资本全部损失完毕。家庭负债在法律上则需要承担无限责任，故更应注意债务风险。

附录：

按揭贷款七不要

　　随着住房金融的发展，越来越多的市民通过按揭圆了自己的住房梦，提高了生活居住质量。但在办理银行贷款时，不少借款人常常会忽略一些原本应值得注意的问题与环节。这里有银行按揭专家向广大读者介绍，在办理贷款时要把握以下"七不要"。

　　1. 申请贷款前不要动用公积金。借款人如在贷款前提取公积金储存余额用于支付房款，公积金账户上的余额和贷款额度也就为零，意味着将申请不到公积金贷款。

　　2. 在借款最初一年内不要提前还款。按照公积金贷款的有关规定，部分提前还款应在还贷满 1 年后提出，且归还的金额应超过 6 个月的还款额。

　　3. 还贷有困难不要忘记寻找身边的银行。在借款期限内偿债能力下降，还贷有困难时，不要自己硬撑。可向银行提出延长借款期限的申请，经调查属实，且未有拖欠应还贷款本金利息，就会受理延长借款期限的申请。

　　4. 取得房产证后不要忘记退税。购买商品房时，应将可退税的家庭成员全部作为房地产权利人写入买房合同，并在签订合同、支付房款后办理"购房者已缴个人所得税税基抵扣"申请，取得"税收通用缴款书"。待所购住房成为现房，并办妥房地产权利证明后的 6 个月内，前往税务部门办理退税手续。

　　5. 贷款后出租住房不要忘记告知义务。贷款期间准备出租已经抵押的房屋，必须将已抵押的事实书面告知承租人。

　　6. 贷款还清后不要忘记撤销抵押。当还清了全部贷款本金和利息后，可持银行的贷款结清证明和抵押物的房地产他项权利证明前往房产所在区、县的房地产交易中心撤销抵押。

7. 不遗失借款合同和借据申请。与银行签订的借款合同和借据是重要的法律文件，贷款期限最长可达30年。作为借款人应当妥善保管合同和借据，同时认真阅读合同条款，了解自己的权利和义务。

本 章 小 结

1. 家庭收入指家庭通过多种途径与形式，诸如积极参加社会生产劳动或个体组织生产经营等，取得各项货币、实物、劳务收入的总和。研究家庭收入的性质形式、各类型收入占据比重及其发展趋势，以及不同类型家庭组织收入的特殊方式对满足生活消费需要，维系家庭关系，履行家庭功能，促进社会经济发展等都有重大意义。

2. 支出购买是商品经济社会的家庭经济运行的普遍方式，是联结家庭收入与生活消费的桥梁与纽带。家庭支出额取决于收入的多少，又对家庭财产的拥有量、家务劳动处理的方式、生活消费的水平发挥一定影响。

3. 家庭财产指社会财产中归属家庭及其成员所有，并在家庭生活中实际支配运用来满足家庭及其成员物质文化生活需要的物质财产。家庭财产作为家庭、家庭经济活动的对象，与作为家庭经济单位主体的家庭成员一道，是家庭、家庭经济运行的基本要素，缺一不可。

4. 家庭消费是家庭对所取得的各种消费品和劳务直接或经过一定的加工制作后，予以消耗使用，以满足日常生活消费需要的经济行为。它是家庭功能履行的物质基础，对家庭组织人口与劳动力的生产与再生产有重大意义。

5. 家庭贷款是金融机构为家庭生产经营或生活消费中资金不足而提供的一种贷款，包括生产经营性贷款和生活消费性贷款，前者存在于具有生产职能的农户、个体户，是为解决经营资金不足申请提供的贷款；后者存在于一切消费者个人和家庭，主要用于购建自有住宅和购买耐用消费品。

6. 家庭消费负债可分为绝对负债和相对负债，前者是指家庭生活非常困难，收入长期低于其维持最低限度的生存消费需要而产生负债；后者则是收入用于维持最低限度生存需要已足够且有余，但要能维持享受与发展水平的较高需要，则需要较多的积累，故在资金积累不敷需要之时，提前借债以满足要求。

思 考 题

1. 简述家庭收入的类型。
2. 简述家庭支出的种类。
3. 简述家庭贷款的种类。

4．如何编制家庭消费规划？

5．简述家庭储蓄的方法。

6．简述一次性消费与永久性消费的关系。

7．简述家庭收入、支出与消费之间的关系。

8．简述家庭贷款的用途及应考虑的因素。

9．简述家庭消费负债的缘由。

10．如何衡量家庭负债经营的成败？

第 7 章

家 庭 会 计

学习目标

1. 了解家庭会计的含义
2. 学会设置家庭会计账簿
3. 了解家庭资产与费用计量的方法及原则
4. 了解各种家庭会计报表的类型及财务分析指标

7.1 家 庭 会 计

家庭记账核算事项可追溯较早。从家庭作为经济生活基本组织出现后，为了核算家庭生产经营、生活消费中的种种事项，就产生了家庭会计。家庭是社会经济生活的基本组织。家庭经济不仅要考虑每月现金的收支、存储，还增加了证券投资、保险等事项。经济事项的复杂，内容联系的广泛，家庭会计账簿的建立、核算很有必要。

7.1.1 家庭会计的内容体系

家庭会计核算的对象，是家庭经济活动中体现的资金或资金运动，或是用货币反映的经济活动，或是由此体现的家庭会计要素及要素的增减变动情况。

1. 家庭会计核算的内容

家庭会计大致包括如下内容：①家庭资产、负债、权益、收入、费用、利润等会计要素的计量、记录、确认与报告的核算；②家庭经营、投资、消费等行为的记账核算；③家庭组建、子女抚养教育、旅游观光、社会交往乃至家庭离异解体等事项的专门费用计算；④家务劳动的费用与成本核算。

家庭会计核算还涉及家庭各项功能的实际履行状况，各功能钱财花费的情况在一定程度上可资证明功能履行状况的优劣。依通常情形而言，某项功能上花费越多，则该功能履行的状况就越好，在某项功能履行上若完全没有任何花费，或花费很少，则可从两方面说明：①家庭尚不存在该项功能，若某新婚家庭自然不需要发生子女的抚养教育费用；②该项家庭功能履行很差，或完全未予履行，比如，尚未成人的儿女提前做童工，而非去接受义务教育等。

总之，家庭中发生的一切经济活动及非经济活动中涉及的若干经济事项，或经济活动对家庭其他各项功能活动的渗透和融入，都是家庭会计核算应予包括的内容。

2. 家庭财务指标

家庭财务指标有：

（1）家庭收入、支出、财产、消费指标，考虑其内容构成、类型划分、结构形式，增长状况等；

（2）收支消费、财产、储蓄等相互间的指标，如收入支出系数、家庭储蓄率、消费率等；

（3）资产负债权益间的指标，如资产负债率、资产权益率、资产流动率等；

（4）收入支出利润指标，如收入利润率、成本费用利润率、资产周转率、净资产收益率等；

（5）家庭特有的若干财务指标包括家庭支出费用中各功能活动履行费用占据的比例、结构及增减情况，家庭各成员拥有支配、享用家庭资源占全部家庭资源的比例、结构及增减情况等。

7.1.2　家庭会计账簿

家庭账户信息核算中最主要的工作，是日常收支事项的——记账，如客户以前不太重视家庭记账，最好从现在开始就养成良好的记账习惯。虽然记账核算的过程比较枯燥，但只有做好日常功课，才能在关键时候做出正确的决策。实际上，通过日常的收支记账，也能培养成功理财的重要素质——耐心和细心。

家庭记账需要遵循以下三大原则。

1）分账户

分账户就是所有收支记录必须对应到相应账户之下。一般家庭的日常收入、支出的现金流动不外乎以下方式：在记账前须把这些现金、活期存款等按照一定的方式建立相应的账户。记账时才能区分该笔收入或支出引致的现金流入或流出到了哪个具体的账户。分账户核算方便监控账户余额及分账户进行财务分析，清楚了解资金流动的明细情况。

2）按类目

按类目就是所有收支必须分门别类地进行记录。在审视财务状况的步骤中，需建立家庭的收支分类并在记账时按此标准记账。只有这样，才能方便收支汇总及组织相应分析，否则就只是一笔糊涂的流水账。时间长了无从记起，更不可能统计分析，失去了记账的意义。

3）及时性、准确性、连续性

记账操作应保证及时性、准确性、连续性。及时性是在收支发生后及时进行记账，避免遗漏，提高记账的准确性，及时反映理财的效果；准确性是保证账簿记录是正确的；连续性是保证记账行为连续不断的进行。理财是一项长久的活动，必须要有长远打算和坚持的信心，作为理财基础的记账核算更应如此。

家庭会计核算中，如生活消费、收支购买、成本费用、财产折旧摊销、资源优化配置等内容，都需要组织相应的核算。农户个体户的生产经营、生活消费和其他相关事项的全面核算中，既要保持相对独立，不能完全混淆一起，又应考虑它毕竟是同一个家庭中发生的事项，相互间有着异常密切的联系，必须给予一定的衔接。可考虑设置经营、消费两本账，分别核算各自的内容，再将经营账中的经营纯收入转移于生活消费账中。

家庭记账应注意的事项有：①有专人负责；②及时，不耽延时日，日清月结；③记账内容完整，摘要、名称、金额、数量等都予反映；④数字真实、计算准确、不错账漏账，不造虚账假账、不记重账；⑤记账全面完整，家中所有收支事项，事无巨细都应分类入账；⑥不同性质的经济事项不合在一起记账；⑦字迹、金额清楚不潦草；⑧日清月结；⑨要学会用账，对账项资料作分析，如收支是否平衡，开支是否合理，收支消费中有何规律性可循，都要在记账算账、分析评价的基础上，对未来之经济生活能有个总体设计。

我们在这里简略地提供几种家庭会计账簿的格式，从日记账到专门账，包含了收入支出财产投资等种种内容，以供读者参考，具体表格形式如表7-1～表7-13所示。

表7-1 家庭流水日记账 单位：元

月	日	摘要	收入	支出	结余
9	1	期初结余			150
9	2	购物		80	70
			……	……	
9	30	发生额合计及余额	3 200	2 800	550

公式：期初余额＋本期收入小计－本期支出小计＝期末余额

表7-2 家庭简要分类日记账 单位：元

年			收入		支出											储蓄			
					吃		穿		用		住		其他		非商品支出		支出小计	定期	活期	债券股票	余额
月	日	摘要	金额	摘要	金额	摘要	金额	摘要	金额	摘要	金额	摘要	金额	摘要	金额				

表7-3 家庭详细分类日记账 单位：元

年			收入						支出										投资				余额
月	日	摘要	工资收入	奖金收入	津贴收入	经营收入	其他收入	小计	摘要	食品类支出	衣着支出	日用品支出	耐用品支出	居住类支出	燃料类支出	文娱支出	医药保健支出	服务修理支出	学习教育支出	赡养捐赠费	其他支出	支出小计	定期存款	活期存款	国库券债券	股票基金	其他金融资产

表7-4 家庭物料用品登记账 单位：元

月	日	摘要	收入			支出		结存	
			数量	单价	金额	数量	金额	数量	金额

表 7 - 5　家庭财产登记账　　　　单位：元

种类：耐用消费品　　　　　　　　　　　　　　　　　　　　年　　月　　日

品名	规格	购入日期	数量	价格	来源方式	备注

表 7 - 6　证券投资一览表　　　　单位：元

账户	证券名称	持仓量（股）	持仓成本	成本均价	最新市价	当前市值	除费浮盈	出售单价	出售总价	盈亏

表 7 - 7　债 权 记 录　　　　单位：元

账户名称	债务人	币种	未还余额	借出日期	借出人	担保人	年利率/%	借出金额	归还记录

表 7 - 8　债 务 记 录　　　　单位：元

账户名称	债权人	币种	未还余额	借入日期	借入人	担保人	年利率/%	借入金额	归还记录

表 7 - 9　保险投保记录　　　　单位：元

保单名称	险种	币种	保险金额	开始日期	有效到期	投保人	被保人	受益人	保险公司	已缴保费

表 7 - 10　储蓄存款记录　　　　单位：元

存单名称	种类	币种	当前余额	开户日期	开户银行	姓名	账号	年期	利率/%	到期本息

表 7 - 11　债券投资记录　　　　单位：元

账户名称	债券名称	币种	持有额	购买日期	年期	年利率/%	到期日期	到期本息

表 7 - 12　外汇投资记录　　　　单位：元

账户	外汇名称	余额	日期	汇率	折算余额/¥	备注

表 7-13 交 税 记 录 单位：元

日期	税种	交易事项	纳税人	收入或利润	税率	应纳税额	已缴税额	备注

7.2 家庭资产计价

家庭资产包括实物资产和金融资产，实物资产从其使用期长短及同费用的相关性而言，又可分为固定资产、低值易耗品、物料用品等。现金分为家庭共用的现金（备用金）、各家庭成员手上的现金，活期存款、信用卡、个人支票等。

7.2.1 家庭资产的计量计价

为对家庭资产以确切计量，需要严格划分家庭资产的类型并施以不同的计量方法和标准。家庭拥有资产的额度为多少，应通过计量计价的方式予以确定，首先需要考虑家庭资产计量的范围和计价方法。这类事项今日还是较少出现，随着形势发展，将来会有较大的发展前景和应用价值。

家庭各会计要素的计量计价中，资产与费用的计量计价最难界定，这里试图给予相应的介绍。

1. 家庭资产计量的范围

家庭资产计量的范围，应该包括家庭拥有或控制的全部资产。但需要指出，家庭生活中的低值易耗品和一般物料用品，如炊具、生活用具、图书、衣物等，因项目繁多、价值不高、使用期限短等原因，不应全部详细计入家庭资产范围，只要匡算大致情形即可。还担负有生产经营职能的个体工商户、农户会拥有较多的经营性资产；发明家、作家也会拥有某些专利权，这都会带来不确定的收益。对这类权利类的无形资产，也有价值计量、评定的需要。

2. 家庭资产计价的方法

家庭资产的计量是容易的，点数过磅均可，资产计价却颇为麻烦。应当从中选择真实可靠、核算简单，能够反映实际财务和经营业绩的计价方式，并在不同场合使用不同的计价方式。目前，一般可考虑使用如下 3 种方法来进行家庭资产计价。

1）成本法

资产成本即购买或建造该项资产时所花费的代价，同取得该项资产直接或间接相关的花费，都可以称为该项资产的成本。如家庭购买小轿车的计价中，小轿车的买价、相关税费、牌照费、车辆购置税及其他附加费用等，都应计入该小轿车的价格。

2）收益法

收益法即预期该项资产将来可能为家庭带来收益额的大小，并以此为据计量该资产的价值，主要用于一切生息类资产的计价。但这种计量方法的缺陷有三：①没有原始凭据可资证明作为记账的依据；②只是将来可能实现的收益，而非真实或现实已获取的收益；③以未来收益为据有相当的不确定性，不符合谨慎性原则的要求。

3）市价法

市价法即以该项资产的现行市价为据，重新调整账面已登载的资产价值，保证账实相符。对现行市价与账面成本价的差额，即资产随着时间推移而发生的增值或减值，则应调整账面记录。同时视该项资产的性质为投资型还是消费型，将该项差额作为家庭的投资损益或视为生活费用。

此外，作为家庭资产的计量、计价，又有自己的特殊方法，或说各种方法在家庭资产的计量中，也会发生某种变形以适应家庭的特殊环境。企业中一切行之有效的资产计量评估方法，可转移于家庭资产的计量中使用。但应注意家庭作为一个消费单位，资产具有耗费性，耗费状况及额度等需要予以特别考虑。

3. 非现金资产的价值

非现金资产的成本价值，通常通过购入时所支付的现金来计算，但在每个结算期如有必要确定该资产的确切价值时，要考虑该项资产当时的市场价值。成本价与市场价之间的差异，就是账面上的资产损益。

编制资产负债表时，最好将成本计价与市值计价的指标并列反映，既可看出该项资产的当前价值与过去价值的演变，又可以看出两者间的投资损益。两个指标各有含义，以成本计价的资产负债项目，可以反映家庭资产获得当时花费的代价，并检查记账是否有误；而以市值计价的资产负债项目，则可以正确显示家庭净财富的现时确切价值。计算市值时，除公开的股票、债券或基金价格可供计算外，个人使用的实物资产如房屋、汽车或收藏品，也要定期估价以反映其变现价值。

4. 家庭资产增值贬值的计价

家庭实物资产包括动产和不动产，生活消费品、家用电器等可称为动产，在使用过程中该项资产会因使用磨损发生实物损耗，如汽车的价值会因使用磨损发生贬值；房地产属于不动产，会因地价上涨而引起房屋价值上升。资产价值的贬低需要通过折旧和价值摊销的方式予以解决。这一工作涉及折旧摊销的年限、方法确定等内容，具体实施有相当难度。对资产价值的增值，则应分别具体情形予以不同处理。衡量该项资产的市场价值同账面价值的背离，并对账面价值予以调整。

当持有资产的市价发生较大变动时，或有形资产随时间逝去出现损耗时，可视个人金融理财的目的或资产持有的期限做弹性调整。评估市价困难，流动性较差的房地产、汽车、古董或未上市股票等资产，可依成本价入账。资产重估增减值列入净资产变动项目，但处理资产时，其损益要以最近年度重估后的价值为成本来计算。对市价变动频繁，且有客观价格可资评判的股票、债券等，应于每期编制资产负债表时，将未实现资本利得或损失反映在当期净资产的变动上，资产负债表应忠实反映个人资产的账面价值，并使账面价值尽可能地吻合实际价值。

5. 家庭资产计价的程序

家庭拥有财产状况及额度的计算，可以采取的方法是：①首先对各项财产归类整理；②对各类财产计量点数；③对财产的成新与磨损情况予以核定；④计算各项财产的市场重置价（即该项财产在全新状况下可在市场中出售的价格）；⑤计算该财产的现行价，即重置价×成新＝现行价；⑥对计量的结果加总得到家庭财产的总额度。

7.2.2　家庭生活费用的计算

1. 家庭生活费用的一般状况

家庭生活费用的项目及内容构成，体现了家庭消费项目、消费内容和质量是否丰富多彩；其间反映的物质生活与文化生活费用，生存消费、享受消费与发展性消费的状况、占据比例及其增长状况，则表现了家庭消费生活的档次与质量。

家庭应当对一定会计期间发生的生活费用的状况，予以详细记载并据以编制生活费用表。家庭生活费用计算与家庭购买性支出的总额计算，如计量口径、包括范围等都有较大不同。计算家庭生活费用的目的，则在于得出各会计期间家庭拥有资源因生活消费而实际耗费的情况。

2. 货币支出数与实际生活费用数的差异

（1）家庭用于纳税、缴费、参与社会交际的费用，不形成家庭财产，也非本家庭生活所消费，只是家庭对社会、对其他家庭应尽义务责任或保持联系的一种手段。

（2）家庭的生活费支出，除了用于食品、劳务服务、文娱教育的花费外，大都不是一次性全部消费，都有个或长或短的消费过程，长则数年、十数年，短则数天或数十天，以财产积累的方式逐步用于生活消费。

（3）支出一般指商品和劳务的货币支出，消费还包括了家中自给品和自我服务的消费。

3. 家庭生活费用计算的方法

家庭生活费用的计算涉及内容较多，可按照各种费用的性质不同分别处置。

（1）劳务费支出应全部计入当期生活费用，包括水电费、通信费、交通费、保险费（非还本保险的缴费）等。

（2）购买食品、菜蔬肉蛋等主副食品的费用，这类物品价值特低，使用期特短，无法将其归结为一种资产，全部记入当期生活费用即可。

（3）衣物、床上用品等类支出，一般情况下计入当期生活费，只是对某些较高档（如价值为 500 元以上）、穿着期限较长（如 1 年或 2 年以上）的衣物及床上用品等，应单纯计列，并在一个规定的时限内予以摊销，将摊销额计入当期生活费用。

（4）日常生活用具用品，如洗涤用品、炊事用具、医疗保健用品等的购买费用，一般应全部计入当期生活费用。对其中价值较高、使用期限较长的生活用具，可考虑在实际使用年限内予以分摊。

（5）家具设备、家用机械电器、家用车辆等，使用年限较长、单项价值较大，可称为家庭的固定资产和低值易耗品，用按期计提折旧和价值摊销等形式，逐期逐批地计入家庭生活费用总额。

（6）家用住宅。住宅价值高、使用期限长，且在居住使用期内还会发生资产增值事项。住宅会随着居住使用发生相应的磨损，应通过计提折旧的形式计入生活费用；住宅资产的增值事项可通过资产定期重估价的形式，将估价后的增值收益增加住宅资产的价值，同时增加房产投资收益。如系租用住宅则将每期缴付的租金和房屋使用维修的其他费用，都全部计入当期的生活费总额。

4. 生活费用计算不应包括的指标

计算家庭生活费用指标，应当注意有如下指标不应进入。

（1）家庭的实业投资、证券投资及其他投资的资本性支出，家庭储蓄存款。

（2）家庭投资中发生的损失。

（3）家庭资产因被窃、毁损、自然灾害等受到的各项损失。

（4）缴付保险费（还本性的养老保险）支出，投保期又相当长时，可视为家中的一项金融资产，是投资而非费用，若系一般的财产保险、人身意外伤害保险等非还本保险事项，可视为家中的一项费用发生，计入当期的生活费。这笔金融资产既因每期不间断地投保而增值，又因已缴纳保费随着时间推移而发生价值增加。

（5）缴纳个人所得税及其他税金支出等，应视为家庭可支配收入的减少，而非生活费用增加，不必计入生活费用。

（6）家庭赡老抚幼支出，若该老人和幼小子女是和家庭成员共同生活在一起，这笔费用自然计入生活费用总额，如并非在一起生活，则需要将其赡老抚幼开支冲减家庭收入总额，得到可支配收入的指标。

7.2.3　个人财务状况评定

每年个人财务状况的评定，可考虑用下列简便公式加以衡量：

年初投资额×年收益率＋年工资收入－年生活费支出＝当年盈余

"当年盈余"这个数字应该是正的，且每年获得盈余占年初投资额的比例越大越好，说明当年的投资收益和工资收入的比率很高。

上式最理想的状况就是工资收入等于 0 时，当年投资盈余仍然足以满足生活费支出的种种需要，这一状态可称为财务自由，即投资理财的终极目标和最高标准。

仔细展开这个公式，会发现一些有趣的东西，有助于更好地分析目标。

（1）真正盈余还应扣除通货膨胀部分，否则账面上钱是增加了，可实际购买力却在下降。

（2）支出项计入的应是仅归入当年分摊的部分。如购买的衣物一般能穿数年不等，汽车也不会只用一年。但分摊时要注意，绝大多数的消费品不应该均摊到其全部使用年限上去，开始时折旧应提取较多，然后逐年减少。如仅是大略计算时，也可以把那些使用年限不长的东西在一年内摊销掉。

（3）就短期而言，增加年初投资额、年收益率、年工资收入或压缩年支出，都会提高年收益。就长期来看，只有提高年投资收益率才是可行并最有效的。

（4）初期投资额是在投资起步阶段条件很差时就应具备的，且难以为人的主观意愿而改变。

（5）年工资收入会随着由青年步入中年而上涨，但一般到了 45～50 岁就步入顶峰，随后会呈下降趋势。

（6）年支出会随着家庭规模的壮大，对生活质量要求的提高而上涨。一味地压缩支出同理财的初衷是背道而驰的，大家毕竟不是仅仅为了攒钱而做守财奴。

（7）年收益率一般会随着投资理财经验的增长而提高，这种技能能够受用终生，不会像体力劳动那样受身体和年龄的限制。

经过上述修正后的公式为：

年初投资额×（年收益率－通货膨胀指数）＋年工资收入－年生活费支出＝当年盈余

　　工资基本上是按月支付，受通货膨胀的影响较小，为计算简便，一般可把它忽略不计。但如当年盈余在第二年就进入当年"年初投资额"时，就会受到通货膨胀的影响。

7.3　家庭财务报表

7.3.1　家庭财务报表

1. 家庭财务报表的含义

　　家庭财务报表是用来反映个人或家庭财务状况和财富增减变动的会计报表，主要有财务状况表和净财富变动表两种，又称为资产负债表和收入支出表。编制财务报表的目的较多，主要用于家庭财务规划、公开个人财务情况等，向银行贷款、取得分期付款购货优惠、缴纳个人所得税、申办信用贷款上学等，也需要用到这些报表。

　　美国注册会计师协会在发布的《与个人财务报表有关的会计和财务报告》中确定了个人财务报表的标准，认为"个人财务报表是对个人的资产和负债所作的总结。它提供了关于收入、支出、或有负债、资产所有权和价值、所欠负债的信息及相关的说明和保证"。该会计师协会已经围绕家庭财务报表制定了专门的制度和标准，说明美国的会计学界及广大社会公众对个人家庭经营、消费、投资事项的会计核算及财务报表编制等，已是深入人心，并给予了较深入的研究。我国的经济社会发展、个人家庭经济运营、核算等，要达到这一步尚有较遥远距离。但为达到这一步作出相当的努力，还是非常有必要的。

2. 家庭财务报表的内容

　　家庭财务报表的编制中，首先应当有一些基本报表。

　　(1) 根据家庭在某一时间的资产负债和资产净值的基本状况，编制资产负债表。

　　(2) 根据家庭收入、支出、费用状况，编制收入支出表。

　　(3) 根据家庭日常消费生活的状况，编制生活费用表。

　　(4) 根据家庭拥有现金的流入、流出及存量状况，编制现金流量表。

　　(5) 农户、个体户家庭还有相当的生产经营活动，会发生相应的经营收入、支出、费用成本等事项，为此应当专门编制生产经营状况表。

　　(6) 如有证券投资及其他投资事项时，可为此专门编制投资状况及收益表。

　　(7) 对家中发生的许多专门事项，为能更具体明细地做专题反映可以编制专项报表，如旅游、结婚费用、交际往来费用等报表，以促使各功能活动的顺利履行。每个报表都有其特定用途，相互间不能完全取代。

　　家庭报表的功用很多，它首先是为家庭的经济运行、财务处理等，提供可依据的财务文件，为家庭资源的优化配置，家庭运营、投资、消费活动的开展顺利，家庭人际关系的协调美满等，发挥应有功用。

3. 家庭财务报表的特殊格式

　　(1) 个人家庭在向银行申请各种消费贷款及其他贷款时，需要按相关法规的要求，编制并报送个人家庭的收入、财产状况的报表。这一格式是完全依照银行的相关制度规定办理。个人财务报表提交给银行时，最好在银行准备的专用表格上填写，并按要求填写收入来源，随附负债及其他可能影响信用的具体信息。

（2）家庭可能根据国家统计局调查总队的某项安排，担负家庭收支记账的特别任务。家庭财务报表的编制应根据专门下发固定格式的报表编制。

（3）农户、个体工商户因组织生产经营事项，而发生的生产经营所得和经营收入等，需要按税法规定向国家缴纳流转税和个人所得税。在此状况下，财务报表的格式应依据税法规定执行。

（4）从某种意义上讲，家庭财务报表的编制还便于家庭成员身故或残疾时的身份确认，如资产清单对保险理赔就有一定帮助。每个家庭保留一份这样的清单，并定期更新内容。家庭律师或家庭个人理财师也应保留清单副本，以备不时之需。

7.3.2 家庭会计报表的简易设置

设置家庭会计报表，以概括综合反映家庭在一定会计期间的财务状况和收支、经营活动的成果，是很必要的，具体包括有家庭资产负债表、经营损益表（生产经营型家庭）、收入支出表（生活消费型家庭）、现金流量表、生活费用表、财产登记表等内容。

1. 家庭资产负债表

家庭资产负债表是根据家庭在某一时点的资产负债和资产净值的基本状况编制的，是家庭会计报表中最为重要的报表。它清晰地反映了家庭拥有资产的状况，这些资产又是从哪些方面而来，其间的比例关系是如何等。资产负债表如表 7-14 所示。

表 7-14　家庭资产负债表

资　　产	金额	负债权益	金额
现金、银行存款 应收款 物料用品、低值易耗品		借银行款 其他借款 应付款项	
流动资产合计		负债合计	
房屋建筑物、家具用具、家用设备、家用电器、金银制品、图书 生产经营型固定资产 无形资产　其他资产		家庭净资产	
资产合计		负债权益合计	

这里需要说明的是，资产负债表的功用是家庭向银行申请贷款时，按照银行的要求予以编制的。贷款银行考虑的家庭资产，只能是可以变现也能交易变现，具有偿债能力的资产。尽管一名申请借款者可能拥有较高的资产净值，但若该项净资产主要是由不可上市交易的证券和不动产构成，这一资产因其无法顺利折现以偿还贷款，对银行来说就不具有较高价值。

2. 家庭收入支出表

家庭收入支出表是反映一段时间内家庭收入、支出及余额的财务状况的报表。尤其对一般的工薪家庭而言，只有劳动而来的收入和花钱消费而来的支出购买，没有经营投资事项，更谈不到可从中得到的损益。

家庭资产负债表主要反映了家庭在某个时点上的财务状况，是静态的财务报表。若要了解在一段时间内家庭现金的流入与流出情况，就需要编制家庭收入支出表并由此得出这段时间的理财成果，作为收支预算的基础。

收入与支出是个人/家庭经济活动的基本内容，收入支出表在这里也被区分为经营型和消费型两种，后种不妨直接称为收入支出表，家庭损益表和家庭收入支出表分别如表 7-15 和表 7-16 所示。

表 7-15　家庭损益表（经营型）

项　　目	金　　额	项　　目	金　　额
经营收入		减：其他经营支出	
加：其他经营收入		经营利润	
减：经营成本		非营业收入	
经营费用		非营业支出	
工资费用		利润总额	
税金支出			

注：经营费用包括经营过程中所发生的管理费用、销售费用、财务费用和其他费用等。

表 7-16　家庭收入支出表（消费型）

项　　目	金额	项　　目	金额
工薪收入		饮食支出	
附：丈夫收入		衣物支出	
妻子收入		床上用品支出	
孩子收入		家庭物料用品支出	
其他人员收入		家具设备、机械、电器支出	
劳务收入		其他商品支出	
资本收入		文化教育支出、文娱体育支出	
经营收入		水电交通费支出、通信支出、房租支出	
投资收益		其他劳务支出	
其他收入		借贷支出、储蓄保险支出、证券投资支出	
收入合计		支出合计	

3. 家庭现金流量表

现金流量表是分析反映家庭的现金流量及财务状况的重要报表。家庭的经济活动一般都直接体现为现金的流入与流出，现金流量表的编制及分析可以体现家庭经济运行的基本状况。家庭经济活动通常表现为劳动、经营、投资与消费四大活动，期间都可能发生某种现金流入流出情形，故对个人家庭现金流量表的设计，也应包括这四方面活动体现的现金流入与现金流出。家庭现金流量表的格式如表 7-17 所示。

需要说明，本表提出了家庭借贷活动中的现金流入与流出，而非一般企业现金流量表反映的筹资活动。后者一般包括股权资本筹资和借贷资本筹资两方面内容，个人家庭的一般经营投资活动中，不存在发行股票、招商引资等股权类筹资内容，故这里直接用更为直观的借贷活动作替代。

表 7 - 17   家庭现金流量表

项 目	金额	项 目	金额
期初现金结存量		本期家庭借贷活动中的现金净流量	
本期家庭经营活动中现金净流量		本期家庭借贷活动中的现金流入合计	
经营活动中现金流入合计		对外借出款项收回的现金流入	
销售商品、提供劳务的现金流入		对外借入款项的现金流入	
其他经营活动中现金流入		对外借出款项的现金流出	
购买材料、发放工资的现金流出		对外借入款项归还的现金流入	
支付各种经营管理费用的现金流出		本期家庭借贷活动中的现金流出合计	
经营活动中的其他现金流出		本期家庭消费活动中的现金净流量	
经营活动中现金流出合计		劳动及消费活动中的现金流入合计	
本期家庭投资活动中的现金净流量		家庭各项职业劳动与非职业劳动的现金流入	
投资活动中的现金流入合计			
股票债券投资售出的现金流入		家庭其他活动的现金流入	
投资活动盈利的现金流入		日常生活消费的现金流出	
其他投资活动收回的现金流入		文化教育、文体娱乐活动的现金流出	
储蓄存款支取的现金流入		社会人际交往的现金流出	
购买股票债券、储蓄存款的现金流出		赡老抚幼的现金流出	
投资活动发生亏损的现金流出		家庭其他消费活动的现金流出	
其他投资活动的现金流出		劳动及消费活动中的现金流出合计	
投资活动的现金流出合计		期末现金结存量	

4. 家庭财产表

家庭财产内容多样，种类繁杂。通过财产表的形式予以登记反映，对加强财产管理，维护财产运用，提升家庭财产的价值，都有相当的功用。家庭财产表如表 7 - 18 所示。

表 7 - 18   家庭财产表

项 目	金 额	项 目	金 额
一、实物资产		二、金融资产	
1. 住宅		1. 金银制品	
2. 家用车辆		2. 股票	
3. 家用机械		3. 债券	
4. 家用电器		4. 储蓄存款	
5. 低值易耗品		5. 外汇存款	
6. 家具用具		6. 还本保险	
7. 衣物用品		7. 手持现金	
8. 炊事用具		8. 其他有价证券	
9. 文体用具			
10. 物料用品			
合计		合计	
家庭财产总计			

7.4　家庭预算与报表分析

7.4.1　家庭财务预算

1. 家庭财务预算的制订和执行

凡事预则立，不预则废。理财规划是实现个人理财目标的过程，预算能为客户提供理财的方向，使一切财务生活皆为了达成一些特定的目标，而不会完全无意识地赚钱与用钱。预算同时又把每个重要的财务环节加以控制，掌握在我们的视线之内。预算其实好似一张地图，一旦我们知道自己要去哪里，它就指示我们如何达到目的地。

个人理财计划中，预算大多是以月的形式为基础，以现金形式来显示每个月的收入和支出。预算的本质是个短期理财预测，用以监察和控制支出和购物。预算还是个人的理财路径，能提供一个机制使我们实现计划，完成理财目的。要做好收支预算，需要准备好预算资料。

家庭收支预算和个人理财规划的关系如图 7-1 所示。

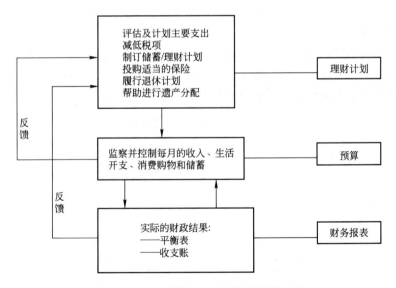

图 7-1　家庭预算和个人理财规划的关系

从图 7-1 可见，预算编制既联系了短线收支和长远理财计划，又显示了家庭理财的实际营运结果，可作为订立方向、控制和反馈使用，还有助于预计未来可能产生的问题并及时更正，在个人理财规划中扮演着重要的角色。

2. 家庭财务预算的含义与方法

家庭财务预算是用于预测个人收入、支出与未来盈余或赤字的一种计划性文件。编制个人预算时，应记住个人的理财目标，把计划支出与未来个人净值增加、满足难以预料事件发生所需的各种支出、长期负债偿还等因素综合考虑。正常的预算期为 1 年。

预算编制过程一般要遵循以下几个步骤：①确定每年或每月的收入；②确定每年或每月的支出；③确定现金短缺与盈余部分如何进行管理等。

预算工作表是一种常用的预算手段，常用的预算工作表一般列有收入与支出的实际数、预算数与预算差异数三个栏目。通过预算工作表的差异数，人们可以发现实际收支数与预算数不相符的情形，从而寻找其间的原因，调整原预算数，或对未来的个人收支进行有效的管理，以实现个人的理财目标。

3. 家庭财务预算成功的特点

制订财务预算并不能借此一举消除所有的经济问题，预算确定后必须认真实施才能发挥好大的作用。收入、开支及目标变化后，财务预算也应相应改变。资金管理专家认为成功的预算必须具备以下特点。

◆ 设计合理——好的预算需要花时间和精力准备。预算规划必须覆盖所有相关人士。孩子们帮助家人设计并实施家庭预算时，能学习到非常重要的资金管理的经验。

◆ 切合实际——如果你的收入中等，不要期望立刻就能积存足够的钱来购买昂贵的轿车或过豪华假期。预算的目的不是阻止大家享受生活，而是帮助达到期望的目标。

◆ 灵活机动——意料外开支和生活成本的变化，要求预算做出修订完善，某些特殊情况，如子女的未曾预料的突然出生等，会导致相关费用的长期大幅度增加。

◆ 沟通清晰——预算必须形成书面材料，让所有家庭成员了解。有关人员必须了解消费规划，否则无法奏效。书面预算材料的形式有很多，如记事本或计算机系统等。

4. 预算表的编制

预算表具体编制时，可仿照下面列示的格式在练习簿上打上表格，填上收支项目的名称。家庭收入可分为工资、奖金、津贴、经营收入、其他收入、借贷收入等科目。家庭支出有商品支出和劳务支出两大类，家庭收支预算表如表 7-19 所示。

表 7-19　家庭收支预算表

年　月　日　　　　　　　　　　　　　　　　单位：元

家庭收入		家庭支出			
项目	金额	项目	金额	项目	金额
工资收入		食品费		医药保健费	
……		主食品		文化娱乐费	
……		副食品		通信交通费	
奖金收入		被服穿着费			
……		耐用品购置费		房租水电费	
津贴收入		日用品购置费		社会交际费	
经营收入		燃料费		赠送赡养费	
其他收入		借贷支出		托育服务费	
借贷收入		储　蓄		什物修理费	
期初手持现金		期末手持现金		纳　税	
总收入额		总支金额		其他费用	

7.4.2　财务比率分析

1. 财务比率分析的一般状况

财务比率分析是通过客户的资产负债表和现金流量表（收入支出表）中若干专项的数值之比进行分析，从而找出改善客户财务状况的方法和措施，以期实现客户的目标。理财专家要计算各种财务比率，对客户的资产负债表和现金流量表作进一步分析，找出改善财务状况的潜力，保证财务建议的客观性和科学性。

2. 常见的财务比率分析

个人资产负债表和现金流量表会充分揭示个人的财务状况是否健康，通过对两种报表的财务比率分析，可找出改善财务状况，实现财务目标的方法。

1）净资产偿付比率

净资产偿付比率是客户净资产与总资产的比值，或可称为资产权益率。反映了客户综合还债能力的高低，并帮助个人理财师判断客户面临破产的可能性。它的计算公式如下：

$$偿付比率＝净资产/总资产$$

理论上，偿付比率的变化范围在 0～1。一般客户的该项数值 0.7～0.8 较为适宜，随着年龄变化，偿付比率的数值也发生相应的变化，年轻人可以负债消费多向银行贷款，老年人则应当偿还完全部贷款"轻装上阵"。

2）资产负债率

资产负债率是客户负债和总资产的比值，同样可以用来衡量客户的综合还债能力。

$$资产负债率＝负债/总资产$$

客户的负债与其净资产之和等于总资产，资产负债率和偿付比率之和为"1"，即：

$$资产负债率＋偿付比率（资产权益率）＝负债/总资产＋净资产/总资产＝1$$

相应的，资产负债率的数值在 0～1。个人理财师建议客户依照年龄状况将该数值控制在 0.2～0.7 以下，以减少流动性不足而出现财务危机的可能。

3）负债收入比率

负债收入比率又称债务偿还收入比率，是个人理财师衡量客户财务状况是否良好的重要指标。该比率是客户某一时期到期财务本息和当期收入的比值。

$$负债收入比率＝当期偿还负债/当期收入$$

从财务安全的角度看，个人的负债比率数值如果在 0.4 以下，其财务状况可认为属于良好状态。如客户的负债收入比率高于 0.4，则继续借贷融资会出现一定的困难。

4）流动比率

资产流动性是指资产在未来可能发生价值损失的状况下迅速变现的能力，在这是指家庭拥有的货币流动资产，如手持现金、活期储蓄存款、随时可以交易的证券等。在理财规划中，流动性比率反映了客户拥有货币流动资产的数额与每月各项支出的比率，其计算公式如下：

$$流动比率＝货币流动性资产/每月支出$$

流动比率按国际上通用的经验标准，这个比值至少要大于 3，在 3～6 是比较合理的。也就是通常所说的，一个家庭中需要保留月支出 3～6 倍的现金存款，才能保证在遇到某种失业、残疾等变故时，至少能有维持 3～6 个月生活开支的现金。

　　5）储蓄比率

　　这是客户现金流量表中当期储蓄存款和当期收入的比率，它反映了客户控制开支和增加净资产的能力。为了更准确地反映客户的财务状况，这里一般采用客户的税后收入。其计算公式如下：

$$储蓄比率＝当期储蓄存款／当期税后收入$$

　　我国的客户储蓄都是为了实现某种财务目标，该比率较高，通常都达到了 30％左右。

　　6）投资与净资产比率

　　这是将客户的投资资产除以净资产的数值，得出家庭扣除负债后的全部资产中，投资资产占据的比例。这一比率反映了客户通过投资增加财富来实现财务目标的能力。它的计算公式如下：

$$投资与净资产比率＝投资资产／净资产$$

　　专家认为，应建议客户将投资资产与净资产的比率保持在 0.5 左右，才能保证净资产有较为合适的增长率。年轻客户的财富积累年限尚浅，或者还因买房按揭贷款等，投资在整个资产中占据比率不高，投资比率也会较低，一般在 0.2～0.3。处于贫困阶层的穷人也不可能有太高的投资比例。

　　3. 综合性财务比率分析

　　1）理财成就率

$$理财成就率＝目前的净资产／（目前的年储蓄×已工作年数）$$

　　理财成就率与家庭的积累消费的比例有较大关系，收入一定的状态下，积累的数额越大，积累的效益越好，理财成就率的指标值就越高，表示过去理财的成绩越好。但家庭赚取财富的最终目标是为了消费，而非单单追求财富积累数额的最大化。

　　2）资产成长率

　　储蓄额加上投资利得等于资产成长额，资产成长率顾名思义就是资产成长额与期初总资产的比率，它表示家庭财富增加的速度。家庭得以快速致富的财务原因，是资产的成长率较高。

$$资产成长率＝资产变动额／期初资产额＝（年储蓄＋年投资收益）／期初总资产$$
$$＝年储蓄／年收入×年收入／期初总资产＋金融资产额或生息资产额／$$
$$期初总资产×投资报酬率$$
$$＝储蓄率×收入周转率＋金融资产额或生息资产比重×投资报酬率$$

　　根据这个公式，可知家庭有多种提高资产成长率的方式，如提高储蓄率，加快收入周转率，提升金融资产或生息资产占总资产的比重，提升投资报酬率等。

　　3）财务自由度

　　一般谈到的财务自由，是指大家在尚未取得或无须取得劳动收入，单靠投资理财所取得的收益，就完全可以维持较好的财务状态。这是从财务自由到人身自由的重要一步。

$$财务自由度＝目前的净资产×投资报酬率／目前的年支出$$

　　客户的理想目标值是退休之际，财务自由度等于 1，即包括退休金在内的资产，放在银行生息的话，仅靠利息就可以维持自己的基本生存。如利率一直走低处于低水平时，即使积累了大笔存款，财务自由度也会很低。每个人估计的投资报酬率不同，财务自由度也无从比较。可拟订一个较客观的标准，即每个客户都可以采用相同且合理的投资报酬率，然后根据个别的净资产与年支出状况，计算不同客户的财务自由度。如为客户计算出的财务自由度远低于应有标准，应建议他更积极地进行储蓄投资计划。当整体投资报酬率随存款利率日见走低时，即使净资产没有减少，财务自由度也会降低。此时应设法以储蓄来累积净资产，否则就只能降低年支出的水平，才可能在退休时实现财务独立的目标。

本 章 小 结

1. 家庭会计核算的对象，是家庭经济活动中体现的资金或资金运动，或是用货币反映的经济活动，或是由此体现的家庭会计要素及要素的增减变动情况。家庭经济包括经营、投资和消费三大内容，都是家庭会计核算的内容所在。

2. 家庭会计实务大致包括如下内容：①经营、投资、消费核算；②家庭资产、负债、权益、收入、费用、利润等会计要素的计量、记录、确认与报告的核算；③小家庭组建、子女抚养教育、社会交往乃至家庭离异解体等事项计算专项费用；④家务劳动的费用与成本核算。

3. 家庭记账需遵循以下原则：分账户、按类目、及时性、准确性、连续性。

4. 家庭资产包括实物资产和金融资产，实物资产从其使用期长短及同费用的相关性而言，可分为固定资产、低值易耗品、物料用品、应收预付款共计四大类。

5. 家庭资产的计价可用成本法、收益法和市价法这三种。

6. 个人财务报表是对个人拥有资产和负债给予的总结。它提供了关于收入、支出、或有负债、资产所有权和价值、所欠负债的信息及相关的说明和保证。

思 考 题

1. 家庭记账需遵循哪些原则？
2. 家庭记账需注意的事项有哪些？
3. 简述家庭会计实务应包含的内容。
4. 计算家庭生活费用指标，不考虑的事项有哪些？
5. 简述各种家庭生活费用的处理方法。
6. 简述家庭资产计价的程序。
7. 简述家庭财务报表的内容。
8. 论述家庭预算和个人理财规划的关系。
9. 简述家庭预算成功的特点。

第8章
证券投资规划

学习目标

1. 了解投资的概况
2. 学会投资决策
3. 了解什么是投资收益与风险

8.1 投 资 概 述

个人投资理财是一种管理个人财产的艺术，利用这种艺术和技术的结合，使个人的金钱达到有效利用。个人投资理财不是有钱人的专利，也不是入不敷出的人才需要掌握，任何人都需要这门技术。

8.1.1 投资的含义

投资（Investment）是指投资者为了在未来获取收益而在目前进行的资产购建活动。这里的资产既包括房屋、土地、厂房、设备等实物资产，也包括期货、股票、债券等金融资产。广义上的投资则还包括了人力资本投资、医疗健康投资、情感投资等内容。

个人家庭投资的事项一般包括以下几个方面。

1）实业投资

又称生产经营性投资，即投资办公司、办经济实体。它始于农村的联产承包经营责任制，农户为了获得更多的收入而追加投资，共同积蓄资金创办乡镇企业。在城镇，个体民营企业家以自身的积累作为起家资本，从事各种生产经营活动。

2）证券投资

即参与股票、债券的买进卖出，这是目前城市家庭中出现较多的。具体方式有以下几种。

（1）存入银行。是一种传统的投资方式，安全性强，但收益性差。

（2）债券投资，指个人以购买债券的形式进行的投资，其目的是定期收取利息和到期得到本金。债券的收益是固定的且到期才能偿还，市价波动幅度不大。债券投资比股票投资安全、比储蓄投资收益大。具有安全性、流动性、收益性的优势，是居民进行投资的很好选择。

（3）股票投资，这是一种风险大、收益也大，大家乐于从事的一种投资方式。

（4）保险投资。人们投资保险不仅使自己的财产、人身等免除或减轻损失，还可使自己的资产得到增值。

3）房地产投资

即家庭在自有住宅之外，额外买进第二套乃至更多套房屋，用于价格上涨时出售或通常对外出租，以谋取相应的经济利益。

4）实物资产投资

通常有以下几类：①不动产如公寓、写字楼等；②收藏品如集邮、古玩、字画、古币、邮票等；③贵重金属如黄金、白银等；④珍宝如钻石、红宝石等。

投资实物资产的优点是：①能有效地防护通货膨胀给投资者带来的贬值损失；②提高投资者资产组合分散化程度降低投资风险；③给投资者及其家庭带来生活乐趣。

投资实物资产也有不少缺点：①没有巨大的流通市场，难以确定其真实价值；②难以转手变现，变现时往往需要有经纪人等中介机构；③经纪人收取佣金往往要达到售价的 2%～5% 以上，比股票、债券转手的交易费要高出很多；④实物资产会发生折旧费、修理费等损失。

8.1.2 投资目标

人们在开始投资理财积累"第一桶金"时，必须设定合理的投资目标，目标应该高于目前拥有资产的净值，但又不能超出太多。目标太宏伟就会不切实际，反而带来众多的负面效果。合理的目标应该接近于可以达成的水准，同时要考虑当前投资市场的平均报酬率水平，以此作为参考基准。如对投资市场的一些基本情况和投资工具缺乏基本了解，还必须首先补充和掌握这方面基础知识，为正式进入投资理财做好准备。

针对客户投资的需求，个人理财师可首先将客户的投资目标分为短期、中期和长期目标。

（1）对短期投资目标（短于两年），个人理财师通常采用现金投资和固定利息投资两种类型。可以从市场风险、通货膨胀、利率风险和流动性等因素评估不同的投资品种，识别并评价投资信息的来源，评价不同种类的符合客户理财目标和生活状况的债券投资品种，找出可能适合各种企业债券的近期表现，研究政府债券与市政债券的近期表现，最终确定应当如何应用这些投资品种。

（2）对中期投资目标，个人理财师要更多地考虑投资的成长性和收益率，同时也意味着投资的风险水平会上升，出现亏损的概率也会大一些。

（3）对长期投资目标，个人理财师主要考虑投资的成长性。此外，个人理财师还可以考虑采用具有税收效应的投资产品（如养老金、杠杆投资等），来帮助实现客户的长期投资目标。

投资目标确定之后，为很好地实现这一目标，通常需要把握个人资本、收入的状况及发展潜力等方面，根据不同的风险承受能力，设计多个收益不同的固定投资组合。根据客户的需要、风险承受能力及投资理念，设计多个（通常在 3 个左右）投资组合方案，每个组合都有独特的风格，客户可以根据自身的偏好选择这些组合中的一个。客户储蓄账户中的存款，将按照投资套餐的规定模式进行投资。在实务中，个人理财师可以通过问卷的方式了解客户制定投资策略。在具体实施的过程中，个人理财师可以将问题与前面测试客户风险偏好的问题一并向客户提出，并要求客户认真填写。这里根据美国的某方面资料，在表 8-1 中给予简要介绍①。

---

① 卢光. 美国式增财理财方法. 北京：中国经济出版社，1998.

表 8 - 1　投资目标与投资组合关系一览表

投资目标	投资组合	资本增长潜力	当前收入潜力	本金稳定性
最大限度的资本增长	具有高速增值潜力普通股票	非常高	非常低	很低或低
高度的资本增长	具有长期增值潜力普通股票	高或非常高	非常低	低
资本增长与当前收入	具有很高红利与资本增值潜力的普通股票	中等	中等	中等
高额的当前收入	红利很高的普通股票和高利息债券	非常低	高或非常高	中等
当前收入与保护本金	各种证券	无	中等或高	非常高
免税收入与保护本金	短期的州市政府债券	无	中等或高	非常高
当前收入与最大限度的本金安全	联邦政府及联邦政府机构的各种债券	无	中等或高	非常高

8.1.3　个人投资理财应遵循的原则

投资理财的管理，即个人对投入资本市场的资金的管理营运与合理配置。资金管理在具体的个人理财投资中是无处不在，做不好资金管理，就不能在投资理财中获得成功。要做好资金管理，需要遵循以下几项原则。

1）家庭保障第一

进入资本市场是现代人的重要标准之一。不管有什么样的投资计划，进入什么样的投资市场，首先要考虑建立良好的家庭保障，留出至少半年的生活费用和供房、供车的款项，买好保障险种。投资成功的关键是心态良好，良好心态从哪里来呢？衣食无忧、生活稳定、家庭平和是基础。

2）资金安全第一

深入过投资市场的人都承认，资本市场的投资机会很多，能否把握好这些机遇就是做投资的关键，机会随时有，但不要设想抓住所有的机会。不贪机会，谋定而后动，不做计划外操作。特别是刚刚步入一个新的投资领域，还不够了解的情况下，可能要交一定的学费，但如坚持资金安全第一的原则，就会少交学费而又能迅速获益。经济景气时多购买住宅等实体资产、经济不景气时多购买债券、基金等金融资产，不失为保障资金安全的好办法。

3）投资赢利按比例转移

国外的投资家一般建议的比例是 50％，即按月或按季将当期获取的单笔较大赢利取出，国内投资者可根据情况具体决定。投资也是做生意，不能只进不出，要收回前期投资。市场风险很大，投资赢利如不及时取出往往又会很快返还市场。

4）合理分配资本投资和实业投资的比例

理想的情况是：个人名下既有一家或若干家企业，在各自领域均运转良好；又有一笔资金由投资公司运作。两者有分有合，相得益彰，如虎添翼，能发挥出数倍威力。

5）寻找乐趣

在进行资金管理时，虽说主要面对的是数字、表格和各种分析结果，但不要感到枯燥和无聊，而要保持高昂的兴趣。有了兴趣才有动力，才愿意付出心力，有深刻的经验和感受，得到好的心态和结果。

6）委托他人

如果自己不行，就大胆地将钱委托他人投资，至少是购买各类基金借助专家理财。现在，世界各国的投资渠道、投资工具越来越多样化，多种信息收集要做到准确、全面将更加困难，收集成本也越来越高。个人投资者在市场上很难常立于不败之地。因此，把资金委托他人，或购买受益凭证，或组建共同基金，都是投资成功的窍门。

在商品经济发达的条件下，引入市场调节的方式动员居民自愿投资，基本途径是健全和完善不同流动性、风险性、收益性的投资品种，供个人投资者进行投资时选择。这就需要合理的组合产品，进行资金的运用和配置，并运用自己掌握的知识去理财，使财富在原有的基础上逐年有所增长。

8.2　投资决策

8.2.1　经营型投资与参与型投资

1. 经营型投资与参与型投资的含义

个人参与的各种金融工具，如储蓄、保险、股票、债券等，股票可称是经营型投资，其他内容则只能算是参与型投资。股票在什么时点和价位如何买入、卖出，具体操作对个人能力，把握机遇、时运的能力要求很大。这种资金的运用是完全由个人做主自主运营操作的事情。当然最终运营成败的风险和责任，也完全由个人家庭自行承担。

储蓄、债券、保险等则只可称为参与型投资，能自主经营的成分很少。如存期、债券兑付期、投保期、利率、费率是完全由机构制定，方法、规则、收益、权利义务条款也完全由机构安排。对个人而言只有参与权，有适当的选择权，而无法自行决定政策或提出种种制度规定外的要求。这类金融事项的规则是事先由提供服务的一方做出制订，而非由需求服务的人员如保户、储户等做出决定。在既定的储种、险种、债种、收益率面前，个人不必在其中参与经营，不会由此取得经营收益，也不必承担由此引致的经营风险。

2. 经营型投资与参与型投资体现的金融关系

客户拥有的金融资产可以区分为参与型金融资产和经营型金融资产。后者是家庭自己经营，自主积极参与，以取得相当的经营收益；前者则可以视为家庭将自己的金融资产委托银行、保险公司等金融机构代为经营，自己只得到固定收益，银行与保险公司则承担经营的风险与责任，也得到金融收益。

参与型的金融资产运作模式中，居民个人将手中的金融资产交给银行、保险公司等代为经营。但这些金融机构的经营状况、运作思路、成果等是否令人满意，是颇值得怀疑的。在这种状况下，储户、保户们可"用脚投票"来维护自身权益，既是无奈之举，对机构也是一种严厉打击。机构应改善服务态度，提升服务技能，尽最大可能满足客户的需要。

3. 客户自主选择机制的确立

在金融机构日益走向市场经济时代、利率市场化之时，客户的自主选择程度、空间必将有较大改变。国外众多的不同理念、制度、规范，不同作风、方式、内容的金融机构向中国金融市场的介入，必将对国内金融业以相当冲击。

面对客户的自主选择机制、意愿的逐步加大，金融机构应当做的工作是：如何挖掘不同客户的多方面需求，实现包括金融工具、活动方式、经营理念、内容的金融创新，以尽可能满足这种需求。这就需要金融机构能真正确立"以人为本"，以客户为上帝的理念，真正深入到客户中，调查了解客户的多方面需求，甚至是"客户想到的充分满足，客户尚未想到的潜在需求也积极激发起来予以满足"。

8.2.2 投资决策影响因素评价

投资决策是投资者评价各种投资标的物，选择具体投资目标的过程。不同投资者的运作环境不同，投资目标与要求也不同。每个投资者在投资决策的过程中，都要对具体的投资对象进行评价，一旦确定了各种资产类型间合理的投资比例，就要选择具体的投资类型，选择中应综合考虑如下因素。

1）资本增长

个人理财师首先要分析历史上该类型投资的资本增长水平，确定客户能否从此投资行为中获得合理的回报及回报的实现形式。

2）现金收入

个人理财师分析选择的投资类型是仅仅带来现金收入，还是又能带来资本增长。个人理财师还应关注现金收入何时取得、以何种方式取得及预期数额等因素。

3）税收支出

税收支出是个人理财师决定投资类型，影响投资实际收益时要考虑的重要因素，个人理财师应当充分分析与所选择投资类型相关的各种税收支出，如资本利得税、个人所得税及税收减免等。

4）易管理性

投资决策做出后不可能一成不变，个人理财师需要定期对投资组合进行监控，并做出适当调整。为此，个人理财师在投资决策前要考虑投资的易管理性，并充分了解投资组合管理的方式。

5）成本开支

获取收益是投资的本性。考虑收益的状况下，成本也需要给予相当关注。投资决策的制定和监控是需要成本的，个人理财师要充分掌握与投资相关的各种费用、佣金成本等状况，判断所制定的投资策略是否在经济上具有可行性、收益性与安全性。

6）风险性

风险防范是个人理财规划中极为重要的因素，投资决策也不例外。许多投资者在选择投资品种时，收益率是首要关注的问题，但更要注意的是风险和收益的匹配，天下没有免费的午餐，期望获得的回报越高，承受的风险也就越大。

7）适合性

家庭理财活动的进行，应当与自己的职业特征、知识结构、兴趣爱好紧密结合。为避免出现大的投资风险，不仅要考虑自身的能力和特点，而且要注意经济发展周期性的规律，关注物价涨幅和储蓄投资利率的变化，切实进行投入产出的计算，只有这样，才能做出可行、安全的决策，保证投资活动的经济效益。每个人的具体情况不同，并不存在所谓最好的投资品种，而只有最适合的投资品种。

8）流动性

所谓流动性是指各种资产变现的难易程度，或在较短时期内变为现金的能力。一般而言，金融资产的流动性强，而实物资产则缺乏流动性。个人理财师在做出投资决策时必须要充分考虑这一点。需要为投资组合中的具体投资品种确定不同的投资期限，以满足客户对资金流动性的需求。

如上各种因素的综合评价中，风险性、收益性、流动性应予特别考虑。为此，需要对各种投资产品的回报、风险、时间范围进行量化，在各种资产类型间风险分散，以便于对这些投资产品的决策与监控。每种投资方式从本金投入到收回都有或长或短的时间间隔，即投资期限，投资者的未来生活也具有许多不确定性，有时会出现急需现金的情况。作为个人投资者来说，应该把"三性"原则很好地统一起来，使投资既具有较好的收益性、流动性，同时所承受的风险也较小。

8.2.3　投资工具选择

1. 投资工具分类

要从事投资，必须有相应的投资工具，通常包括以下几种。

（1）股票。是股份公司发行的一种可以转让的有价证券，也是证明股东权益的证书。到目前为止，股票仍是证券市场上最重要的金融产品。作为一种资本工具是永久性的，无须还本付息，投资股票有较大风险。

（2）债券。是一种表明债务的借款凭证，是政府、金融机构、企业等机构直接向社会负债筹措资金时，向投资者发行，并承诺按规定利率支付利息并按约定条件偿还本金的债权凭证。债券作为一种重要的融资手段和金融工具，具有如下特征：偿还性、流动性、安全性、收益性。债券是具有到期期限的交易品种，债券的收益率一般是固定的，到期必须还本付息。

（3）信托。依照我国《信托法》的规定，信托是指委托人基于对受托人的信任，将其财产权委托给受托人，由受托人按委托人的意愿以自己的名义，为受益人的利益或特定目的进行管理或处分的行为。信托财产是信托得以组建的第一要素，且具有独立性。信托不因委托人或受托人的死亡、依法解散或被宣告破产而终止，也不因受托人的辞任而终止，具有一定的连续性和稳定性。我国已有的信托品种包括房地产租赁信托、企业重组信托、不良资产处置信托等。

（4）期货。是买卖双方同意在事先指定的日期以约定的价格买入或售出某种商品的协议。期货可分为商品期货和金融期货，金融期货又主要包括利率期货和股价指数期货。期货是一种高风险、高报酬的投资工具，盈利或亏损的数额较大，且国内交易制度还不完善，投资者遭受到损失的可能性很高。目前我国的期货市场主要有三个：大连期货交易所，主要交易品种是大豆；上海期货交易所，主要交易品种是天然橡胶、铜、铝等有色金属；郑州期货交易所，主要交易品种是小麦。

（5）期权。是投资者在一定的时间内以双方商定的价格买入或卖出某种商品或金融资产的一种权利，根据交易对象的不同，期权可以分为商品期权、股票期权、债券期权、股指期权、外汇期权，等等。期权的买入须支付期权费用，即为了得到权利而付出的代价。投资者可以行使这种权利，也可以放弃这一权利。期权买卖的是一种权利，而不是真实的商品。期权的投资者买入期权的风险是有限的，但其收益是无限的，而期权的出售者是投机者，要承受较大的风险。

在现代证券市场上，期权交易也是一种重要的金融创新，它能够使市场交易趋于活跃，而且能分散投资的风险，稳定市场。

（6）外汇。是货币行政当局（中央银行、货币管理机构、外汇平准基金组织及财政部）以银行存款、国库券、长短期政府债券等形式保有的在国际收支逆差时可以使用的债权。外汇作为国际间经济交往的产物，是国际交往中不可缺少的计价、购买、储备、清偿债务的手段。个人理财规划者所持外汇，按照国家制度规定不能购买国外股票，只能将其存于银行或进行期权交易。外汇投资的目的是获得存款利息收入或通过不同货币的交易来赚取差价。

2. 投资工具设计

个人理财师根据可供选择的资产种类及投资者的风险偏好及其他约束条件，运用金融投资的理论及实践经验，为客户提出可供参考的几种投资理财方案及其收益计算与风险衡量工具，以便于顾客的计算和比较。这些工具大体包括对不同投资方案进行利率的敏感性分析；对不同保险、证券投资与银行储蓄的收益率水平做出比较；国债买卖中到期收益率计算、持有期收益率计算以及当年收益率计算等。

3. 投资工具比较

这里将国内常见的各种投资工具，从其风险性、获利性和变现性三个方面加以比较，得出表8－2所列的状况。

表8－2　中国家庭常用投资工具比较

投资工具	安全性	获利性	变现性
储蓄	*****	*	*****
国债券	*****	**	***
公司债券	****	**	***
基金	***	***	****
股票	**	****	*****
期货	*	*****	****
房产	****	****	*
收藏	***	***	**

说明：＊号越多，相应的指标数值越好。

需要说明，在对投资工具从风险性、收益性、流动性等标准判断中，投资者总是希望自己的投资能风险相对较小而收益相对较高，且又具有一定的流动性。这愿望本身就是一大矛盾。投资者只有结合个人因素的具体情况进行运作，才能达到令人满意的效果。

4. 各种投资工具的选择

北京某市场调查有限公司 2002 年四五月间，在北京、上海、广州等七大城市范围内进行了一项有关居民理财风险的调查，在一定程度上回答了投资工具选择的问题。如表 8-3 所示。

城市之间的差别，反映的是各地金融市场活跃的程度以及人们金融投资观念和投资技巧的差异。在金融市场比较活跃、居民投资知识丰富的地区，如上海，金融资产分流的趋势比较明显，居民储蓄比例相对其他城市较低。理财方式多元化程度与家庭人均收入密切相关，家庭收入越高，理财的方式和种类越多，这再次印证了"丰富是多元化之前提"的道理。而在金融市场不够发达和活跃的其他城市，尤其是武汉、沈阳等，金融资产仍然集中在传统的渠道，居民银行储蓄比例相对较高。

表 8-3　七城市居民家庭拥有各类投资工具的情况　　　　　单位:%

理财方式	北京	广州	重庆	西安	上海	武汉	沈阳	总体
银行存款	99	99	100	98	98	100	99	99
股票	11	32	28	27	40	15	18	24
国库券	68	50	50	64	71	38	57	57
各类债券	21	30	15	20	35	21	16	23
保险	26	29	23	30	41	15	15	26
其他	2	3	7	3	2	4	2	3

8.2.4　不同年龄段下的投资组合

1. 人生的六大阶段

一个人一生中不同的年龄段，对投资组合和实际理财运作的影响非常重要。通常我们可以将人生分为六大阶段：

第一阶段为成长期。包括出生、完成学业、踏入社会、参加工作直到结婚以前。这期间财产积累还很少，投资理财方面的主要任务是积极储蓄并学习充实理财知识。

第二阶段为青年期，指 20～30 岁阶段。这期间的特点是积蓄渐渐增加，对投资理财已有初步了解，也开始摸索投资的步骤和规律。投资人在这个时期可承担较高的风险，应采取较积极的投资策略来分配投资组合，如用较高的比例放在与股票有关的投资上。

第三阶段为成年期，即结婚 10 年后的 35～45 岁。这期间收入渐趋稳定，积累明显增加，应特别注意投资的收益问题。这期间的花销多集中在一些较为昂贵的项目（购房、家庭装修、买车等）。从投资的观点看，对风险的承受能力依然较高，故而应追求较高的投资回报。投资组合应偏向积极型，将资金投入积极增长的股票，但也要留有较小比例的资产投入保守类项目。

第四阶段为成熟期，指结婚后第二个 10 年，亦即 45～55 岁。其特点是，收入已超过支出，子女的教育费用上升为主要家庭负担。这一年龄段的财务目标应为子女的教育经费，投资时应兼顾到收益和成长间的平衡。投资组合以积极型和保守型平衡为宜，应包括股票、相关的基金、债券和定期存款。

第五阶段为稳定期，指结婚后第三个 10 年前后（55～65 岁）。这时，个人的事业和收入已达到高峰，积蓄退休后的花费成为重点。此时应调整投资组合的比例，减低积极型投资，侧重收益型、保守型投资，以期避开较高的风险。投资组合以保守为主导，还可适当配以小比例的积极型投资，用以追求最大增值。

第六阶段指 65 岁以上的退休期，这时投资安全保本增值为主要目标。应着眼于固定收入的投资工具，使老年生活确有保障。投资组合以保守型和适度保守型为主，既可保本，又可使生活更加宽裕。

2. 投资公式：100 减去目前年龄

投资组合有激进型、中庸型和保守型三种不同模式可供运用，无论采用哪种模式，年龄是重要因素。每个人的需要不尽相同，没有一成不变的投资组合，投资者应根据个人情况设计投资组合。

建议客户根据年龄进行投资，可运用"100 减去目前年龄"的经验公式。这一公式意味着：如果投资者现年 60 岁，至少应将资金的 40% 投资于各种证券；如现年 30 岁，至少要将 70% 的资金投资于各种证券。基于风险分散原理，需要将资金分散到不同的投资项目上，就该项资产做多元化分配，使投资比重恰到好处。随着年龄增长，收入越来越多时，将手中的资金分散到不同领域绝对是明智之举。

20～30 岁时，此时距离退休的日子尚远，风险承受能力很强，可采用积极成长型的投资模式。尽管这段时期准备结婚、买房、置办耐用生活必需品，不大会有余钱，但仍需要尽可能投资。投资者可以将 70%～80% 的资金投入各种证券，如 20% 投资普通股，20% 投资基金，余下 20% 资金存放定期存款或购买债券。

30～50 岁时，这段时期家庭成员逐渐增多，承担风险的能力开始较弱，选择投资组合模式相比较为保守，但仍以让本金快速成长为目标。这期间应将资金的 50%～60% 投在证券方面，剩下的 40% 投在固定收益的投资工具。这种投资组合的目的是保住本金之余还有赚头，也可留一些现金供日常生活。

50～60 岁时，孩子已经成年，是赚钱的高峰期。但需要控制风险，应集中精力大力储蓄。"100 减去目前年龄"的投资法仍然适用，至少将 40% 的资金投在证券方面，60% 资金投于有固定收益的投资工具上。此种投资组合的目标是维持保本功能，并留些现金供退休前的不时之需。到了 65 岁以后，多数投资者在这段期间会将大部分资金投在比较安全的固定收益投资工具上，只将少量的资金投在股票上，以抵御通货膨胀，保持基金的购买力。可以将 60% 的资金投资债券或固定收益型基金，30% 购买股票，10% 投在银行储蓄或其他工具。

8.2.5　投资策略

1. 投资决策的步骤

个人理财师制定的理财方案，只有经过投资决策并形成具体的投资项目才能帮助客户实现其未来的财务目标，而投资决策的质量将直接影响到理财方案的最终执行效果。一般来说，投资决策是由以下 3 个基本步骤组成：

步骤 1，确定投资于各种资产类别的合理比例；

步骤 2，在各个资产类别中选择投资类型；

步骤 3，选择具体的投资品种并推荐给客户。

2. 资产分配策略

所谓资产分配策略是指个人理财师根据客户的目标和风险偏好，确定客户总资产在各类投资产品之间的合理比例。个人理财师一旦确定了客户的资源、目标及风险偏好，并选定了合适的投资策略，紧接着就要确定各种资产类别间的合理比例。

个人理财师在针对每个客户的具体要求制定投资策略时，必然会影响到客户拥有资产的分配状况。如客户希望获得稳定的现金收入，在分配过程中必然会提高现金投资与固定利息投资的比例。如客户希望减小税负支出，则股票投资、政府债券投资等会在总投资中占有更大比重。个人理财师应当尽量详细地掌握客户投资策略的出发点，帮助客户制定合理的资产分配策略。

个人理财师确定的最优资产组合应当是包括经济资源和人力资本在内的综合资产组合。财务策划实务中引入人力资本因素，有助于个人理财师为客户提供更加广泛而有效的专业建议。

3. 选择具体的投资产品

选择投资项目：理财计划采用多重管理策略以尽量达到分散投资组合的效果，如可以选择各基金公司提供的专业化投资项目，进行资产组合。客户投资在各种资产类别之间的分配比例主要取决于三个因素：客户风险偏好、客户投资策略与国民经济发展前景。

个人投资方式可以分为两类：①直接投资，即通过定期储蓄、直接持股、直接拥有房地产等方式进行投资；②间接投资，即通过专业的基金管理公司、财务公司等进行投资。两种方式各有优缺点，具体采用哪一种要根据客户的情况确定。尽管间接投资可以让客户不用花费过多精力的情况下获得一定回报，但与直接投资相比要支付较多的佣金、管理费等交易成本，也无法对具体投资品种进行有效控制和及时调整。

值得注意的是，由于各个国家的实际情况不同，投资产品种类及具体特性不同，个人理财师在选择投资产品时要结合所在国投资产品的具体特性。一般来说，成熟的投资市场都会有专业人员从事各种投资产品的分析研究，并将研究结果通过一定的媒介公布出来。这些研究和分析成果都是投资决策时需要特别关注的重要参考，个人理财师要善于利用这些资源提高投资决策的质量和效率。

8.3　投资收益与风险

8.3.1　投资收益分析

投资收益是指投资者在一定时期内进行投资活动的所得与支出的差额。投资者进行投资决策时，重要的是比较各种证券的收益大小，不同证券的收益形式有所差异。

1. 投资收益的构成

（1）利息或债息收入。指投资者储蓄存款或投资于债券并按面值和票面利率计算的定期获得的收益。

（2）股利收入。指投资者购买股票并持有一定时间而获得的收益，包括股息发放与红利分配两部分。

(3) 资本利得。资本利得即证券交易收益，指证券卖出价与买入价之间的差额。卖出价大于买入价称为资本增值，卖出价小于买入价称为资本损失。

2. 证券投资收益的衡量指标

1) 股票投资收益指标

股票投资者的收益状况，可通过以下两个指标体现。

(1) 投资获利率。指投资者购买股票的成本与可能获得股利的百分率。用公式表示：

$$投资获利率 = 当期每股股利 / 每股市价 \times 100\%$$

指标数值越大，投资者的获利越多。

(2) 持有期股票收益率。股票没有到期日，但投资者持有股票的时间却有长有短。股票持有期内所得收益包括买卖差价收益和股利收益，其计算公式为：

$$持有期股票收益率 = (出售价格 - 购买价格 + 每股股利) / 购买价格 \times 100\%$$

2) 债券投资收益的衡量指标

债券投资者的收益状况，可通过 3 个指标来体现。

(1) 本期收益率。这是以目前的市场价格为基础，衡量投资者购买债券后每年可带来的收入。本期收益率是投资者每年获得的利息收入与其投资支出的比率，计算公式为：

$$本期收益率 = 年利息收入 / 购买价格 \times 100\%$$

(2) 持有期收益率。是指投资者买入债券开始到卖出债券这一时期的实际收入，按持有天数换算为年收益率，计算公式为：

$$持有期收益率 = [(卖出价 - 买入价) / 持有期年数 + 年利息] / 买入价 \times 100\%$$

(3) 到期收益率。指债券投资者在二级市场上购买债券持有到满期时得到的收益率，计算公式是：

$$到期收益率 = [年利息 + (债券面值 - 购买价格) / 剩余年数] / 购买价格 \times 100\%$$

3) 期望收益率计算

期望收益率是指一项投资的预期收益占投资总额的比率，综合了投资的每一可能性收益及其可能性大小的单一数值。计算公式是：

$$\overline{X} = \sum_{i=1}^{n} (P_i \times X_i) \tag{8-1}$$

式中：

$\overline{X}$——期望收益率；

P_i——第 i 种结果出现的概率；

X_i——第 i 种结果出现后的可能收益率，如某一证券投资可能遭遇景气、一般、萧条三种股市行情，发生概率分别为 0.3、0.4 和 0.3，预期收益率分别为 9%、3%、-5%，则这一证券的期望收益率为

$$期望收益率 = 9\% \times 0.3 + 3\% \times 0.4 + (-5\%) \times 0.3 = 2.4\%$$

8.3.2 投资风险分析

风险是一个较难掌握的概念，定义和计量有很多争议。风险广泛存在于各种投资活动

中，并对投资目标实现有重要影响，使得投资者无法回避和忽视。

1. 风险的概念

风险是指投资者不能在投资期内获得预期收益造成损失的可能性，是对期望收益的背离。风险来自于事件本身的不确定性，具有客观性。

与证券投资相关的所有风险称为总风险，根据风险的影响范围不同，风险可以分为系统性风险和非系统性风险两类，如图 8-1 所示。

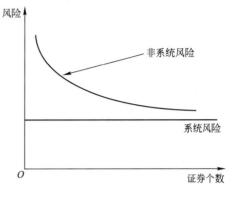

图 8-1 证券总风险

1）系统风险

系统风险是指由于某种全局性的共同因素引起的投资收益的可能变动，这种因素以同样的方式对所有证券的收益产生影响。系统风险包括政策风险、周期波动风险、利率风险和购买力风险等。这类风险涉及所有的投资对象，不能通过多元化投资来分散，又称为不可分散风险或市场风险。

2）非系统风险

非系统风险是对某个行业或个别公司的证券产生影响的风险，它通常是由某一特殊的因素引起，与整个证券市场的价格不存在系统、全面联系，而只对个别或少数证券的收益产生影响，非系统风险包括信用风险、经营风险、财务风险等，这类风险可以抵消或回避，又称为可分散风险或可回避风险。

2. 风险衡量

证券投资分析中，对风险的测定通常采用收益或者收益率的标准差、变异系数和 β 系数表示。

1）标准差

在统计学上分别用 σ、V 两个符号表示标准差和方差，用来表示随机变量与期望收益之间离散程度的指标。计算标准差的公式是：

$$\sigma = \sum_{i=1}^{n} \sqrt{(R_i - \overline{R})^2 \times P_i}$$

表 8-4 是某 4 只股价指数的日收益率的标准差，从中可以发现，我国的 A 股市场的标准差较小，而 B 股市场的标准差则较大，反映了 B 股市场的风险大于 A 股市场。

表 8-4 收益率的标准差

	上海 A 股指数	深圳 A 股指数	上海 B 股指数	深圳 B 股指数
样本数 N	1 801	1 801	1 801	1 801
样本区间	1996.10.23—2004.4.19	1996.10.24—2004.4.19	1996.9.25—2004.4.1	1996.9.17—2004.3.19
标准差	0.016 745 58	0.018 247 12	0.025 568 63	0.026 158 09

方差的计算公式为：

$$V = \sum_{i=1}^{n} \left[(R_i - \overline{R})^2 \times P_i \right] \tag{8-2}$$

即：$\sigma^2 = V$

式中：

$\overline{R}$——期望收益率；

R_i——第 i 种结果出现后的可能收益率；

P_i——第 i 种结果出现的概率。

如某个价值为 100 元的股票，期望收益率为 8％，可能收益率为 4％、8％、12％，各自的概率分别为 0.25、0.50、0.25，则该股票的标准差为：

$$\sigma=\sqrt{(4\%-8\%)^2\times0.25+(8\%-8\%)^2\times0.50+(12\%-8\%)^2\times0.25}=2.83\%$$

2）β 系数法

整个股市波动时，各只股票的反应并不相同，有的发生剧烈振荡，有的只发生较小变动。计量个别股票相对于整个市场波动的变动程度的指标是 β 系数，它可以衡量出个别股票的市场风险，而不是公司特有风险。

β 系数可用直线回归方程求得，即：

$$Y=\alpha+\beta X+\varepsilon \tag{8-3}$$

式中：Y——个别证券的收益率；

$\quad\quad X$——市场平均收益率；

$\quad\quad \alpha$——与纵轴的交点；

$\quad\quad \beta$——回归线的斜率；

$\quad\quad \varepsilon$——随机因素产生的剩余收益。

$\beta>1$ 时，表明其风险高于市场平均风险；当 $\beta=1$ 时，表明该证券的风险程度与整个市场的风险程度一致；$\beta<1$ 时，表示该证券的风险低于市场平均风险。

应该指出，β 系数不是某只股票的全部风险，而只是与市场有关的部分风险，另一部分风险 $\alpha+\varepsilon$ 则只与企业经营活动本身有关，与市场无关。特有风险可通过多元化投资分散掉，市场风险就成为投资者注意的焦点，β 系数成为证券投资决策的重要依据。

标准差和 β 系数是衡量风险的指标，它们均可利用统计资料计算借以反映证券风险程度的大小，但各自体现的内容不同：标准差度量证券本身在各个不同时期收益变动的程度，比较的基础是证券本身的平均收益；β 系数度量某一证券的收益相对于同一时期内市场平均收益的波动程度，比较的标准是市场的波动程度。

3）变异系数

标准差是计算投资报酬率值的离散差程度，用来度量投资风险的方式称为绝对风险，但当一组统计资料数值之期望值及标准差较大，而另一组统计资料数值的期望值及标准差较小，此时如果要比较两种数据标准差的大小，来决定何者投资风险较小，通常并无多大意义。也就是说，比较不同投资替代方案的风险大小时，应该以相对风险的观念来衡量，而相对风险的表达方式可用变异系数来加以表示：变异系数＝标准差/期望收益率

如有 A、B、C 三种证券投资机会的期望收益率、标准差及变异系数的数据如表 8-5 所示。

表 8-5　相对风险的衡量

资产	期望收益	标准差	变异系数
A	0.10	0.01	0.10
B	0.10	0.02	0.20
C	0.20	0.02	0.10

可以发现，证券 A、B 有相同的期望报酬率，然而 B 的标准差比 A 大，理性的投资者必然会选择投资 A；但若与投资证券 C 相比，投资证券 A 的标准差虽然比 C 小，但其期望收益率亦较低，若用标准差表示的绝对风险值将无法判定投资证券 A 与 C 的优劣。这时，只有通过相对风险（变异系数）来加以观察，可以发现证券 A 与 C 二者之风险相当，但投资证券 C 之报酬率期望值较高，这种情况下，投资抉择主要取决于投资者的效用函数。

8.3.3　证券投资风险和收益的关系

证券投资收益和风险的基本关系是：收益与风险是相对应的，就是说风险大的证券要求的收益率也高，收益率低的投资往往风险也较小，正所谓"高风险，高收益；低风险，低收益"。

在理论上，风险与收益的关系可以用下面的关系表述：

预期收益率＝无风险真实利率＋风险溢价＋预期通货膨胀率

1）无风险真实利率

无风险真实利率相对于确定性投资而言，是投资收益率扣除物价变动因素后的比率，一般认为政府债券的投资是无风险的，故常用政府债券的利率表示。

无风险真实利率是由提供给大众最安全的投资机会决定的，利率与证券价格都是以名义价值表示的，且通货膨胀率也常常无法事先得知，我们并不能直接观察到真实收益。

2）无风险名义利率

国库券的本利都是用名义利率表示的，这种名义比率可以分解成两部分，即无风险真实利率加上预期通货膨胀率。在这种条件下，投资收益可以写成：

投资收益＝无风险名义利率＋风险溢价

对任何一种证券来说，期望收益的一部分总是由无风险名义利率来决定。所以，改变政府债券的利率水平，可以导致所有证券的期望收益发生变化，从而引起价格变化。另一方面，尽管对于所有证券来说，期望收益中的无风险名义利率是相同的，但风险溢价则各不相同。

3）风险溢价

现代资本市场理论认为，风险溢价是证券市场系统风险的如下 3 个因素的函数。

（1）企业风险：是指企业营业收入的不确定性，通常企业营业收入用扣除利税前的收益来表示。该指标变动越大，风险也就越大。

（2）金融风险：是指运用负债的附加风险。按照传统观点，公司运用负债的数量越多，则收益越不可靠，风险也越大。

（3）流动性风险：是指资产变现时的风险。在不明显改变资产价格的条件下，容易快速买进或卖出的资产，其流动性较好。这样，该资产买进或卖出速度和数量的不确定性越大，流动性风险也越大。

4. 避险工具与风险投资工具的配比

将避险工具与风险投资工具相匹配，是个人投资理财的基本原则。但在投资理财的具体实践中，单单做好了避险工具与风险投资工具的较好搭配，还远远不够，还必须根据不同家庭的不同背景，对避险品种与风险投资品种在数量上给予正确配比。投资品种配比上的误区，是避险工具与风险投资工具的组合不协调、不适应，是避险品种与风险投资品种，在量的配比上脱离了家庭的实际。要实现这种匹配，简单而言，就是合理分流家庭资产，即在避险的基础上，以较少的投入获得稳定的较多的投资收益。两者的关系大致如表 8-6 所示。

表 8-6　投资风险与投资工具的搭配

投资风险	极　高	中　高	中　低	极　低
类型描述	冒险型	积极型	稳健型	保守型
主要投资工具	期货外汇、认股权证、投机股、新兴市场基金	绩优股成熟股市全球型基金	优先股公司债平衡型基金	定期存款、公债、票券、保本投资型基金
财务杠杆扩大信用	融资融券一至二倍	以理财型房贷机动运用	自有资金操作	自有资金操作
操作期间	短期	中短期	中长期	中长期
利益来源	短线差价	波段差价	长期利益	长期利益
预期平均报酬率	15%～20%	10%～15%	5%～10%	3%～5%
最大本金损失	70%～100%	50%	20%	5%

8.3.4　投资风险决策

投资面临的经济社会大环境充满了不确定性，投资决策的过程其实就是风险决策的过程。

1. 风险决策的影响因素

1）风险成本

鉴于风险的客观性，任何个人想要完全摆脱风险都是不现实的。要降低风险就必须付出相应的代价。由风险导致的费用称为风险成本，包括风险本身所造成的损失、对风险的前期预防费用及后续的风险处置费用。

2）风险收益

风险收益是指因承担某种风险投资而获得的回报。正如证券投资提到的那样，投资的预期收益比无风险收益更高，这部分多出来的用于补偿风险成本的收益又称为风险溢价。

3）信息

随着投资者获得信息量的增加，投资者面对的不确定性因素逐渐减少，这就可以提高投资者决策行为的正确度，降低决策风险。

2. 决策方法

根据投资者对风险的态度和所掌握的信息情况，可采用不同的决策方法。

1）最大可能法

最大可能法的实质，是将概率最大的投资结果看成是必然事件，即发生的概率为 1，而将其他结果看作不可能事件。这一方法适用于某一投资结果比其他结果发生概率大得多的情形。投资者的决策行为也就变成了确定性决策。该方法的前提是投资者掌握了足够的信息来判断投资结果发生的概率。如果仍然存在许多不确定性因素影响着概率的判断，则不适宜采用该方法。

2）期望值法

利用期望值法进行风险决策，要考虑投资者的风险偏好程度，其步骤是在收集相关资料后，列出主要的可行方案，算出每个可行方案的期望值来加以比较。如投资者是风险厌恶型的，目标是损失最小，则应该采取期望值最大的可行方案。如投资者是风险偏好型的，目标收益最大，则应选择期望值最高的可行方案。该方法结合了概率分析和投资者对风险和收益的态度，在大多数情况下都是适用的。

3）概率不确定下的风险决策

现实生活中，有时只能对风险发生的后果进行估计，很难估计事件发生的概率。投资者这时是在一种不确定的情况下进行决策，决策结果在很大程度上依赖于自己对风险所持的态度。

在上述投资组合中，我们考虑某个家庭的主要特点，即稳健投资或高风险投资。家庭经济生活中，这种投资组合既可以为投资者获取高额投资回报提供广阔天地，又特别注重了各种情况下家庭资产的保值增值和风险规避，以确保家庭经济的终生无忧。

3. 投资风险防范的措施

稍作观察和调查研究，不难发现众多家庭的投资理财的实践活动，存在着一种"偏食"行为，即投资工具的选择大多是"单线作业"，这种投资行为全然不顾及投资市场的风险，特别是投资市场的周期性风险和系统性风险，是不大应该的。

1）风险防范

（1）做好充分的调查准备工作。首先，应该了解投资者的风险承受能力，包括风险偏好的类型、个人财力、自身知识结构等。

（2）优化分析。在掌握大量信息的基础上，投资者应该依靠经验或技术方法进行风险分析，优化投资策略，最后确定适合投资者的最佳方案。

（3）选择正确的投资时机。市场价格的波动受到经济周期的影响，经济过热时，各类资产的价格也存在泡沫，投资时机的选择尤为重要。

2）合理组合以应对风险，构筑家庭生活的"防火墙"

对于资金实力雄厚的个人投资者，可以考虑组合投资，即在对投资市场细分的基础上，选择不同类型的投资工具和投资时机进行组合投资。如投资期限的长短结合、高中低档有机搭配、投资区域分散、不同用途组合等。

现代家庭经济生活中进行投资理财时，首要关注的事情有两点：①构筑好家庭经济生活的"防火墙"；②通过运用风险投资工具，使家庭的经济生活更加美好。

在实践中，从大的方面看，无论哪种类型的家庭，首先都要根据家庭经济生活的近期、中期、远期收入预期和支出预期，切实做好现金流的调控。银行存款或现金是每个家庭不可或缺的避险工具和应急工具。其次，作为避险的重要工具，健康保险和意外伤害保险也是每个家庭必备乃至不可或缺的。再次，根据家庭成员对风险投资工具的认知程度和对市场运行规律的把握能力，选择一些风险投资工具进行投资。在家庭投资理财活动中，将上述三个方面的投资工具进行组合，应该说是最基本的组合模式。

案例探讨：

炒股与炒房

有某同事炒股票的技能和运气颇好，到了 2001 年，已经赚取 30 万元人民币，当时这笔钱可以购买市区 100 平方米的住房一套作婚房用；也可以继续炒股票等待价值再翻一番后，购买一套更大的住宅。这时是抛售股票买新房，或是继续炒股票，两者之间甚费思量。

该同事自恃炒股技艺高超，再加对未来股市行情判断是持续向好，沪股指数可以从当时的 2 000 点积蓄上涨到 3 000 多点。故此，决定暂时先租一套房子做婚房用，30 万元继续炒作下去。只是股市行情持续不景气，屡次买股都被深套，而同期的房市却是大幅上涨，勉强过了 5 年后，30 万元只剩余 12 万元，而市区同等住房的价值已经上涨到 100 万元之多，12 万元仅仅能买个卫生间加厨房，只得宣告投资决策大大失败。

我们应当把握不同投资项目的各自行情，选择好投资的方向，方向做错了，理财就必然会造成极大的失误。

➤ 小 资 料 ➤

投资中的金钱时间价值

大学生应该进行退休规划吗？当然啦！年轻时是启动投资计划的最佳时间。道理很简单：如果你年轻时就开始投资计划，只要金钱的时间价值发挥作用，而且你的投资健康，那么到退休时就完全可以高枕无忧了。

以玛丽和彼得·米勒夫妇为例。玛丽 32 岁，是中学历史老师。彼得 35 岁，拥有自己的电脑咨询公司。他们每年的收入大约是 8 万美元，而且非常喜欢自己的工作。两个人都希望等彼得 65 岁时已经有足够的钱可以退休了。

米勒夫妇 10 年前结婚时，已经确立了一个长期目标，要在退休时积累 150 万美元。他们向朋友推荐的个人理财师吉纳·雷诺兹咨询。雷诺兹说如果他们选择年收益率 12% 的高质量投资，每年只要投资 2 000 美元，40 年后彼得 65 岁时他们的投资组合总值将达到 1 534 180 美元。他说大多数投资收益来自金钱的时间价值的作用。金钱的时间价值是一种投资概念，它指投资升值时产生的所有收益、分红和账面升值可以在长时间内积累。雷诺兹说现在就是最好的投资时间。为了证明她的观点，她做计算为：如果米勒夫妇 10 年后再开始投资，然后投资 30 年，他们的投资组合总值将只有 482 660 美元，整整损失了 100 万美元。不用说，米勒夫妇立刻意识到应该马上投资。

今天，米勒夫妇已经投资股票和基金 10 年了，他们的投资现在已经价值 45 000 美元，虽然离 150 万美元还比较遥远，但吉纳·雷诺兹保证只要他们继续进行同样的投资，金钱的时间价值将使他们的投资总值在彼得 65 岁时超过 150 万美元。

本 章 小 结

1. 投资（Investment）是指投资者为了在未来获取收益而在目前进行的资产构建活动。这里的资产既包括房屋、土地、厂房、设备等实物资产，也包括期货、股票、债券等金融资产。广义上的投资则还包括了人力资本投资、医疗健康投资、情感投资等内容。

2. 投资决策就是投资者评价各投资标的物，选择具体投资目标的过程。不同投资者的个人环境不同，从而其投资目标、投资要求也不同。每个投资者在进行投资决策的过程中都要对具体的投资对象进行评价。

3. 投资决策是由确定投资于各种资产类别的合理比例、在各资产类别中选择投资类型，以及选择具体的投资品种并推荐给客户 3 个基本步骤组成。

4. 资产分配策略是指个人理财师根据客户的目标和风险偏好，确定客户总资产在各类投资产品之间的合理分配比例。个人理财师一旦确定了客户的资源、目标及风险偏好，并且选定了合适的投资策略，紧接着就要确定客户分配在各种资产类别之间的合理比例。

5. 风险是指投资者不能在投资期内获得预期收益造成损失的可能性，是对期望收益的背离。风险来自于事件本身的不确定性，具有客观性。与证券投资相关的所有风险称为总风险，根据风险的影响范围不同，总风险可以分为系统性风险和非系统性风险两类。

6. 证券投资中，收益和风险是相对应的，风险大的证券要求的收益率也高，收益率低的投资往往风险也比较小，正所谓"高风险，高收益；低风险，低收益"。

思　考　题

1. 个人家庭投资应包括哪些事项？
2. 论述客户的投资目标。
3. 论述投资组合与投资目标之间的关系。
4. 简述个人投资应遵循的原则。
5. 论述个人投资决策的影响因素。
6. 如何选择个人投资工具？
7. 简述证券投资风险与收益之间的关系。
8. 在证券投资分析中，如何进行风险的衡量？
9. 如何使避险工具与风险投资工具相匹配？
10. 如何进行投资决策？

第9章

保险规划

学习目标

1. 了解家庭面临的风险及应对措施
2. 了解保险的基本原理
3. 理解保险规划的程序
4. 了解保险规划的种类

9.1 风险管理

风险是促使保险产生和发展的根源和动力,也是保险的对象,没有风险也就不存在保险。有了风险就使得家庭有必要进行风险管理,个人理财师可以帮助我们有效地规避风险。

9.1.1 家庭面临的主要风险

一般来说,家庭面临的风险主要包括人身风险、财产损失风险和责任损失风险等。

1) 人身风险

人身风险是指在日常生活及经济活动中,家庭成员的生命或身体遭受各种损害,或因此造成的经济能力降低或人身死亡、生病、退休等风险。家庭的人身损失风险有:①家庭收入的终止或减少;②额外费用增加,每个家庭成员都可能因死亡、生病、受伤、残疾而发生丧葬、医疗护理等额外费用。

2) 财产损失风险

家庭都拥有并运用一定的财产物资,这些财产的损毁就会遭受经济损失。家庭财产通常可分为不动产和动产两大类,不动产主要包括土地及其附属物,如房屋、树木等;其他财产都属于动产。个人财产可以是具有实物形态、能够触摸的有形财产;也可能是不具有实物形态、看不见摸不到的无形财产,如专利权、著作权等。

3) 责任损失风险

责任损失风险的基础是某个家庭或机构造成另一家庭或机构伤害时,对受害方的经济损失后果负有法律责任。伤害包括身体伤害、财产损坏、精神折磨、声誉损失、侵犯隐私等多种形式。责任险需要保证自己的财产没有对他人构成威胁。责任险的判例尺度,适用于解决法律错误或对他人的伤害的民事侵权行为。如已经采取了合理的预防措施，法庭将不再会追究相应责任。

4）家庭对风险的承担能力

一般地说，风险承担力与个人的个性、条件及家庭状况有关。风险承担能力的通则可适用于多数人：①年龄越大，承担风险的能力越低；②家庭收入及资产越高，承担风险的能力越强；③家庭负担越轻，承担风险的能力越强。总而言之，风险程度应限制在个人从主观上愿意承担，客观条件也容许承担的范围之内。

9.1.2 经济安全保障的多层次分析

美国心理学家马斯洛提出的需求层次理论认为，人的需要从低级到高级依次可分为生理需要、安全需要、社交需要、自尊需要、自我实现需要五个层次。不同的需要层次会在不同的经济发展阶段占据主导地位，当基本生理需要得到满足后，安全需要将成为主导的需要，以此类推。

经济安全是家庭安全需要的重要方面，经济不安全可能因家庭丧失收入、发生额外费用及收入的不确定性等情况所致。社会经济保障体系是社会体制下所存在的，各种能够提供人们某种程度的、用来分散经济风险、加强经济安全感的机制。具体而言，它包括：①人寿保险等商业保险；②企业或单位给员工提供的各种经济补偿和福利待遇；③家庭通过财富积累而获得的经济保障；④企业提供的产品售后服务保证；⑤慈善机构、民间救助等其他经济保障方式。总的来说，社会经济保障体系大致可分为政府、企业和个人3个方面。

经济保障体系在不同层面和程度上涉及家庭的经济安全。当国家、企业层面提供的经济保障程度较高时，家庭层面的保障需求就相对较小。反之，当国家、企业层面提供的保障程度较弱，家庭层面的保障就必须也必然会加强。在为家庭提供保险规划时，必须明确国家和企业层面所能提供保障的内容和程度，扣除这些已有保障后，剩余的经济安全需要应通过家庭层面的方式得到满足。

9.1.3 明确家庭风险管理目标

家庭风险管理目标是以较小成本获得尽可能大的安全保障，满足家庭效用的最大化。个人的风险管理活动，必须在风险与收益之间进行权衡，以有利于增加家庭的价值和保障。家庭风险管理目标可以分为损前目标和损后目标。

1. 损前目标

风险管理的损前目标主要包括：经济合理目标、安全状况目标、家庭责任目标和减轻担忧目标4个方面。

1）经济合理目标

损失发生前，风险管理者应比较各种风险处理工具、各种安全计划及防损技术，并进行全面细致的财务分析，谋求经济合理的处置方式，实现以最小成本获得最大安全保障的目标。

2）安全状况目标

风险的存在对家庭来说主要是针对个人面临的安全性问题，风险可能导致个人的人身伤亡，影响个人的安全。因此个人风险管理目标必须尽可能削弱风险，给个人创造安全的生活和工作空间。

3）家庭责任目标

个人不可避免地承担一定的家庭责任，为更好地承担家庭责任、履行家庭义务和树立良好的家庭形象，是开展风险管理的目的。

4）减轻担忧目标

风险的存在与发生，不仅会引起各种财产损毁和人身伤亡，还会给人们带来种种的忧虑和恐惧。如主要收入来源者会担心自己失去劳动力后给家庭带来风险，就会在生活中表现得小心谨慎，采取各种方法使对损失风险的担心和忧虑最小化，使得家庭能保持一种平和的精神状态。

2. 损后目标

风险管理的损后目标包括：减少风险、提供损失补偿、保证收入稳定和防止家庭破裂。

1）减少风险

损失一旦出现，风险管理者应该及时采取有效措施予以抢救，防止损失的扩大和蔓延，将已出现的损失降低到最低限度。

2）提供损失补偿

风险造成的损失事故发生后，风险管理的目标应能够及时向家庭提供经济补偿，维持正常生活秩序，不致使其遭受灭顶之灾，这是风险管理的重要目标。

3）保证收入稳定

及时提供经济补偿，可实现家庭收入的稳定性，为家庭的完美生活奠定基础。

4）防止家庭破裂

风险事故的发生可能直接导致个人严重的人身伤亡，对一个完美的家庭造成不可挽回的损失。风险管理的目标应该在最大限度内保持家庭关系的连续性，维护家庭稳定，防止家庭的破裂和崩溃。

9.1.4 选择合适的风险管理技术

1. 合适风险管理技术考虑的因素

通常人们谈及风险管理就会联想到保险，甚至认为保险是管理家庭风险的唯一工具。事实上，适当的风险管理方案并不能完全依赖保险，而是要根据特定家庭面临的风险状况和管理目标，有针对地选择合适的风险控制和融资技术，形成一个包括保险在内的管理技术组合，确保在保障程度一定时，风险管理费用会最小；风险管理费用一定时，保障程度则最高。

通常我们首先要考虑的是各种风险预期发生损失的频率和损失幅度，如表 9-1 所表现得那样，损失频率/损失幅度矩阵为选择风险管理技术提供了有益的指导作用。其次是考虑如何选择个人风险的融资技术。

表 9-1　合适的风险管理技术

	损失幅度高	损失幅度低
损失频率高	回避　转移　自留 预防和抑制	预防 自留
损失频率低	预防和抑制 转　移	自留 预防

2. 运用保险来防范风险

保险是家庭将风险造成经济损失的后果，转移给商业保险公司或政府机构，将自己不能承担的风险通过保险来规避，寻找风险的共同分担者。

风险管理的技巧有风险规避、风险降低、风险承担及风险转移等。利用保险设计风险管理计划时，应当首先设计家庭保险计划，确定要达到的目标及达到目标的计划，将计划付诸实施并审阅实施后的结果。最好的风险管理计划应当有一定的灵活性，能使客户灵活应对变化的生活环境。目标是设计一个保险方案，随着保护需求的变化而扩张。具体操作办法可如表 9-2 所示。

表 9-2　风险管理计划

行　动	应 对 事 项
1. 设定目标	(1) 与组织或个人的整体目标一致 (2) 重点强调风险与收益之间的平衡 (3) 考虑人们对安全性的态度及接受风险的能力
2. 识别问题	(1) 问题是风险事故、保险标的及风险因素的综合 (2) 需要运用多种手段进行识别 (3) 识别对于有效管理而言是关键问题
3. 评价问题	(1) 衡量损失的频度和强度 (2) 与组织特性和目标相关 (3) 利用概率分析 (4) 考虑最有可能发生的事故和最大可能遭受的损失
4. 识别和评价可选方案	(1) 基本选择：避险、损失控制、损失融资 (2) 损失控制包括防损和减损 (3) 损失融资包括转移和自留，一般运用不止一种方式 (4) 评价基于成本、对损失频度和强有力度的影响及风险的特性
5. 选择方案	(1) 运用决策规则在可选方案中做出选择 (2) 选择应当基于第一步设定的目标
6. 实施方案	(1) 要求处理问题的技巧 (2) 成功包括对组织行为的全局性观点
7. 监督系统	(1) 重新评价每一因素 (2) 选择是在动态环境中做出的，持续不断地加以评价

3. 考虑家庭能够自留或承受风险的损失幅度

在一定的状况下，风险自留即自我承担风险也是可以考虑的，可以是部分自留或全部自留。部分自留是指部分损失风险由自己承担，剩余部分通过保险或非保险转移出去。面对可能发生的损失，家庭首先应明确自己能够承担的损失金额，即确定损失自留额。对损失的幅率，通常需要明确最大可能损失和最大可信损失两个概念。前者是估计在最不利的情况下可能遭受的最大损失金额；后者是估计在通常情况下可能遭受的最大损失金额。最大可信损失通常小于最大可能损失。

风险承受能力直接导致投资者对投资工具的选择、收益率水平的期望、投资期限的安排等内容。投资者对损失收益和本金的风险的承受能力，受到如下因素影响：

（1）投资者本人的工作收入情况及工作的稳定性；

（2）投资者配偶工作收入的情况及工作的稳定性；

（3）投资者及家庭的其他收入来源；

（4）投资者年龄、健康、家庭情况及其负担情况；

（5）任何可能的继承财产；

（6）任何对投资本金的支出计划，如教育支出、退休支出或任何其他大宗支出计划；

（7）投资者对风险的主观偏好；

（8）生活费用支出对投资收益的依赖程度等。

4. 比较损失幅度和风险管理成本

在选择风险管理技术时，必须将可能的损失幅度与风险控制或风险融资成本进行比较。当可能损失幅度小于可供选择的风险时，采用风险管理技术就非明智选择；反之，风险管理成本小于损失幅度，则应认真考虑如何采取风险管理技术。

非保险转移是为了减少风险单位的损失频率和幅度，将由此引致的法律责任借助合同或协议方式转移给保险公司，或提供保险保障的政府机构以外的个人或组织。非保险转移可采用买卖合同的形式，将财产等风险标的转移给其他人，或通过租赁合同将租赁期间的某些风险，如财产损毁的经济损失和对第三方人身伤害的财务责任转移给承租人等。

家庭考虑损失幅度后，还需要考虑损失发生的频率。如一次损失的金额并不大，但在一定期限类似的损失还会多次发生，也会导致难以承受的损失金额。损失频率可能改变人们对风险自留的决策，转而采取某些合适的风险管理技术来降低或规避风险。

9.1.5　风险控制与监测

1. 风险控制

风险大小和出现概率，决定了控制风险所花费的时间和资金量。利用保险手段控制风险是较好办法。如果无法利用保险手段控制风险，就需要做更多的工作去控制风险。如保险的途径是现成的且成本较低，那么事前就可能不需要采取什么措施。具体而言，风险控制的应对措施如表 9-3 所示。

表 9-3　风险控制的应对措施

风　　险		降低经济冲击的战略		
个人事件	经济冲击	个人资源	私人部门	公共部门
残废	收入损失、服务损失开支增加	储蓄、投资家庭安全预防措施	残废保险	残废保险

续表

风　　险		降低经济冲击的战略		
个人事件	经济冲击	个人资源	私人部门	公共部门
疾病	收入损失 灾难性住院开支	增强健康行为	健康保险 健康维护组织	医疗保健计划 医疗援助计划
死亡	收入损失服务损失 最后开支	遗产规划 风险降低	人寿保险	退伍军人人寿保险 社会保险存活者福利
退休	收入降低 无计划生活开支	储蓄、投资 嗜好、技能	退休与/或养老金	社会保险 政府雇员养老金
财产损失	灾难性暴风雨盗窃损失 财产损毁修补或更换	财产修补与安全 计划更新	汽车保险车主保险 洪水保险	洪水保险
责任	索赔与安置成本 诉讼与法律费用 个人财产与收入损失	遵守安全预防措施 维护财产安全	住房所有者保险 汽车保险 失职保险	

2. 风险回避或规避

家庭风险管理可分为风险控制和风险融资两大类,前者是针对可能诱发风险事故的各种因素采取相应措施。如损前减少风险发生概率的预防措施,损后改变风险状况的减损措施,其核心是改变引起风险事故和扩大损失的条件。后者则是通过事先的财务计划筹集资金,以便对风险事故造成的经济损失进行及时而充分的补偿,其核心是将消除和减少风险的成本分摊在一段时期内,以减少巨灾损失的冲击,稳定财务支出和生活水平。表9-4列出了家庭风险管理的各种方法和措施。

表9-4　家庭风险管理方法分类表

风险控制	风险融资
风险回避	保　险
风险控制（包括损失预防、损失抑制）	非保险转移
风险单位隔离	风险自留

3. 损失预防和抑制

损失控制技术分为预防和抑制两类,前者侧重于降低损失发生的可能性或损失率;后者侧重于减少损失发生后的严重程度。许多控制措施同时涉及损失预防和损失抑制,如家中安装防火报警器。损失控制技术对家庭风险管理普遍而实用。如开车可通过定期检查汽车制动状况,养成良好的开车习惯,来降低汽车事故发生的概率。

风险单位隔离主要是通过分离或复制风险单位,使得任何单一风险事故的发生不会导致所有财产损毁或丧失。以文件安全为例,通常采用文件备份的方式,将重要文件或数据存储于独立于计算机系统的软盘或硬盘上,以免计算机系统遭受病毒感染丢失文档的风险,这就是复制技术。一般还会将这些存有重要文件的软盘、硬盘,分别放在办公室和个人住所,这就是分离技术。

4. 监测风险

风险管理包括的内容不只是保险,人们也不可能只关心一时的风险管理,随着生命周期的变化，大家面临的风险和风险承担能力也会发生变化。这就需要在前期工作的基础上重新确定、识别风险和风险评估。生命周期发生变化时，如结婚、生子、离婚、孩子可独立生活、退休、丧偶等，这些事情发生时就需要重新考虑风险管理控制计划。即使没有上述明显变化，考虑风险问题也是必要的。有人一年重审一次保险范围，就是个不错的主意。

总之，风险管理是伴随一生的过程，它可以划分：识别、评估、控制、规避、预防和监测。个人面临的风险随着生命周期阶段的不同而不同。评估风险应该考虑可能带来的损失以及风险发生概率两方面因素。可以通过风险控制技术和保险进行风险管理，特别是在生命周期阶段发生变化时，应该定期重审面临的风险状况。

9.2　保险的基本原理

个人理财师主要是将保险作为一种风险管理的工具，了解保险的基本原理、技术基础对风险管理相当必要。

9.2.1　保险的概念与职能

1. 保险的概念

保险是风险管理的一种重要手段，是发生损失后预先安排的一种经济补偿制度，或是保险人与被保险人间的一种法律关系。

就保险的经济补偿制度来说，保险的理论依据主要是大数法则。保险人通过承保大量同质风险，并以稳健的精算模型和方法估算其损失的可能性和损失幅度，从而确定并收取充足、适当、公平的保险费，建立相应的保险基金。当少数被保险人遭受风险损失时，保险人动用保险基金给予经济上的补偿。

就保险的法律关系来说，保险是指在国家相关法律的规范下，双方当事人缔结协议，被保险人以缴纳保险费为对价（Consideration），以换取保险人对其因意外事故所导致的经济损失负责赔偿或给付的权利。保险人之所以要承担补偿被保险人经济损失的责任，是保险合同中作出了可执行的法律允诺，是按合同履行义务。

2. 保险的职能

保险职能可划分为基本职能和派生职能。基本职能包括分散风险职能和补偿损失职能。保险将某一单位或个人因偶然的灾害事故或人身伤害事件造成的经济损失，以收取保费的方式平均分摊给所有被保险人，实现分散风险的职能。保险人将收取的保险费用为被保险人因合同约定事故所导致的经济损失提出补偿，实现补偿损失的职能。分散风险和补偿损失是保险本质的基本反映，是保险的基本职能。

保险的派生职能是在保险固有的基础上发展而来，归根到底是伴随着保险分配关系的发展而产生。它包括基金积累职能、风险监督职能和社会管理职能。

9.2.2　保险的基本原则

保险在长期发展过程中逐渐形成了一些特殊原则，这些原则贯穿于整个保险实务之中，并通过保险法规和保险条款表现出来。

1. 保险利益原则

又称可保险利益原则，是指保险合同的订立，须以投保人对保险标的具有保险利益为前提。保险利益又称可保利益，是指投保人对于保险标的具有法律上承认的经济利益。财产保险和人身保险合同的成立都必须具备保险利益。保险利益的本质在于投保人对保险标的有利益关系，即保险标的损害或灭失会使投保人遭受经济损失。

保险利益包括财产利益、收益利益、责任利益、人际关系利益、人身利益等。无论何种保险利益，都必须是合法的，并具备以下条件：①在法律上利益可以主张；②保险利益必须是确定可以实现，反之就不能被视为保险利益；③保险利益必须是经济上的利益，其价值可以用货币形式进行衡量。

2. 最大诚信原则

诚信原则是世界各国调整民事法律关系的基本准则。它起源于古罗马裁判官所采用的一项司法原则，即在处理民事案件时考虑当事人的主观状态和社会所要求的公平正义。近代一些国家的民法最初将其作为债务履行的原则。保险作为一种特殊的民事活动更为严格。保险双方当事人在保险活动中要始终保持最大的诚实和信用，此即最大诚信原则。最大诚信原则的主要内容包括保证和告知。

3. 补偿原则

给予投保人经济补偿是保险的基本原则，也是保险的出发点和归宿。损失补偿原则是指保险合同生效后，如果发生保险责任范围内的损失，被保险人有权按合同的约定，获得全面、充分的赔偿；赔偿应保证弥补的是被保险人因保险标的物损失而导致的那部分经济利益损失，被保险人不能因保险赔偿而获得超过其损失的其他利益。损失补偿原则主要适用于财产保险以及其他补偿性保险合同。

随着保险事业的发展及投保人对保险要求的扩大，在现代保险业务中，存在某些不符合实际损失的补偿：①定值保险，主要运用于海洋运输货物保险。它的保险金额除货价外，还包括运费、保险费及预期利润等内容；②重置重建保险。第二次世界大战以来，为适应投保人的需要，保险人同意对房屋、机器按特定价值进行保险，即按超过实际价值的重置重建价值签订保险合同。人身保险属于给付性合同，人的生命价值无法以金额来确定，人身保单不适用补偿原则。

4. 近因原则

近因原则是保险当事人处理保险赔案，或法院审理有关保险赔偿的诉讼案，在调查事件发生的起因，确定事件的责任归属时所应遵循的原则。按照近因原则，当保险人承保的风险事故是引起保险标的的损失的近因时，保险人负责赔偿（给付）责任。坚持近因原则，有利于正确、合理地确定损害事故的责任归属，从而有利于维护保险双方当事人的合法权益。在保险实务中，致损的原因是各种各样的，如何确定损失近因，必须对具体情况作具体分析。

9.2.3　保险分类

根据不同的标准，我们可以将保险分为不同类型。下面按经营性质、保险标的、实施方式、承保方式4种标准分别加以介绍。

1. 社会保险和商业保险（按经营性质）

（1）社会保险是指国家通过立法的形式，以劳动者为保障对象，以劳动者的年老、疾病、伤残、失业、死亡等特殊事件为保障内容，政府强制实施、提供基本生活需要为特征的一种保障制度。社会保险具有非营利性、社会公平性和强制性等特点。

（2）商业保险是基于自愿原则，将众多面临相同风险的投保人以签订保险合同的方式，将其风险转移给保险公司，保险公司以大数法则和概率统计为数理基础，利用保险精算技术和方法，预测风险单位未来的平均损失概率和损失幅度，向各投保人收取相应的保费，建立保险基金，当合同约定的保险事故发生时，利用积累的保险基金对遭受损失的被保险人提供经济补偿或给付，从而将少数被保险人的损失在所有参加保险的投保人中进行分摊，实现风险的集中与分散。商业保险具有营利性、个体平等性、自愿性等特点。

2. 人身保险、财产保险和责任保险（按保险标的）

（1）人身保险是以人的身体或生命为保险标的的一种保险，根据其保障风险的不同，又可分为寿险、年金、残疾保险、健康保险。

（2）财产保险是指以财产及其相关利益为保险标的，以货币或实物方式对保险事故导致的财产损失进行补偿的一种保险。广义的财产保险包括财产损失保险、责任保险、保证保险等；狭义的财产保险以有形的物质财富及其相关利益为保险标的，包括火灾保险、海上保险、农业保险等。

（3）责任保险则是以被保险人依法应负的民事损害赔偿责任或经过特别约定的合同责任为保险标的的一种保险。责任保险主要包括公众责任保险、产品责任保险、职业责任保险、雇主责任保险等。

3. 自愿保险和强制保险（按实施方式）

（1）自愿保险是指投保人和保险人在平等互利、协商一致和自愿的基础上，通过签订保险合同而建立保险关系的一种保险。自愿保险的投保人可以自主决定是否投保、向谁投保、中途退保等，也可以选择保障范围、保障程度和保险期限等，保险人可以自愿决定是否承保、如何承保，并能自由选择保险标的，设定承保条件等。国际与国内保险市场大多保险业务都采取自愿保险方式。

（2）强制保险是以法律、行政法规为依据而建立保险关系的一种保险。强制保险是基于国家实施有关政治、经济、社会和公共安全等方面的政策需要而开办的。凡是法律、行政法规规定的对象，不论是否愿意投保，都必须依法参加保险。通常，社会保险都属于强制保险。

4. 直接保险和再保险（按承保方式）

（1）直接保险是指投保人与保险人直接签订保险合同而建立保险关系的一种保险，在直接保险关系中，投保人将风险转移给保险人，当保险标的遭受保险责任范围内的损失时，保险人直接对保险人承担赔偿责任。签发直接保险的保险人称为直接保险人或原保险人。

（2）再保险是指直接保险人为转移已承保的部分或全部风险而向其他保险人购买的保险。直接保险购买再保险主要是为了避免潜在损失过于集中，利用保险人的特殊专业技术，以保障较强的承保能力和财务经营的稳定性。在实务中，直接保险人又称分出公司，接受再保险业务的保险人称为分入公司或再保险人。再保险人也可以通过分保，将部分再保险业务分给其他再保险人及直接保险人的再保险部。分出公司和分入公司都具有相当的保险专业知识，各国政府通常对再保险业务干预较少，这是最具有国际化的保险业务。

9.2.4　银行理财和保险理财的差异

大家参与保险，除防范可能的各种风险外，往往将其作为理财的一种手段。目前市场上的保险理财主要是集中在变额寿险、万能寿险和变额万能寿险三个保险品种上。这三种产品一般将投保者所缴纳的保费分到保单责任准备金账户和投资账户两个账户，前者主要负责实现保单的保障功能，后者用来投资，实现保单收益。

银行理财和保险理财有以下几方面的区别。

1. 银行理财产品不带有保障功能，保险理财则有死亡保险的保障功能

变额寿险的缴费是固定的，在该保单的死亡给付中，一部分是保单约定的、由准备金账户承担的固定最低死亡给付额，一部分是其投资账户的投资收益额。视每一年资金收益的情况，保单现金价值会相应地变化，因此死亡保险金给付额，即保障程度是不断调整变化的。

万能寿险的缴费比较灵活，客户缴纳首期保费后可选择在任何时候缴纳任何数量的保费，只要保单的现金价值足以支付保单的相关费用，有时甚至可以不缴纳保费。此外，还可以根据自身需要设定死亡保障金额，即自行分配保费在准备金账户和投资账户中的比例。死亡保险给付通常分为两种方式：①死亡保险金固定不变，等于保单保险金额；②死亡保险金可以因缴费情况不断变化，等于保单的保险金额＋保单现金价值。

变额万能寿险的死亡保险金给付情况与万能寿险大体相同。但万能寿险投资账户的投资组合由保险公司决定，要对保户承诺最低收益；变额万能寿险的投资组合由投保人自己决定，他必须承担所有的投资风险，一旦投资失败，又没能及时为准备金账户缴费，保单的现金价值就会减少为零，保单将会失效，保障功能彻底丧失。

2. 资金收益情况不同

银行理财产品采取的主要是单利，即一定期限、一定数额的存款会有一个相对固定的收益空间。不论是固定收益还是采取浮动利息，在理财期限内，银行理财产品都采取单利。

保险理财产品则不同，大都采取复利计算。即在保险期内，投资账户中的现金价值以年为单位，进行利滚利。

在保险理财产品中，变额寿险可以不分红，也可以分红（目前国内大多属分红型的），若分红，会承诺一个收益底限，分红资金或用来增加保单的现金价值，或直接用来减额缴清保费；万能寿险也会承诺一个资金收益底限，通常为年收益 4％ 或 5％；而变额万能寿险则不会承诺，资金盈亏完全由投保人承担。

3. 支取的灵活程度不同

银行理财产品都有固定期限，如储户因急用需要灵活支取，会有利息损失。保险理财的资金可以视情形支取。

（1）灵活支取，在合同有效期内，投保人可以要求部分领取投资账户的现金价值，但合同项下的保险金额也按比例同时相应减少，会影响保障程度。如全部支取，要扣除准备金账户的费用损耗，因此只返还保单现金价值，会造成较大损失。现实生活中，很多保险公司的万能寿险产品为满足保户的理财需求，在账户管理上讲求"保障少、投资多"的策略，如缴纳了 10 万元保费，只拿出 2 000 元用作责任准备金即可，其余 9.8 万元用来理财，且可以灵活支取。

（2）不可以随时支取，直到保险期满时，死亡保障金和投资账户的现金价值可以一次返还。

目前，各保险公司和银行推出的产品很丰富，除以上主要区别外，具体到每家银行和保险公司而言，其资金收益情况、现金支取相关规定及费用情况都不一样，客户可视自己需要选择①。

9.3　保险规划与购买决策

9.3.1　保险规划的一般情形

个人理财师要做的金融服务，旨在针对家庭的财务状况和财务目标提供或设计相应的金融产品计划，保险规划即是其中的一个重要组成部分。保险规划是指通过购买保险来管理家庭的损失风险，其目的在于最大限度的实现家庭财务目标和经济安全保障。

短期的保险理财规划，应确定符合当前生活状况的寿险需求，比较不同寿险品种和不同寿命公司的保费及保障范围；评估理财规划中的年金用途。

长期的保险理财规划，则应了解各种跟踪不同寿险公司及寿险品种保障范围和成本的信息资源；设计一个根据家庭和住房环境发生变化时重新评估保险需求的计划。

人身保险规划是风险管理和保险规划的最复杂、最重要的组成部分，这里以人身风险为基础，针对不同年龄段和不同收入阶层讨论购买人身保险的规则。

9.3.2　生涯规划与保险购买

生涯规划犹如人生之旅的预定行程图，个人方面的重要决策是学业和事业规划，以及何时退休的计划；就家庭而言，何时结婚、何时生子的家庭计划，以及配合家庭成员成长的居住计划。家庭、居住、事业、退休等生涯规划预期在人生的不同阶段实现，具有明显的时间

---

① 保险理财与银行理财的差别. 每日新报. 和讯网，2005 - 11 - 17.

性。根据时间性可以将人的一生分为以下 6 个时期。

1. 探索期

该时期为就业作准备，大约在 15～24 岁。生涯规划应从选择大学和专业开始，重点考虑个人的兴趣爱好和特长，并考虑社会未来就业需要的前景。在此期间，多数人尚未结婚，通常与父母同住或住在学生宿舍。理财活动的重点是提升自己的专业知识技能，以提高未来赚取收入的能力。此时的理财很有限，但也需要谨慎打算。可以在找到第一份工作后，考虑投保 10 万～20 万元的定期寿险，保费支出以年几十元到几百元不等，通常以父母为受益人。

2. 建立期

这是刚刚踏入社会的时期，收入起点较低。每个人在该时期必须抓住机遇尽早使自己具有独立经济能力，但必须有一定的增长目标。该期间通常是大多数人择偶、结婚、养育婴幼儿子女的时期。在理财活动方面，年轻家庭成立后，夫妻双方应充分利用婚后 2～4 年双薪且无子女的"黄金时期"，有计划的提高家庭储蓄。在保险方面，婚后可以相互指定配偶为受益人，购买保险金额为年收入 5～10 倍的定期寿险，在子女出生后，还可以子女为收益人购买保险金额为年收入 2～5 倍的定期寿险，以便发生不测时有足够的保险金为子女提供教育金。

3. 稳定期

该时期大约在 35～44 岁。在前期大约 10 年的工作经历和经验基础上，个人应该明确自己未来职业发展的方向和重点。在这一阶段的保险方面，如果家庭负有住房贷款，应该购买抵押贷款偿还保险或信用人寿保险，其保险金额始终等于还贷余额，属于递减定期寿险，确保家庭主要收入者发生意外时，能用保险金还清贷款，以免配偶及子女因房屋遭清算而流离失所。

4. 维持期

该时期大约在 45～54 岁。就该阶段而言，最重要的目标是为自己和配偶准备足够的退休金。由于收入增加，支出减少，离退休还有 5～10 年时间，此时投资能力最强，也有相当的实力承保财务风险。在前一阶段定期定额的投资外，还可以考虑建立多元化的投资组合。在保险方面，应着重考虑健康保险，以确保退休后越来越大的医疗费用支出。

5. 空巢期

在我国，男性法定退休年龄为 60 岁，女性为 55 岁，一般约在 50～55 岁退休。对身体健康的男性而言，通常可以工作到法定退休年龄，还有大约 10 年的时间。此时在理财方面，应开始规划退休后的晚年生活，逐步降低投资组合的风险，增加存款、固定收益债券、基金的比重。在保险方面，如果估计已积累资产在身故时可能已经超过遗产税起征点，则应该考虑高额的遗产税影响，通过高额保单来压缩资产，降低遗产税。保险金能够为缴纳遗产税提供资金来源，从而有相当的吸引力。

6. 养老期

退休后享受晚年生活，通常在 60 岁退休以后。如身体状况许可，还可以继续承担部分工作，发挥余热，或进行投资或安享晚年。在这一阶段的保险方面而言，可将大部分累积资金购买趸缴的年金保险，年金给付至身故为止，以转移长寿风险。

9.3.3 不同年龄阶段的保险规划

不同年龄阶段的人，对保险的需求显然有较大不同，应该相机选择一些适合本年龄段的险种。对此可提出如下建议。

18～25 岁的人，意外伤害的可能性和影响的后果比较大，加上收入有限，尚未建立家庭，因而首先选择人身意外伤害保险，如仍有余力，可以选择一份健康医疗保险。

26～35 岁的人，意外伤害保险不失为一种最有必要的保障。这个年龄段的人刚刚建立家庭，家庭责任的增加使他们要考虑更多的生活风险，可以开始投保一些人寿险，尤其是终身寿险。

36～50 岁的人，家庭、工作、收入均比较稳定，子女也逐渐长大成人，这一阶段以选择寿险为第一选择，因为此年龄段的人正值中年，往往是全家收入的主要来源，投保人寿保险对于家庭至关重要。同时，由于年龄的增加，生病的概率也日渐增大，第二选择是投保健康及医疗保险，如果尚有余力，还可以为家庭财产投保家财险。

51～65 岁的人，以医疗保险为最必要的选择。

在认清风险的同时，还需要考虑保险支出占家庭收入的比重，保险费一般以不超过家庭总收入的 10%～12%为宜，保险金额根据具体情况而定，家庭收入稳定的，保障额一般可控制在年薪的 6～7 倍。

9.3.4 不同收入水平的保险规划

个人的收入水平是影响保险需求的重要因素，按照收入水平可以将消费者分为中低收入阶层、高薪阶层和高收入阶层 3 个细分市场。个人理财师应分析各阶层的特点及其购买力，为委托人介绍合适的保险规划。

1. 中低收入阶层

中低收入者在整个社会中占绝大部分，是社会的中流砥柱。他们从事的职业种类广泛，收入相对较低，抵御风险的能力也较差，是寿险公司的主要对象。我国实行多年的就业、福利、保障三位一体的社会保障制度，目前正处于改革当中，中低收入者普遍希望寻求一种能够取代社会保障，而又花钱较少的保障方式。低保费、高保障的险种，如保障型的人寿保险和短期的以外伤害保险是他们的首选。总的来说，中低收入者应该主要考虑定期保障型保险、健康保险、医疗保险、分红保险和储蓄保险等险种，保费支出通常是家庭收入的 3%～10%。

2. 高薪阶层

高薪阶层主要是指外资合资企业的高级职员、高收入的业务员、部分文体工作者及高级知识分子。这一阶层的物质生活和精神生活都比较优越，生活水平较高。但他们一般不享有国有单位的福利待遇，存在诸多后顾之忧。这部分人群由于收入较高，保险购买力较强，同时保险需求也较为强烈。在进行保险规划时，应该尽早考虑保障期长，能够应付养老问题的险种。同时，为了应对疾病风险和医疗费用，必须购买足够的健康保险和医疗保险。家庭的主要收入来源者还应该购买意外伤害保险。多余资金可考虑购买投资连接型产品。具体来说，该阶层消费者主要考虑养老保险、终身寿险、健康保险、医疗保险、投资连接型和分红保险、意外伤害保险等。家庭的总保费支出可以占到家庭总收入的 10%～15%。

3. 高收入阶层

高收入阶层是指率先致富的部分经商者、演艺界体育界明星，这部分人数不多，但收入很高，有很强的经济实力和抵御风险的能力。虽然这部分人群自认为能够很好地应对将来。但实际上，他们面临着收入不够稳定、职业状况波动大、未来保障较差等较大的财务波动，很需要购买保险来转移风险。根据这部分人群的特点，在保险规划中应该考虑以下因素：

（1）考虑遗产税，进行资产提前规划，高收入阶层是遗产税关注的重点；

（2）重点选择意外伤害保险，以应对未来不确定的人身风险；

（3）满足特殊的精神需求，高额寿险保单往往是身价、地位的重要体现；

（4）健康保险是需要考虑的重点，对高收入者而言，疾病的高额花费和疾病期间收入的损失将更高。

综合而言，高收入者应该考虑定期保障型保险、意外伤害保险、健康保险、终身寿险等险种，保费支出可以是年收入的 20% 以上。

9.3.5　保险规划的步骤

个人理财师在进行保险策划时要遵循一定的步骤。

（1）确定保险标的，即作为保险对象的财产及相关利益，或者是人的寿命和身体。

（2）个人理财师要帮助客户选定具体的保险产品，并且在确定具体购买何种保险产品时，还必须根据客户的具体情况合理搭配不同险种。

（3）确定保险金额，即当保险标的的保险事故发生时，保险公司所赔付的最高金额。保险金额的确定一般应以财产的实际价值和人生的评估价值为依据。

（4）明确保险期限。保险期限是影响客户未来收入的重要原因，个人理财师应当根据客户的实际情况确定合理的保险期限。

9.3.6　保险规划的实施

（1）人身保险的家庭总需求和净需求的计算结果，可能受通货膨胀率、贴现率、收入增长率、年金系数等假设的影响，应该注意分析计算结果的合理性和可靠性，以及某些假设变化时可能造成的影响方式和影响程度，而不能过分迷信定量分析，个人理财师等专业人员的直觉和经验也很重要。

（2）采用不同的分析方法可能会得出不同的结果，因此，个人理财师、保险代理人等金融服务人员在提供客户服务时，应认真分析不同方法产生差异的原因，进而得出较为合理的结果。

（3）个人和家庭的保险需求不是一成不变，而是会随着家庭财产、收入水平、消费水平、家庭人口构成与年龄、法律政策变化等因素的变化而变化，应该每隔一段时间（如 3～5 年）或发生重大的家庭事件时，重新评估保险需求和保险规划的适当性。

（4）个人/家庭保险需求还可能包括残疾收入保险、长期护理保险等各个方面，要谨防某些风险保险过度，同时防止遗漏某些保险需求或保障不足。经过定性分析和定量分析得到的保险需求，必须与个人/家庭的收入能力相匹配，否则，必须适当调整财务目标或险种组合，直到匹配为止。

今后一段时期内，家庭保险规划和理财规划在人们的生产和生活中会显得愈益迫切和重要，这对推广以人为本理念、实现小康社会的基本目标具有显著的贡献。投保人在个人理财师、保险代理人、保险经纪人或其他财务顾问的帮助下，能够更全面细致地分析不同保险标的所面临的风险及需要投保的险种，综合考虑各类风险的发生概率、事故风险后可能造成的损失幅度，以及个人的风险承受能力、经济承受能力等因素，选择合适的保险产品，有效管理和化解个人/家庭风险。

投保人在确定购买保险产品时，应该注意险种的合理搭配与有效组合，如购买一个主险，然后在公司允许范围内附加重大疾病、意外伤害、残疾收入等条款，使得保障更加全面，而保费不至于太高。在确定整个保险方案时，必须进行综合规划，做到不重不漏，使保费支出发挥最大的效益。

本 章 小 结

1. 风险是促使保险产生和推动保险发展的根源和动力，也是保险的对象。一般来说，家庭面临着不同风险，主要包括人身风险、财产风险和责任风险这些纯粹风险。

2. 家庭风险管理目标是以较小成本获得尽可能大的安全保障，实现家庭效用的最大化。个人风险管理活动必须有利于增加家庭的价值和保障，必须在风险与收益之间进行权衡。家庭风险管理目标可以分为损前目标和损后目标。

3. 风险管理的损前目标主要包括：经济合理目标；安全状况目标；家庭责任目标；担忧减轻目标4个方面。风险管理的损后目标包括：减少风险、提供损失补偿、保证收入稳定和防止家庭破裂。

4. 非保险转移是为了减少风险单位的损失频率和幅度，将由此引致的法律责任借助合同或协议方式转移给保险公司，或提供保险保障的政府机构以外的个人或组织。非保险转移可采用买卖合同的形式，将财产等风险标的转移给其他人，或通过租赁合同将租赁期间的某些风险，如财产损毁的经济损失和对第三方人身伤害的财务责任转移给承租人。

5. 家庭风险管理技术，可分为风险控制和风险融资两大类。损失控制技术可分为预防和抑制两类，前者侧重于降低损失发生的可能性或损失率；后者侧重于减少损失发生后的严重程度。

6. 保险是风险管理的一种重要手段。作为一门科学，保险可以解释为一种经济补偿制度，或是保险人与被保险人间的一种法律关系。

7. 个人的收入水平是影响保险需求的重要因素，按照收入水平可以将消费者分为中低收入阶层、高薪阶层和高收入阶层3个细分市场。

思 考 题

1. 简述家庭面临的主要风险。

2. 简述风险管理的损前目标和损后目标。

3. 论述风险管理计划所包括的内容。

4. 投资者对损失收益和本金的风险的承受能力,受到哪些因素影响?

5. 如何进行风险控制?

6. 简述保险的职能。

7. 简述保险的基本原则。

8. 简述保险规划的步骤。

9. 如何进行不同阶段的保险规划?

10. 如何进行不同收入水平的保险规划?

11. 论述银行理财与保险理财的异同。

第 10 章
税 收 筹 划

学习目标

1. 了解与个人理财相关的中国税制体系
2. 了解个人所得税的纳税确认及计算
3. 理解税收筹划的原则及技术
4. 了解个人所得税的税收筹划技巧

10.1　个人所得税税收基础

税收是最主要的财政收入来源，是国家加强宏观调控的重要经济杠杆，对国民经济社会的加快发展具有十分重要的影响。经过 1994 年税制改革和近几年来的逐步完善，我国已初步建立了适应社会主义市场经济体制的税收制度。它对保证财政收入，加强宏观调控，深化改革，扩大开放，促进国民经济的持续、快速健康发展，都起到了重要作用。

目前，中国的税收制度共设有 24 个税种，按其性质和作用大致可以分为八类，如表 10-1 所示。

表 10-1　中国现行税制体系

税　种	内　容
流转税类	增值税、消费税、营业税
所得税	企业所得税、个人所得税
资源税类	资源税、城镇土地使用税
特定目的税类	城市维护建设税、耕地占用税、土地增值税
财产税类	房产税、城市房地产税、遗产税（尚未开征）
行为税类	车船使用税、车船使用牌照税、印花税、契税、证券交易税（尚未开征）
农业税类	农牧业税、农林特产税（已停止征收）
关　税	关税

个人理财规划主要涉及个人所得税的规划，故对其他税种不再赘述。个人所得税是指对个人（自然人）取得的各项应税所得征收的一种税。

1）纳税人

在中国境内有住所的个人，或者无住所而在中国境内居住满 1 年的个人，应当就其从中国境内、境外取得的全部所得纳税。在中国境内无住所又不居住，或者无住所而在中国境内居住不满 1 年的个人，应当就其从中国境内取得的所得纳税。

2）征税项目和应纳税额计算

我国现行个人所得税采用分项目所得税制，对工资薪金所得、个体工商户的生产经营所得、劳务报酬所得、稿酬所得、利息股息红利所得及财产租赁所得、财产转让所得、偶然所得等 11 个应税项目按所规定的费用扣除标准和适用税率计算。

3）主要免税项目

个人所得税的应税项目不同，且取得某项所得所需的费用也不相同，计算个人应纳税所得额，需按不同应税项目分项计算。以某项应税项目的收入额减去税法规定的该项费用减除标准后的余额，为该项应纳税所得额。

10.1.1 个人所得税费用减除标准

1. 工资薪金所得计税方法

2011 年 9 月 1 日，新修订的《个人所得税法》正式实施。根据新税法规定，对工资、薪金的个人所得税免征额从旧法的 2 000 元提高到 3 500 元；工资、薪金所得，适用超额累进税率，工薪所得税率结构由 9 级缩减为 7 级，并将其中第 1 级税率由 5% 降到 3%。财政部有关负责人说，经过此次税法修改，纳税人数将从 8 400 万人减少至约 2 400 万人，全国将有 6 000 万左右的工薪阶层暂时告别个人所得税。

新税法体现了"高收入者多纳税，中收入者少纳税，低收入者不纳税"的原则，减轻了中低收入人群的负担。税法调整有利于月收入 3 500 元到 30 000 元之间的中产阶级，低收入人士本来就不需要缴纳个人所得税，税收调整对月收入 2 000 元的低收入人士没有任何影响。而对月收入高达 40 000 元及以上的高收入人士，则需要多缴纳税，这一指导思想是正确的。

以纳税人每月取得工资、薪金收入额减除 3 500 元起征点后的余额为应纳税所得额，按照七级超额累进税率计算应纳税额，税率表如表 10-2 所示。

表 10-2 工资薪金、年终奖所得适用调整后的个人所得税税率表

级数	全月含税收入级距	全月不含税收入级距	税率/%	速算扣除数/元
1	不超过 1 500 元	不超过 1 455 元的部分	3	0
2	超过 1 500 元至 4 500 元	超过 1 455 元至 4 155 元的部分	10	105
3	超过 4 500 元至 9 000 元	超过 4 155 元至 7 755 元的部分	20	555
4	超过 9 000 元至 35 000 元	超过 7 755 元至 27 255 元的部分	25	1 005
5	超过 35 000 元至 55 000 元	超过 27 255 元至 41 255 元的部分	30	2 755
6	超过 55 000 元至 80 000 元	超过 41 255 元至 57 505 元的部分	35	5 505
7	超过 80 000 元	超过 57 505 元的部分	45	13 505

1. 本表含税级距指以每月收入额减除费用 3 500 元后的余额或减除附加减除费用后的余额。

2. 含税级距适用于由纳税人负担税款的工资、薪金所得；不含税级距适用于由他人（单位）代付税款的工资、薪金所得。

3. 个人所得税 =（工资薪金收入-费用扣除标准）×税率-速算扣除数

某人月收入 3 600 元，8 月份以前发放工资按照修改前的税法纳税，个人所得税额＝（3 600－2 000）×10％－25＝135 元；9 月份以后发放工资按照修改后的税法纳税，个人所得税额＝（3600－3500）×3％＝3 元，节约税额 132 元。个人所得税调整前后的状况如表 10 - 3 所示。

表 10 - 3　个人所得税调整前后对比

月收入/元	原来需要纳税/元	目前需要纳税/元	增加或减少/元
3 500	125	0	－125
10 000	1 225	745	－480
20 000	3 225	3 120	－105
38 600	7 775	7 775	0
50 000	11 025	11 195	＋170
100 000	28 825	29 920	＋1 095

对纳税人而言，新个人所得税法实施能起到有效降低税负的目的，受益群体除了较低收入群体外，还包括部分中等收入群体。排除"三险一金"后，如刘女士每月的工资是 3 300 元，新个人所得税法实施后，工薪部分每月将不用缴纳个人所得税，每月少缴个人所得税 105 元，全年少缴 1 260 元。再如王某的月工资为 6 000 元，每月需缴个人所得税 475 元，新个人所得税法实施后，每月需缴税 145 元，少缴 330 元，全年少缴 3 960 元。根据相关专家的测算，每月工资收入在 5 000 元以下的，个人所得税的实际负担率在 1％以下，6 000 元为 2.42％，7 000 元为 3.5％，7 500 元为 3.93％。

2. 个体工商户的生产经营所得计税办法

个体工商户的生产经营所得，以纳税人每一纳税年度的生产、经营收入总额，减除与其收入相关的成本费用及损失后的余额，为应纳税所得额。按照五级超额累进税率计算应纳税额，相关税率表如表 10 - 4 所示。

表 10 - 4　2011 最新个人所得税税率

级数	含税级距	不含税级距	税率/%	速算扣除数
1	不超过 15 000 元的	不超过 14 250 元的	5	0
2	超过 15 000 元至 30 000 元的部分	超过 14 250 元至 27 750 元的部分	10	750
3	超过 30 000 元至 60 000 元的部分	超过 27 750 元至 51 750 元的部分	20	3 750
4	超过 60 000 元至 100 000 元的部分	超过 51 750 元至 79 750 元的部分	30	9 750
5	超过 100 000 元的部分	超过 79 750 元的部分	35	14750

注：（1）本表为个体工商户的生产、经营所得和对企事业单位的承包经营、承租经营所得适用，表中所列含税级距与不含税级距，均为按照税法规定减除有关费用（成本、损失）后的所得额。

（2）含税级距适用于个体工商户的生产、经营所得和纳税人负担税款的承包经营、承租经营所得；不含税级距适用于由他人（单位）代付税款的承包经营、承租经营所得。

成本费用是指纳税义务人从事生产经营所发生的各项直接支出和分配计入成本的间接费用，包括销售费用、管理费用、财务费用；损失是指纳税义务人在生产、经营过程中发生的各项营业外支出。上述生产经营所得，包括企业分配给投资者个人的所得和企业当年留存的所得（利润）。

个人独资企业的投资者以全部生产经营所得为应纳税所得额；合伙企业的投资者按照合伙企业的全部生产经营所得和合伙协议约定的分配比例，确定应纳税所得额。合伙协议没有约定分配比例的，以全部生产经营所得和合伙人数量平均计算每个投资者的应纳税所得额。

3. 对企事业单位的承包承租经营所得

以纳税人每一纳税年度的收入总额减除必要费用后的余额，为应纳税所得额，依法计算应纳税额。每一纳税年度的收入总额，是指纳税义务人按照承包承租经营合同规定分得的经营利润和工资薪金性的所得；所说的减除必要费用，是指按月减除 3 500 元。

4. 劳务报酬所得、稿酬所得、特许权使用费所得、财产租赁所得计税方法

每次收入不超过 4 000 元的，减除费用 800 元；超过 4 000 元的减除 20%的费用，以其余额为应纳税所得额，税率为 20%。

表 10-5　2011 年最新个人所得税税率（劳务报酬所得适用）

级数	含税级距	不含税级距	税率/%	速算扣除数
1	不超过 20 000 元的	不超过 16 000 元的	20	0
2	超过 20 000 元至 50 000 元的部分	超过 16 000 元至 37 000 元的部分	30	2 000
3	超过 50 000 元的部分	超过 37 000 元的部分	40	7 000

注：（1）表中的含税级距、不含税级距，均为按照税法规定减除有关费用后的所得额。

（2）含税级距适用于由纳税人负担税款的劳务报酬所得；不含税级距适用于由他人（单位）代付税款的劳务报酬所得。

5. 财产转让所得计税方法

财产转让所得，以纳税人转让财产的收入额减除财产原值和合理费用后的余额，为应纳税所得额，税率 20%。财产原值是指：①有价证券为买入价以及买入时按照规定交纳的有关费用；②建筑物为建造费或购进价格及其它有关费用；③土地使用权为取得土地使用权所支付的金额，开发土地的费用及其它有关费用；④机器设备、车船为购进价格、运输费、安装费以及其它有关费用；⑤其它财产参照以上方法确定。

纳税义务人未提供完整、准确的财产原值凭证，不能正确计算财产原值的，由主管税务机关核定其财产原值。合理费用是指卖出财产时按规定支付的有关费用。

6. 利息股息红利所得和偶然所得计税方法

利息股息红利所得、偶然所得和其他所得，以纳税人每次取得的收入额为应纳税所得额，税率为 20%。个人取得的应纳税所得，包括现金、实物和有价证券。所得为实物的，应当按照取得的凭证上所注明的价格计算应纳税所得额；无凭证的实物或凭证上所注明的价格明显偏低的，由主管税务机关参照当地的市场价格核定应纳税所得额。所得为有价证券的，由主管税务机关根据票面价格和市场价格核定应纳税所得额。

10.1.2　个人所得税税收优惠

《个人所得税法》及实施条例及财政部、国家税务总局的若干规定等，对个人所得项目给予了减税免税的优惠。了解这些政策对纳税人正确合法纳税，合法避税等，是非常必要的。

1. 下列各项个人所得，免纳个人所得税

（1）省级人民政府、国务院部委和中国人民解放军军以上单位，以及外国组织、国际组织颁发的科学、教育、技术、文化、卫生、体育、环境保护等方面奖金，免征个人所得税。

（2）国债和国家发行的金融债券的利息收益。根据《个人所得税法》规定，个人投资国债和特种金融债所得利息免征个人所得税。

（3）按照国家统一规定发给的补贴、津贴。

（4）福利费、抚恤金、救济金。这里所说的福利费，是指由于某些特定事件或原因而给职工或其家庭的正常生活造成一定困难，企事业单位、国家机关、社会团体从其根据国家有关规定提留的福利费或者工会经费中，支付给职工的临时性生活困难补助，免征个人所得税。

下列收入不属于免税的福利费范围，应当并入工资、薪金收入计征个人所得税：①从超出国家规定的比例或基数计提的福利费、工会经费中支付给个人的各种补贴、补助；②从福利费和工会经费中支付给单位职工的人人有份的补贴、津贴；③单位为个人购买汽车、住房、电子计算机等不属于临时性生活困难补助性质的支出。

（5）达到离退休年龄，但确因工作需要，适当延长离休退休年龄的高级专家（指享受国家发放的政府特殊津贴的专家、学者），其在延长离休退休期间的工资薪金所得，视同退休工资、离休工资免征个人所得税。

（6）企业和个人按照国家或地方政府规定的比例提取并向指定金融机构实际缴纳的住房公积金、医疗保险费、基本养老保险金，不计入个人当期的工资、薪金收入，免征个人所得税。超过国家或地方政府规定的比例缴付的住房公积金、医疗保险费、基本养老保险金，其超过规定的部分应当并入个人当期工资、薪金收入，计征个人所得税。个人领取原提存的住房公积金、医疗保险费、基本养老保险金时免征个人所得税。

（7）对个人取得的教育储蓄存款利息所得以及国务院财政部门确定的其他专项储蓄存款或者储蓄性专项基金存款的利息所得，免征个人所得税。储蓄机构内从事代扣代缴工作的办税人员取得的扣缴利息税手续费所得，免征个人所得税。保险公司支付的保险赔款，免征个人所得税。

（8）个人将其所得通过中国境内的社会团体、国家机关向教育和其他社会公益事业以及遭受严重自然灾害地区、贫困地区捐赠，捐赠额未超过纳税义务人申报的应纳税所得额30%的部分，可以从其应纳税所得额中扣除。

（9）按照国家统一规定发给干部、职工的安家费、退职费、退休费、离休工资、离休生活补助费，免征个人所得税。军人的转业费、复员费，免征个人所得税。

（10）根据国家赔偿法的规定，国家机关及其工作人员违法行使职权，侵犯公民的合法权益，造成损害的，受害人依法取得的赔偿金不予征税。

（11）个人通过非营利性社会团体和国家机关向农村义务教育的捐赠，准予在缴纳个人所得税前的所得额中全额扣除

（12）投资基金。基金获得的股息、红利及企业债券利息收入，由上市公司向基金派发时已经代扣代缴20%的个人所得税，基金向个人投资者分配时不再代扣税。目前，居民投资的开放式基金主要有股票型基金、债券型基金和货币型基金等。

（13）人民币理财：目前银行发行的人民币理财产品数量不多，收益率略低于货币市场基金。国家还没有出台代扣个人所得税的政策，这类理财产品也可以避税。

（14）信托产品：信托产品年收益率一般能达到 4% 以上，风险远高于储蓄、国债，但低于股票及股票型基金。国家对信托收益的个人所得税缴纳这一块也暂无规定。

（15）我国政府参加的国际公约、签订的协议中规定免税的所得，免征个人所得税。

（16）个人购买体育彩票，凡一次中奖收入不超过 1 万元的暂免征收个人所得税，超过 1 万元的应按规定征收个人所得税。

（17）保险理财：参加保险获得的各类赔偿免税。同时，为了配合建立社会保障制度，促进教育事业的发展，国家对封闭式运作的个人储蓄型教育保险金、个人储蓄型养老保险金、个人储蓄型失业保险金、个人储蓄型医疗保险金等利息所得免征所得税。

（18）个人转让自用达 5 年以上、并且是唯一的家庭生活用房取得的所得免征所得税。

（19）按照规定，个人转让上市公司股票取得的所得暂免征收个人所得税。

（20）个人举报、协查各种违法、犯罪行为而得到的奖金，按照规定暂免征收个人所得税。

2. 下列情形可减征个人所得税

下列项目经批准可以减征个人所得税，减征的幅度和期限由各省、自治区、直辖市人民政府决定。

（1）残疾、孤老人员和烈属的所得。

（2）因严重自然灾害造成重大损失的。

（3）其他经国务院财政部门批准减税的。

（4）稿酬所得可以按照应纳税额减征 30%。

对个人从基层供销社、农村信用社取得的利息或者股息、红利收入是否征收个人所得税由省、自治区、直辖市税务局报请政府确定，报财政部、国家税务总局备案。

10.2　税收筹划

10.2.1　税收筹划的概念

1. 税收筹划的定义

税收筹划就是日常所说的合理避税或节税。是指纳税义务人依据税法规定的优惠政策，采取合法的手段，最大限度地享用优惠条款，以达到减轻税收负担的合法行为。对个人来说是指根据政府的税收政策导向，通过经营结构和交易活动的安排，对纳税方案进行优化选择，对纳税地点做低位选择，从而减轻纳税负担，取得正当的税收收益。

从定义表述中，我们可以看出：①税收筹划的主体是具有纳税义务的单位和个人，即纳税人；②税收筹划的过程或措施必须科学，在税法规定的范围内并符合立法精神的前提下，通过对经营、投资、理财活动的精心安排才能达到；③税收筹划的结果是获得节税收益。只有同时满足这 3 个条件，才能说是税收筹划。偷税尽管也能节省税款，但因手段违法，不属于税收筹划的范畴，被绝对禁止；不正当避税违背了国家的立法精神，也不属于税收筹划的范畴。

2. 避税与税收筹划

避税是指纳税义务人以合法或半合法的手段减轻或避免纳税义务的行为。通常人们将税收筹划与避税混为一谈，实质上两者并不完全一致。税收筹划是国家鼓励提倡的合法行为，避税的实质则在于钻税法的空子，俗称打税法的"擦边球"，对此给予必要的界定是应当的。

3. 节税与税收筹划

节税一般是指在多种营利的经济活动方式中，选择税负最轻或税收优惠最多的而为之，以达到减税的目的。在税法中，有些规定的税额计算办法有多种，可以由纳税人自行选择，何者要以较低税率纳税，何者可以得到定期减免税优惠，投资者可以选择最为有利者。此外，企业在实际经营中，还可以通过控制所得实现时间等方法来减轻当期税负或延后纳税，延后缴纳税款就如同得到一笔无息贷款。

立法意图是确定节税与避税的区分标准。节税是用法律并不企图包括的方法来使纳税义务降低；避税则是对法律企图包括但由于这种或那种理由而未能包括进去的范围加以利用。

4. 税收筹划的分类

1）按税收筹划是否涉及不同的税境分类

（1）国内税收筹划，是纳税人利用国内税法提供的条件、存在的可能进行的税收筹划。

（2）国际税收筹划，纳税人的税收筹划活动一旦具备了某种涉外因素，从而与两个或两个以上国家的税收管辖权产生联系，就构成了国际税收筹划。它是在不同税境（国境）下的税收筹划，比国内税收筹划更普遍、更严重、更复杂，

2）按针对税收法规制度的税收筹划

（1）利用选择性条款税收筹划，是针对税法中某一项目、某一条款并列规定的内容，纳税人从中选择有利于自己的内容和方法，如纳税期、折旧方法、存货计价方法等。

（2）利用伸缩性条款税收筹划，是针对税法中有的条款在执行中有弹性，纳税人按有利于自己的理解去执行。

（3）利用不明确条款税收筹划，是针对税法中过于抽象、过于简化的条款，纳税人根据自己的理解，从有利于自身利益的角度去进行筹划。

（4）利用矛盾性条款税收筹划，是针对税法相互矛盾、相互冲突的内容，纳税人进行有利于自己的决策。

10.2.2　税收筹划原则

税收筹划是纳税人在充分了解掌握税收政策法规基础上，当存在多种纳税方案可供选择时，指导纳税人以税收负担最低的方式来处理财务、经营、组织及交易事项的复杂筹划活动。要做好税收筹划活动，必须遵循以下基本原则。

1. 合法性

税收筹划在合法条件下进行，是以国家制定税法为对象，对不同的纳税方案进行精细比较后作出的优化选择。一切违反法律规定，逃避税收负担的行为，都属于偷逃税范畴，要坚决反对和制止。税收筹划必须坚持合法性原则。

坚持合法性原则必须注意以下3个方面：①全面、准确地理解税收条款和税收政策的立

法背景，不能断章取义；②准确分析判断采取的措施是否合法，是否符合税法规定；③注意把握税收筹划的时机，要在经营、投资、理财活动的纳税义务发生之前，通过周密精细的筹划来达到节税目的，不能在纳税义务已经发生时，再人为地通过所谓的补救措施来推迟或逃避纳税义务。

2. 节税效益最大化

税收筹划本质是对税款的合法节省。税收筹划中当有多种纳税方案可资比较时，通常选择节税效益最大的方案作为首选方案。坚持节税收益最大化，并非单就某一税种而言，也非单是税收问题，还应综合考虑其他很多指标。不仅要"顾头"还要"顾尾"，从而理解和把握好这一原则。

3. 筹划性

筹划性是由税收的社会政策所允许和引发的。国家贯彻社会政策，以促进国家经济发展和实施其社会目的，从而运用税收固有的调节功能，作为推进国家经济政策和社会政策的手段，税收的政策性和灵活性是非常强的。纳税人通过一种事先计划、设计和安排，在进行筹资、投资等活动前，把这些行为所承担的相应税负作为影响最终财务成果的重要因素考虑，通过趋利避害来选取最有利的方式。

4. 综合性

综合性原则是指纳税人在进行税务筹划时，必须综合规划以使纳税人整体税负水平降低。纳税人进行税务筹划不能只以税负轻重作为选择纳税的唯一标准，应该着眼于实现纳税人的综合利益目标。税务筹划时还要考虑与之有关的其他税种的税负效应，进行整体筹划，综合衡量，力求整体税负和长期税负最轻。

10.2.3 税收筹划技术

税收筹划的关键是运用各种节税技术，合法地使纳税人缴纳尽量少的税收的技术手段与运作技巧。在税收筹划理论研究与实践运作的基础上，可以把节税技术归纳为：免税技术、减税技术、税率差异技术、分劈技术、扣除技术、抵免技术、延期纳税技术和退税技术。八种节税技术可单独运用，也可以联合运用。如同时采用两种或两种以上节税技术时，必须注意各种节税技术间的相互影响。

1. 扣除技术

扣除技术是指在合法和合理的情况下，使扣除额增加而直接节税，或调整各个计税期的扣除额而相对节税的税收筹划技术。在同等收入的情况下，各项扣除额、宽免额、冲抵额等越大，计税基数就会越小，应纳税额越小，所节减的税款就越多。

扣除技术可用于绝对节税，通过扣除使计税基数绝对额减少，从而使绝对纳税额减少；也可用于相对节税，通过合法和合理地分配各个计税期的费用扣除和亏损冲抵，增加纳税人的现金流量，起到延期纳税的作用，从而相对节税，与延期纳税技术原理有类似之处。扣除是适用于所有纳税人的规定，几乎每个纳税人都能采用此法节税，是一种能普遍运用、适用范围较大的税收筹划技术。扣除在规定时期是相对稳定，采用扣除技术进行税收筹划具有相对确定性。

2. 免税技术

免税技术是指在合法和合理的情况下，使纳税人成为免税人，或使纳税人从事免税活动，或使征税对象成为免税对象而免纳税赋的税收筹划技术，包括自然人免税、机构公司免税等。

免税实质上相当于财政补贴，各国一般有两类不同目的的免税：①税收照顾性的免税，对纳税人是一种财务利益补偿；②税收奖励性的免税，对纳税人是财务利益的取得。照顾性免税往往是在非常情况或非常条件下才能取得，一般只是弥补损失，税收筹划不能利用其来达到节税目的，只有取得国家奖励性免税才能达到节税目的。

3. 税收筹划退税技术

退税技术是指在合法和合理的情况下，使税务机关退还纳税人已纳税款而直接节税的税收筹划技术。在已缴纳税款的情况下，退税无疑是对已纳税款的偿还，所退税额越大，相当于节税额越大。①退税技术直接减少纳税人的税收绝对额，属于绝对节税型税收筹划技术；②退税技术节减的税收，一般通过简单的退税公式就能计算出来，有些国家还给出简化的算式，更简化节减税收的计算；③退税一般只适用于某些特定行为的纳税人，适用范围较小；④国家之所以用退税鼓励某种特定投资行为，往往是因为这种行为有一定的风险，这使退税技术的采用同样具有一定的风险性。

4. 延期纳税技术

延期纳税技术，是指在合法、合理的情况下，使纳税人延期纳税而相对节税的税收筹划技术。纳税人延期缴纳本期税收并不能减少纳税人纳税总额，但等于得到一笔无息贷款，可以增加纳税人本期的现金流量，使纳税人在本期有更多的资金投入流动资本，用于资本投资；如存在通货膨胀和货币贬值现象，延期纳税还有利于企业获得财务收益。

延期纳税技术是运用相对节税原理，一定时期的纳税绝对额并没有减少，是利用货币时间价值来节减税收，属于相对节税型税收筹划技术。延期纳税技术可利用相关税法规定、会计政策与方法选择及其他规定进行节税，几乎适用于所有纳税人，适用范围较大。延期纳税主要是利用财务原理，而非相对来说风险较大、容易变化的政策，具有相对确定性。

10.3　个人所得税筹划策略

随着经济发展和个人收入水平的不断提高，个人储蓄存款的增加及纳税意识的增强，投资理财在经济生活中占有越来越重要的地位，也越来越成为热门话题。在金融理财理念的驱动下，个人手中的余钱在获得投资收益的同时，如何通过合法途径合理筹划个人所得税呢？

10.3.1　个人所得税筹划的若干规定

1. 纳税人身份的认定

（1）居民纳税人与非居民纳税人的认定。

（2）享受附加减除费用的纳税人身份的认定。

两项身份认定见于本章和前章内容。这里从略。

2. 所得来源的确定

对纳税人所得来源的判断应反映经济活动的实质，要遵循方便税务机关实行有效征管的原则。所得来源地的具体判断方法如下。

（1）工资薪金所得，以纳税人任职、受雇的公司、企事业单位、机关团体等单位的所在地，作为所得来源地。

（2）生产经营所得，以生产、经营活动实现地作为所得来源地。

（3）劳务报酬所得，以纳税人实际提供劳务的地点作为所得来源地。

（4）不动产转让所得，以不动产坐落地为所得来源地；动产转让所得以实现转让的地点为所得来源地。

（5）财产租赁所得，以被租赁财产的使用地作为所得来源地。

（6）利息股息红利所得，以支付利息股息红利的企业、机构、组织的所在地作为所得来源地。

（7）特许权使用费所得，以特许权的使用地作为所得来源地。

（8）境内竞赛的奖金、境内有奖活动中奖、境内彩票中彩；境内以图书、报刊等方式发表作品的稿酬，以其收入实现地为所的来源地。

10.3.2　税收策划的基本策略

税收筹划是通过各种方法，将客户的税负合法地减到最低。这些方法即构成税收筹划的基本策略。影响应纳税额通常有计税依据和税率两个因素，计税依据越小，税率越低，应纳税额就越小。税收筹划无非是从这两个因素入手，找到合理、合法的办法来降低应纳税额。税收计划的基本出发点是，在充分考虑客户风险偏好的前提下，优化客户的财务状况。下面对税收计划中可能用到的几种税收策划策略做个简单介绍。

1. 收入分解转移

所得税在大部分国家都采用超额累进税制，这意味着如能将收入和其他所得以较低的边际税率征税，就可减少税负支出，获得显著的税收利益。收入分解转移的核心，是将收入从高税率的纳税人转移到低税率的纳税人，从而使收入在较低的边际税率上征税。

我国的个人所得税对工资薪金所得适用的是 9 级超额累进税率；个体工商户的生产经营所得和对企事业单位的承包经营、承租经营所得适用的是五级超额累进税率；劳务报酬所得征收比例税率，但一次收入畸高的实行加成征收原则，实际适用的也是超额累进税率。超额累进税率的重要特点，是随着应税收入增加，适用税率也相应提高。对纳税人而言，收入集中意味着税负增加，收入分散便意味着税负减轻。

根据《个人所得税法实施条例》第 37 条，纳税义务人兼有个人所得税法规定征税范围中两项或以上所得的，应分项分别计算纳税；在中国境内两处或两处以上取得工资薪金所得，个体工商户的生产经营所得，对企事业单位的承包承租经营所得，同项所得合并计算纳税，纳税人应根据自己的实际情况，尽量将可以分开的各项所得分开计算，以使各部分收入适用较低税率，从而达到总体税负最轻的目的。除此以外，税法中还规定了一些具体做法，充分利用这些政策，会有利于纳税人的节税筹划。

2. 分次申报纳税的税收筹划

如某甲在一段时期内为某单位提供相同的劳务服务，该单位或一季，或半年，或一年一次付给某甲劳务报酬。这笔劳务报酬虽是一次取得，但不能按一次申报缴纳个人所得税。假设该单位年底一次付给某甲一年的咨询服务费 6 万元，按一次申报纳税的话，其应纳税所得额如下：

$$应纳税所得额＝60\ 000－60\ 000×20\%＝48\ 000（元）$$

属于劳务报酬一次收入特别高，应按应纳税额加成征收，其应纳税额如下：

$$应纳税额＝48\ 000×30\%－2\ 000＝12\ 400（元）$$

该个人如以每个月的平均收入 5 000 元分别申报纳税，每月应纳税额和全年应纳税额为：

$$每月应纳税额＝（5\ 000－5\ 000×20\%）×20\%＝800（元）$$

$$全年应纳税额＝800×12＝9\ 600（元）$$

$$12\ 400－9\ 600＝2\ 800（元）$$

按月纳税可规避税收 2 800 元。

3. 收入转移的税收筹划

与投资相关的收入可在家庭成员之间进行转移来获得税收利益，其中与投资相关的收入包括利息、股利、租金收入和其他业务收入。在通常情况下，为了转移与资产相关的收入，需要先将该资产的所有权转移出去。一般来说，可通过赠与和销售两种常用方法做这种转移。

1）合伙

家庭合伙是用于减税目的的一种有效税务计划工具，大致做法是家庭成员共同进行贸易或投资合伙经营，然后将主要收入获得者的所得在家庭成员之间进行分解，这就使得收入在较低的边际税率上征税，从而达到减少税负支出的目的。

有些国家的税务机关认同家庭合伙来减少税负支出的行为。在另一些国家，税务机关已经意识到合伙经营可以被用做收入分解的工具。为抑制这种行为，当合伙人并没有对合伙实体进行实际和有效的控制或处置，税务机关将提高对合伙收入的税率。在这些情况下，所适用的税率通常是最高的边际税率。在把家庭合伙收入用于减税目的时，要充分考虑这些限制性条款。

2）家庭信托

收入的分解转移还可以通过家庭信托进行。具体来说，可采用全权信托和单位信托等形式。单位信托是将信托财产的收益权分成一定数量的信托单位，且信托财产完全由信托单位持有者所有。单位信托形式中，信托管理人没有任何自由处置信托资本和决定收入分配的权力。在全权信托形式中，信托管理人可每年决定一次哪些信托受益人应获得收入分配权。全权家庭信托可以使家庭成员间的收入和资产分配具有更多的灵活性。正是由于家庭信托可以进行收入的分解转移，从而减少税负支出。

3）赠与

赠与是最常用的收入分解转移法，尤其是在一些不征收赠与税的国家（如澳大利亚），赠与在税务计划中被广泛应用。赠与并不仅仅是将资产赠送给他人这么简单。成功地运用赠与进行收入分解转移，需要满足一定的条件。受赠者必须在与所赠资产相关的收入实现之前取得资产的所有权或者取得与资产相关的收益权。要使赠与有效地用于减税目的，赠与还必须是不可撤回的。如赠与双方达成一致，在未来的某个时间，受赠者要将赠与物归还给赠与者，那么从赠与物上所获得的收入仍然要计入赠与者的收入中进行纳税。此外，潜在的资本利得税也是在赠与运用中必须充分考虑的因素。

4）销售

销售同赠与同样是常用的收入分解转移手段，通过销售盈利性的资产，可以将收入从高边际税率的个人转移到低边际税率的家庭成员（或家庭信托）手中，从而达到减少税负支出的目的。这种销售既可以用现金支付，也可以采用负债的形式。后者的债务应当是免息的，即使有利息支出也必须低于从资产上获得的收入。很多国家销售资产，都要征收资本利得税和印花税。

4. 收入延期税收筹划

纳税人可以通过将本纳税年度的收入延迟到下一纳税年度，或者将以后期间的扣减额提前到本纳税年度，来减少目前的税负。假设某国的纳税年度截至每年的 6 月 30 日，纳税人就可以将各种税收扣除额（如捐赠等形成的扣除额）提前到 6 月 30 日之前，或者将奖金、利息等收入延迟到 6 月 30 日之后，从而获得减税收益。

收入延期的减税收益从两方面获得：①在未来税率保持稳定的情况下，将收入延期可以获得所延期收入应纳税额的时间价值；②如预计未来税率会下降，通过收入延期不仅可获得延期收入应纳税额的时间价值，还可以减少应纳税额。

5. 投资于资本利得的税收筹划

一般来说，投资收益需要在实际获得的纳税年度纳税。个人从投资中既获得利息、股利等收入，又得到投资本身的增长，即资本利得。从税收角度来看，从投资中获得利息、股利收入，一旦获得就必须交税，而资本利得则是在最终卖出资产，实现利得时才需要交税。由此可见，投资于资本利得可以有效地延缓税收负担。在某些国家和地区，法律规定资本利得不需要交税，在这种情况下，投资于资本利得对客户更有利。

6. 资产销售时机的税收筹划

在减少税负支出的各种策略中，资产销售时机是一种简单但十分有效的策略。所谓资产销售时机就是合理把握和控制资产销售的时机，使客户从销售资产中获得的收入与客户的整体收入状况协调一致，以实现税负支出的最小化。

7. 充分利用税负抵减的税收筹划

为鼓励纳税人参与公益活动或其他特殊行为，大多数国家一般都规定了具体的税负抵减项目，允许纳税人在税前抵减这些支出。对个人理财师来说，税负抵减可帮助客户减少应纳税所得额，税务策划中应充分利用这些项目。

税务策划中可能遇到的税负抵减项目包括：①慈善捐赠，指捐赠给慈善机构、教育和医疗机构及政府机关的现金及财产等；②政治捐款，指捐赠给各种政治团体的资金；③老人抵减额，指适用于 65 岁或以上年龄老人的特别抵减额；④残疾人抵减额，指适用于身体或精神上有严重缺陷的个人的特别抵减额；⑤教育培训费，指用户再教育和职业技能培训的费用；⑥儿童保育费，指为了让大人能安心工作而发生的临时照顾、托儿所和其他的育儿费用；⑦离婚赡养费，指根据书面协议或法院判决，由夫妻一方在离婚后支付给另一方的生活费；⑧法律费用，指为了从雇主手中取得未支付工资、解雇费或为了保证合同的执行而发生的各种法律费用。

以上所列只是税负抵减项目中的一部分，且各国/地区的具体规定也有很大区别。因此，个人理财师在帮助客户进行税务策划时，必须认真研究所在国或地区的税负抵减的具体规定，充分利用法律条款，为客户争取最大的税收利益。

10.4 个人所得税筹划技巧

10.4.1 工资、薪金与劳务报酬的纳税筹划

1. 收入纳税筹划

工资薪金所得应尽量平均实现，以避免高收入下要适用高税率。如某公民每期收入差异很大，1月份工资薪金所得为 2 800 元，2月工资薪金所得为 20 800 元，则 1月纳税为 0元，2月纳税为 $(20\ 800-3\ 500)\times25\%-1\ 005=3\ 320$(元)，合计 3 320 元。若平均两个月的工资、薪金，则为 11 800 元，纳税 $[(11\ 800-3\ 500)\times20\%-555]\times2=2\ 210$(元)，节税 111 元。

劳务报酬所得宜分次计算，避免收入畸高被加成征收。若某项劳务用时数月，可设法把按次纳税转化为按月纳税。如某项劳务服务需用时 3 个月，报酬为 75 000 元，若一次性取得收入，应纳税 $75\ 000\times(1-20\%)\times40\%-7\ 000=17\ 000$(元)，若分 3 个月领取收入，每次领取 25 000 元，则应纳税 $[25\ 000\times(1-20\%)\times20\%]\times3=12\ 000$(元)，节税 5 000 元。

当每月收入为 20 890 元时，按工资薪金所得计算纳税 $(20\ 890-3\ 500)\times25\%-1\ 005=3\ 342.50$(元)，按劳务报酬所得计算纳税 $20\ 890\times(1-20\%)\times20\%=3\ 342.50$(元)，两种情况纳税结果一样。所以，当所得少于这一数额时，应设法使之转化为工资薪金；多于这一数额时，则应设法使之成为劳务报酬。

2. 工资薪金与劳务报酬的纳税筹划

某些人同时干两份甚至三份工作，从多处取得收入就需要多处纳税。税收筹划的方法是：如两处收入都较少，可考虑都使其为工资薪金所得。但当收入较高时则要具体分析。如某人从两处取得收入，分别为 10 000 元和 20 000 元。若两处收入都为工资薪金，则纳税3 865元；若两处收入都为劳务报酬，则纳税 4 800 元；

若 10 000 元为工资薪金，20 000 元为劳务报酬，则工资薪金部分纳税 745 元，劳务报酬部分纳税 3 200 元，合计 3 945 元；

若 20 000 元为工资薪金，10 000 元为劳务报酬，则工资薪金部分纳税 3 120 元，劳务报酬部分纳税 1 600 元，合计 4 720 元。

如何达到最佳筹划节税效果应仔细计算。收入性质究竟是工资薪金所得还是劳务报酬所得，并非纳税人自己说了算。《个人所得税法实施条例》对工资薪金所得与劳务报酬所得的范围作了严格规定，《征收个人所得税若干问题的规定》进一步明确了其中的区别："工资薪金所得是属于非独立个人劳务活动，即在机关团体、学校、部队、企事业单位及其他组织中任职、受雇而得到的报酬；劳务报酬所得则是个人独立从事各种技艺、提供各项劳务取得的

报酬。两者的主要区别是前者存在雇佣与被雇佣关系，后者则不存在这种关系。"因此，税收筹划的关键问题是：应根据具体情况决定是否签订劳动用工合同，构成雇佣与被雇佣关系。

工资薪金所得的筹划具有一定的局限性，即纳税人必须确实处于税收法规界定的特殊情形之中，没有出现税法规定的这些特殊情形，这种筹划就失去了存在的基础。税务筹划需要按照税法规定的步骤进行。没有纳税人的申请，税务机关不会特意上门帮助解决，自己提出申请很有必要，不提出申请或未经税务机关的核准自行延期纳税，可能的后果就是遭受税务机关的严厉处罚。纳税人还要明晰个人所得税的各种计算方法，并依此计算出应税所得。权衡税负的大小，创造一定的相互转化条件，才能确保筹划成功。

3. 工资化福利的筹划

增加薪金能增加个人收入满足其消费的需求，但由于工资、薪金个人所得税的税率是超额累进税率，当累进到一定程度，新增薪金带给个人的可支配现金将会逐步减少。把个人现金性工资转为提供必需的福利待遇，照样可以达到消费需求，却可少缴个人所得税。

（1）由企业提供员工住宿，是减少交纳个人所得税的有效办法。即员工的住房由企业免费提供，并少发员工相应数额的工资。

王经理每月工资收入 6 000 元，每月支付房租 1 000 元，除去房租，王经理可用收入为 5 000 元。王经理应纳的个人所得税是：应纳个人所得税额＝（6 000－3 500）×10％－105＝145（元）。

如公司为王经理免费提供住房，每月工资下调为 5 000 元，则王经理应纳个人所得税为：应纳个人所得税额＝（5 000－3 500）×10％－105＝45（元）。

如此筹划后，王经理可节税 100 元；公司支出没有增加，还可以增加税前列支费用 1 000 元。

（2）企业提供旅游津贴。企业员工利用假期到外地旅游，将旅游发生的费用单据，以公务出差的名义带回企业报销，企业则根据员工报销额度降低工资开销。企业并没有增加支出，个人则增加了旅游心情放松的收益。

（3）员工正常生活必需的福利设施，尽可能由企业给予提供，并通过合理计算，适当降低员工的工资。企业既不增加费用支出，又能将费用在税前全额扣除，且为员工提供充分的福利设施，对外还能提高自身的形象。员工既享受了企业提供的完善福利设施，又少交了个人所得税，可实现真正意义的企业和员工双赢的局面。

企业一般情况下可为员工提供下列福利：提供免费膳食；提供车辆供职工使用；为员工提供必需的家具及住宅设备。

（4）把一次取得收入变为多次取得收入的筹划。

把一次取得收入变为多次取得收入并享受多次扣除，从而达到少缴税的目的。如某专家为一上市公司提供咨询服务，按合同约定该上市公司每年付给专家咨询费 6 万元。

① 如按一次收入申报纳税，应纳税所得额如下：

　　　　一次性申报应纳税所得额＝60 000－60 000×20％＝48 000（元）

　　　　应纳税额＝48 000×20％×（1＋50％）－2 000＝12 400（元）

② 如按每月平均 5 000 元，分别申报纳税，则其应纳税额如下：

　　　　按月申报应纳税额＝（5 000－5 000×20％）×20％＝800（元）

全年应纳税额＝800×12＝9 600(元)

两者相比节约税收＝14 200－9 600＝2 800(元)

并非所有的收入都可以通过分解转移来减少税负支出。某些国家就规定工资薪酬收入不得以任何方式在个人之间进行转移，

10.4.2 稿酬所得的个人所得税筹划

1. 系列丛书筹划法

我国的个人所得税法规定，个人以图书、报刊方式出版、发表同一作品，不论出版单位是预付还是分笔支付稿酬，或者加印该作品再付稿酬，均应合并其稿酬所得按一次计征个人所得税。但对不同的作品却是分开计税，这就给纳税人的筹划创造了条件。如果一本书可分成几个部分，以系列丛书的形式出现，则该作品将被认定为几个单独的作品，单独计算纳税，这在某些情况下可以节省纳税人不少税款。

使用这种方法应该注意以下几点：①该著作可以被分解成一套系列著作，且该种发行方式不会对发行量有太大影响，有时还能促进发行；②该种发行方式要想充分发挥作用，最好与著作组筹划法结合；③该种发行方式应保证每本书的人均稿酬小于 4 000 元。因为该种筹划法利用的是抵扣费用的临界点，即在稿酬所得小于 4 000 元时，实际抵扣标准大于 20％。

王教授准备出版一本关于税务筹划的著作，预计将获得稿酬所得 12 000 元。试问王教授应如何筹划？

(1) 以 1 本书的形式出版该著作，则：

应纳税额＝12 000×(1－20％)×20％×(1－30％)＝1 344(元)

(2) 在可能的情况下，以 4 本一套的形式出版系列丛书，则该纳税人的纳税为：

每本稿酬＝12 000 元÷4＝3 000(元)

每本应纳税额＝(3 000－800) 元×20％×(1－30％)＝308(元)

总共应纳税额＝308 元×4＝1 232(元)

王教授如采用系列丛书筹划可节省税款 112 元。

2. 著作组筹划法

如某项稿酬所得预计数额较大，可以考虑使用著作组筹划法，即改一本书由一人写作为多人合作。与上种方法一样，该筹划法是利用低于 4 000 元稿酬的 800 元费用抵扣，该项抵扣的效果会大于 20％抵扣标准。

运用这种筹划方法应当注意，成立著作组后各人的收入会比单独创作少，虽然少缴税款，但个人的最终收益减少。这种筹划法一般用在著作任务较多，比如有一套书要出，或者成立长期合作的著作组。且因长期合作，节省税款的数额也会由少积多。

如某大学张教授准备写一本财政学教材，出版社初步同意该书出版之后支付稿费 24 000 元。如张教授单独著作，可能的纳税情况为：

应纳税额＝24 000 元×(1－20％)×20％ (1－30％)＝2 688(元)

如张教授采取著作组筹划法，并假定该著作组共 10 人，则可能的纳税情况为：

应纳税额＝(2 400－800) 元×20％×(1－30％)×10＝2 240(元)

3. 费用转移筹划法

根据税法规定，个人取得的稿酬所得只能在一定限额内扣除费用。众所周知，应纳税款的计算是用应纳税所得额乘以税率而得，税率是固定不变的，应纳税所得额越大，应纳税额就越大。如果能在现有扣除标准下，再多扣除一定的费用，或想办法将应纳税所得额减少，就可以减少应纳税额。

一般的做法是和出版社商量，让其提供尽可能多的设备或服务，以将有关的费用转移给出版社，自己基本上不负担费用，使稿酬所得相当于享受到两次费用抵扣，从而减少应纳税额。可考虑由出版社负担的费用有：资料费、稿纸、绘画工具、作图工具、书写工具、其他材料、交通费、住宿费、实验费、用餐、实践费等。现在普遍对收入明晰化的呼声较大，而且由出版社提供写作条件容易造成不必要的浪费，出版社可考虑采用限额报销制，问题就好解决了。

某经济学家欲创作一本关于中国经济发展状况与趋势的专业书籍，需要到广东某地区进行实地考察，与出版社达成协议，全部稿费 20 万元，预计到广东考察费用支出 5 万元，应该如何筹划呢？

如果该经济学家自己负担费用，则

$$应纳税额＝20 万元×(1－20\%)×20\%×(1－30\%)＝22\,400(元)$$
$$实际收入＝20 万元－22\,400 元－5 万元＝12.76(万元)$$

如改由出版社支出费用，限额 5 万元，则实际支付给该经济学家的稿费 15 万元。

$$应纳税额＝15 万元×(1－20\%)×20\%×(1－30\%)＝16\,800(元)$$
$$实际收入＝15 万元－16\,800 元＝13.32(万元)$$

因此，第二种方法可以节省税收 5\,600 元。

10.4.3　特许权使用费所得的税务筹划

特许权使用费所得，是指个人提供专利权、商标权、著作权、非专利技术及其他特许权的使用权取得的所得。这一税收筹划对从事高科技研究、发明创造者会经常用到。

某科研人员发明一种新技术并获得了国家专利，专利权属个人拥有。如单纯将其转让可获转让收入 80 万元；如果将该专利折合股份投资，当年及以后各个年度每年可获取股息收入 8 万元，试问该科研人员应采取哪种方式？

方案一：将专利单纯转让，按营业税的有关法规规定，转让专利权的适用税率为 5\%，应纳营业税额为 80×5\%＝4(万元)，缴纳营业税后的实际所得为 80－4＝76(万元)。

根据个人所得税法的有关规定，转让专利使用权属特许权使用费收入，应缴纳个人所得税。特许权使用费收入以个人每次取得的收入，定额或定率减除规定费用后的余额为应纳税所得额。因该人一次性收入已超过 4\,000 元，减除 20\% 的费用后应纳个人所得税为：76×(1－20\%)×20\%＝12.16(万元)

缴纳个人所得税后的实际所得为：76－12.16＝63.84(万元)

将两税合计，该人缴纳 16.16 万元（4＋12.16）的税，实际所得为 63.84 万元。

方案二：将专利折合成股份，首先，按照营业税有关规定，以无形资产投资入股，参与接受投资方的利润分配，共同承担投资风险的行为，不征收营业税。其次，由个人所得税法规定，拥有股权所取得的股息、红利，应按 20%的比例税率缴纳个人所得税。那么，当年应纳个人所得税＝8×20%＝1.6(万元)

税后所得为：8－1.6＝6.4(万元)

通过专利投资，当年仅需负担 1.6 万元的税款。如果每年都能获取股息收入 8 万元，经营 10 年就可以收回全部转让收入，还可得到 80 万元的股份，今后每个年度都可以得到一笔收益。

两种方案利弊明显，方案一没有什么风险，缴税之后的余额就实实在在地成为个人所得。但它是一次性收入，税负太重且收入固定，没有升值的希望；方案二缴税少，有升值可能性，但风险大，收益不确定。如希望这项专利能在相当长时间持续收益，或是该科研人员想换个工作环境以追求个人价值最大化，还是选择投资经营为好。这里的投资经营又包括两种。

（1）合伙经营，一方提供专利技术，另一方提供资金，建立股份制企业。只要双方事先约定好专利权占企业股份的比重，就可根据各自占有企业股份的数量分配利润。如案例中的方案二，专利权折股 80 万，这 80 万将在经营期内分摊到产品成本中，通过产品销售收回。对该科研人员来讲，仅需要负担投资分红所负的税收额，股票在没转让之前不需负担税收，还可以得到企业利润或资本金配股带来的收入。所需负担的税收是有限的。既取得专利收入又取得经营收入，与单纯的专利转让相比税收负担轻，收益高。

（2）个人投资建厂经营。这种方式是通过建厂投资后，销售产品取得收入。新建企业大多可享受一定的减免税优惠，且专利权没有转让，取得收入中不必单独为专利支付税收。要负担的税收仅仅是流转税、企业所得税和工薪税等。将收入与税收负担相比，必然优于单纯的专利转让收入纳税。

专利权是由国家主管机关依法授予专利申请人或其权利继承人，在一定期间内实施其发明创造的专有权。特许权使用费所得的税收筹划应从长远考虑，全方位地进行筹划。

10.4.4　个人所得税的节税要领

《税法》对应纳税所得项目概括为 11 项，并在《税法实施条例》中对 11 项应税所得的具体范围逐一做出解释。节税范围的主要几项如下。

1. 工资薪金所得的节税要领

指个人因任职或者受雇而取得的工资、薪金、奖金等及与任职或者受雇有关的其他所得。此项所得的节税要领是：①收入福利化；②收入保险化；③收入实物化；④收入资本化。

2. 个体工商户的生产经营所得节税要领

个体工商户的生产经营所得，必须使用 5 级超额累进税率，在使用该税率之前经过必要的扣除，此项所得的节税要领有：①收入项目极小化节税；②成本、费用扣除极大化节税；③防止临界点档次爬升节税。

3. 劳务报酬所得的节税要领

劳务报酬所得根据应纳税额的 20%比例税率征收。因此，此项所得节税要领有：①大宗服务，收入分散化；②利用每次收税的起征点节税。

4. 稿酬所得的节税要领

稿酬所得的税率为 20%比例税率，再加上减征 30%的优惠。因此，此项收入的节税要领包括：①作者将书稿转让给书商获得税后所得；②作者虚拟化；③利用每次收入少于4 000 元按 800 元扣除；④利用每次收入超过 4 000 元的 20％扣除；⑤利用 30％折扣节税。

5. 特许权使用费所得的节税要领

特许权使用所得的节税要领包括：①将特许权使用费捐献无偿化；②将特许权使用费低价转让化；③将此项收入包含在设备转让价款之中。

6. 利息股息红利所得节税要领

利息股息红利所得是指个人拥有债权、股权而取得的利息股息红利所得。此项所得的节税要领包括：①利息收入国债化；②股票收入差价化；③红利收入送股配股化。

7. 财产租赁、财产转让所得节税要领

财产租赁所得的节税要领包括：①成本扣除极大化；②房产原值评估极小化；③费用装饰极大化。

10.4.5　税收筹划风险

税收筹划面临着各种不确定因素，不管是个人理财师或客户在税收策划时，都必须警惕这些风险，避免对双方的利益造成损害。以下是财务策划过程中可能会遇到的一些风险。

1. 违反反避税条款的风险

前面讲到避税、偷税与税收策划间的区别。尽管税收策划是完全合法，但并不代表不需要考虑反避税条款。一般来说，各国或地区政府为规范税收的征缴，防止纳税人利用税法漏洞逃避纳税义务，都制定了相应的反避税条款，凡有违反行为者都要受到法律的制裁。个人理财师为客户制定税收策划方案时，应充分考虑到这一点，避免提出的税收策划建议违反相关条款，从而损害个人理财师个人及客户的利益。个人理财师在工作中对具体法律事宜不清楚时，应主动寻求律师或税务专业人士的帮助。

2. 法律法规变动风险

税收策划受到法律、法规的影响，主要源自法律、法规的不确定性，尤其是关于养老金、利息费用的抵减等方面法律、法规更有明显的不确定性。市场经济比较成熟的发达国家，法律、法规的变动一般较少。发展中国家因其整个经济体系尚不成熟，社会、政治、经济状况变动比较频繁，法律、法规的变动风险就较大。税务策划受到法律法规的约束，而法律、法规本身又存在变动风险，税收筹划过程中，个人理财师应当将所有可能潜在的法律、法规变动风险向客户做充分的揭示。

3. 经济波动风险

税收策划是与经济状况紧密相关的，宏观或微观的经济波动都可能对客户的税负产生一定影响。采用杠杆投资策略时，客户可能会遭遇借入资金利率上升的风险，或因收入减少无法归还贷款。经济波动风险通常是由国家的整体经济状况决定，个人理财师个人无法改变。个人理财师在进行税务策划时，应当对未来的经济波动风险有清晰的认识，避免当风险降临时手足无措，对客户的利益造成损害。

4. 资产失控风险

收入分解转移策略可通过他人的名义取得资产或将资产转移给他人、信托投资公司、合伙实体，使从资产中获得收入在一个较低的边际税率上征税，从而减少客户的税负支出。但这种安排同时也意味着客户需要通过捐赠或转让放弃资产的所有权。

资产失控的风险是客户在决定是否转移资产及转移给何人时，必须考虑的重要因素。某些潜在的受赠者和受让人可能并不具备将这些资产管理好的能力。此外，在某些国家/地区，法律限制未成年人作为赠与程序参与者签署合同的能力。这些转移资产上获得的收入，未成年人通常要以比较高的税率纳税。

资产所有权的变化除涉及印花税、资本利得税等税收问题外，还会引出许多家庭问题。如可能导致婚姻的破裂等。这些问题在个人理财师进行税务策划时，很容易被忽视。

5. 婚姻破裂风险

发生婚姻破裂或其他家庭变故时，夫妻双方共同拥有的资产和承担的债务会成为关键性问题。如双方一旦离婚，一方又被要求偿还大额贷款时，就会给双方共同经营的业务带来风险。因此，当夫妻双方在决定运用信托或转移资产等策略减少税负支出时，都应当清楚地认识到今后一旦婚姻破裂，可能带来的各种法律问题。

小 资 料

地税部门教你巧妙避税五招

2005 年 4 月 20 日《杭州日报》

如今，老百姓投资理财的渠道越来越多。个人投资者通常不注意相关理财方式的税收规定，这就难免造成个人不必要的经济损失。地税部门提醒：如果能够巧妙利用税收成本进行个人理财筹划，也许会有意想不到的收获。有以下几种个人理财方式可利用税收成本筹划。

1. 投资基金

据财政部、国家税务总局关于开放式证券投资基金有关税收问题的通知（财税［2002］128 号），对投资者（包括个人和机构投资者）从基金分配中取得的收入，暂不征收个人所得税和企业所得税。建议大家不妨考虑货币基金，在目前股市低迷不振的情况下，它不仅收益稳定、投资风险小，而且还免收分红手续费和再投资手续费。

2. 教育储蓄

它可以享受两大优惠政策：一是利息所得免除个人所得税；二是教育储蓄作为零存整取的储蓄，享受整存整取的优惠利率。目前，多家银行都开办了教育储蓄业务，且有不同期限的储蓄种类。它适用于有需要接受非义务教育孩子的家庭。

3. 投资国债

个人投资企业债券应缴纳 20％的个人所得税，而根据税法规定，国债和特种金融债可以免征个人所得税。因此，即使企业债券的票面利率略高于国债，但扣除税款后的实际收益反而低于后者，而且记账式国债还可以根据市场利率的变化，在二级市场出卖以赚取差价。

4. 购买保险

根据我国相关法律规定，居民在购买保险时可享受三大税收优惠：一是按有关规定提取的住房公积金、医疗保险金不计当期工资收入，免缴个人所得税；二是由于保险赔款是赔偿个人遭受意外不幸的损失，不属于个人收入，免缴个人所得税；三是按规定缴纳的住房公积金、医疗保险金、基本养老保险金和失业保险基金，存入银行个人账户所得利息收入免征个人所得税。因此，保险＝保障＋避税，选择合理的保险计划，对于大多数市民来说，是个不错的理财方法，既可得到所需的保障，又可合理避税。

5. 人民币理财

目前市场上有多家银行推出的各种人民币理财产品和外币理财产品。对于人民币理财产品，暂时免征收益所得税。同时提醒投资者，在购买这些理财产品时，要注意了解有关细则，分清收益率。

本 章 小 结

1. 税收是财政收入最主要的来源，是国家用以加强宏观调控的重要经济杠杆，对国民经济社会的加快发展具有十分重要的影响。目前，中国的税收制度共设有 24 种税，按其性质和作用大致可以分为流转税、所得税、资源税、特定目的税、财产税、关税、农业税、行为税八大类。

2. 税收筹划是指纳税义务人依据税法规定的优惠政策，采取合法的手段，最大限度地享用优惠条款，以达到减轻税收负担的合法行为。要做好税收筹划活动，必须遵循合法性、节税效益最大化、筹划性和综合性 4 项原则。

3. 在税收筹划理论研究与实践运作的基础上，可以把节税技术归纳为：免税技术、减税技术、税率差异技术、分劈技术、扣除技术、抵免技术、延期纳税技术和退税技术。八种节税技术可单独运用，也可以联合运用。如同时采用两种或以上节税技术时，必须注意各种节税技术间的相互影响。

4. 税收筹划面临着各种不确定因素，不管是个人理财师还是客户，在进行税收策划时，都必须警惕这些风险，避免对双方的利益造成损害，包括违反反避税条款的风险、法律法规变动风险、经济风险、资产失控风险和婚姻破裂风险等。

思 考 题

1. 简述中国目前的税收体系。
2. 论述个人所得税的优惠政策。
3. 简述税收筹划的分类。
4. 简述税收筹划的基本原则。
5. 论述税收筹划技术。
6. 论述税收筹划的基本策略。
7. 税务策划中可能遇到的税负抵减项目有哪些？
8. 简述个人所得税的节税要领。
9. 论述税收筹划的风险。

第11章
婚姻、生育与教育规划

学习目标

1. 了解什么是婚姻经济与结婚预算
2. 理解子女生育规划的内容及程序
3. 理解个人教育投资概述
4. 理解个人教育投资规划工具及技术

11.1 结 婚 预 算

市场经济社会里，随着社会公众经济意识的增强，商品、价值、核算、效益的观念深入人心，经济核算意识开始渗透一切经济乃至非经济领域。婚姻家庭生活组织、夫妻亲子人际关系调适等也不例外。

11.1.1 结婚预算

1. 结婚费用预算的含义

结婚费用预算是关于结婚费用的资金筹集与计划使用而编制的，最适于已确定爱情关系，准备结婚成家的男女青年使用。编制目的则在于为筹措结婚费用、物品购置，计划婚事和新婚家庭建设费用，以量入为出，加强对结婚费用的计划管理，提高结婚费用的使用效益。

2. 结婚费用预算的编制

结婚费用预算是对结婚费用管理的一种科学方法和有效手段。为此，首先要编制"结婚费用预算表"，结婚费用预算表的格式如表11-1所示。

预算编制时首先预算收入，然后再量入为出预算支出。收入预算时，应该先预算确定性项目；支出预算中，首先应预算必需品支出的数额，如生活日用品、必需的家具、家用电器、床上用品，都为建设一个家庭不可或缺。还有一定分量的婚礼招待用的烟酒糖果、婚礼筵宴，婚后走亲访友的礼品馈赠等，也要事先预备。预算收入数减除必需性花费后，得到一个可随意支配的数额，用来购置那些不大急需，但也为一般家庭组建离不开的各类物品。许多新婚青年计划蜜月旅游，相关费用也要事先考虑，并根据可支配钱财的数额，计划旅游的路线、日程、行期等。

表 11 - 1　结婚费用预算表　　　　　　　　　　　　　　　　　单位：元

结婚费用来源			结婚费用运用						
			新婚家庭建设费用				婚礼筵宴与馈赠费用		
项目	男方	女方	项目	单位	金额	备注	项目	金额	备注
个人积蓄 父母代为积蓄 父母资助 亲友馈赠 …… 礼金收入 礼品收入 外借款 其他收入 ……			住房 轿车 彩电 …… 家具用具 衣物及床上用品 生活用具 日常生活用品 其他				婚礼筵宴费用 筵宴费用 烟酒糖费用 其他招待费用 …… 旅游结婚费用 馈赠父母费用 其他馈赠费用		
合　　计			合　　计				合　　计		

编制结婚费用预算要量入为出，留有余地，宽打窄用，建立一定数额的预备金。举办婚事，无论事先考虑再周详，总会出现某些事先无法预料，但又是必需的开销。有了预备金，就不至于临期捉襟见肘，窘迫不堪。预算编制好以后，在具体执行过程中，根据情况可能发生变化作出若干调整和充实。原计划筹款额未能达到，就应削减支出项目，减少支出额；原计划购置小轿车，但目前轿车价高不中意或是缺货，也可以将钱留着以后买，不必要为在结婚时，新房"好看"，而急匆匆将不合心意的东西买回来。

3. 结婚费用预算编制的原则

结婚费用预算表的编制和执行过程中，应当遵循以下原则。

1）收入正当

结婚费用筹集，自然多多益善，但更应来路正当，取之有道。有些青年为筹集资金，不惜以身试法，悔之莫及；有的青年为筹建自己的安乐窝，却勒索父母，强拿硬要，娶了媳妇，忘了爹妈，有了自己的小家庭，却使大家庭利益遭到了损害。

2）量入为出

以收计支，量入为出，适当留有余地。收入多者多花些，自是行为正当。大家生活水平提高，经济有余力，结婚费用增加，这也是一件好事。收入少，经济状况差，也不应盲目攀比，打肿脸充胖子，应当有多少钱办多少事，根据收入额来编制预算，计划费用项目，选择最佳物品购置计划。

3）计划购买

编制预算，计划购置，保证家用无短缺，又不重置双份。一般说，结婚费用预算越早越好，如双方开始筹办婚事时，就应确定基本目标。结婚费用是新婚家庭建设的物质基础，对婚后开始的长时期的小家庭生活也将有显著影响，应慎重对待，并力求对婚后小家庭生活有个长期打算。

4）财务公开

结婚是两人的事务，编制预算也应由双方当事人共同编制，同时再听取父母亲友的意见。这里有个财务公开、民主管理、平等协商的问题。只有这样，预算才能编制好，执行有效。

5）比例性

家庭各类物品购置自应有一定比例关系，以满足多种用途的需要，物品准备不足影响生活是必然的，但过多的重复除占用地方外也无多大作用。耐用品与必需品、固定资产与流动资产、财产与现金存款、吃穿住行用等之间，都应有个比例协调。

6）核算与效益

新婚用品的购置一般总是要讲究装饰美观，对实用效益不大考虑。但也应讲点经济核算，争取用较少的钱办较多的事。

11.1.2　结婚费用结构分析

1. 结婚费用来源结构分析

通过对结婚费用筹集渠道的分析，探求它对家庭各方面关系的影响，如当事人男女双方的关系，男女双方家庭的关系等。通过这种分析，还可进一步探索结婚费用来源构成同婚后小家庭的夫妻经济关系，财物支配权的影响。

2. 结婚费用运用投向的分析

通过结婚费用运用投向的分析，为了解结婚费用的具体花费状况有个概况的了解，可为有关消费品的生产经营部门组织相关的决策提供宝贵的资料；为分析小家庭的财产结构及对其经济生活、收支消费的影响，研究家庭的经济决策提供依据。

3. 结婚费用与当事人状况的分析

通过结婚费用状况与当事人收入、年龄及其父母家庭状况的对照分析，可为探索不同地区、收入、家庭状况的结婚费用情况，提供资料依据，以便具体情况具体分析。

4. 结婚费用运用去向情况的分析

依据结婚费用的去向，可以将其分为三大类：①物品购置费，形成家庭财产；②婚礼宴席，蜜月旅游，不构成家庭财产；③馈赠支出，不构成家庭财产，只是物质钱财在人际间的一种转移。一、二类支出绝大部分是商品性支出，是一笔巨大的社会购买力，且又集中于为数不多的某几种消费品，形成一个结婚用品的专门市场。

附录：

婚姻与经济关系漫谈

婚姻是大家关注的话题，仁者见仁，智者见智，对此以多方面的理解。就一般而言，婚姻是男女双方基于共同的思想基础，并经法律签证后的人身结合，是爱情发展到一定阶段的结果，家庭作为一个生活单位组建的前提。但从经济学、社会学关于资源配置、社会交换理论的观点出发，婚姻则是男女两性之间就其各自拥有资源状况的权衡、比较、抉择、认同、交易并予重新配置，法律签证后的一种长期合约。

婚姻资源的拥有及配置状况是否雄厚、合理、并充分对外展示自己的独特价值，对方对自己的资源状况是否认同，并给予某一点或几点以特别赞许，是婚姻能否成功并"将爱情进行到底"的关键所在。这里的婚姻成功绝非是双方领到一纸结婚证书，有个"家"和"法"的外壳将两人紧紧束缚一起，还指的是从此后家庭生活幸福美满，双方从长期共同的家庭生活中亲身感受到生活的真谛。

　　在某种观点看来，人们结婚的目的是希望从婚姻中获得最大化的收益，如婚姻收益超过单身，人们会选择结婚，否则就宁愿选择独身。结婚自有独有的收益，如两个人共同生活可以互相照顾，获得社会的"正常"评价和认可，由于规模效应而节约生活开支等。结婚也有成本，要准备婚房，结婚筵宴、旅行结婚等，都需要有众多的花销。结婚后，还需要负担来自多方面的义务和责任，处理多种社会关系，为快乐的单身汉时代难以预知。

　　人们结婚与否，总是要在婚姻的成本和收益间权衡，婚姻是一种商品，如同所有商品可以在市场上交易一样，婚姻也存在一个交易市场。从经济上讲，两个人的生活比单身生活的成本要低、抗击风险的能力更强。由于这些原因，也就可以把婚姻看成是一个市场，谁更能满足这些需要，谁就是抢手货。

　　经济独立的女性，最好还能把结婚视为一项投资，能明白一切都必须以经济为基础。当然不管男女双方付出的是金钱、感情、时间或自由都算是投入。有人说，为了取得婚姻边际效益的最大化，男人选择婚姻是一生中最大的风险投资，女人选择男人则如同选绩优股。这种形同于股份制公司的婚姻形式，我们暂把它称作股份制婚姻。经济学家最看好的婚姻，始终是门当户对或资源相匹配的婚姻。

　　《新周刊》曾经有一篇报道指出，男女双方投资或注册资本分为有形和无形资产两种。男方投资一般表现为有形资产，如现金、房产、车辆等硬通货，诸如门第、声望、社会地位等无形资产，随时代变迁已居次要位置。女方投资一般以无形资产如美貌、品德等为主，当然，现代社会女性经济地位的提高，女方自带嫁妆等有形资产的情况也越来越普遍。

　　一位自主创业中的未婚青年坦言个人的婚姻观，"爱情不过是个幌子，结婚完全是一场生意，尤其是现代社会的婚姻，经济成分所占的比重更不小，就像规模差不多的两个公司合并，我认为合并的双方应该门当户对，只有背景相当、资历相似才比较匹配，最佳的方式当然是强强联手。"用经济学的眼光看待婚姻，发掘两性婚姻中的经济关联，会很伤一些人的情感，但当人们越来越感到经济原来像情感一样是维系家庭的重要支柱，甚至是更为重要的支柱时，结婚成家的过程，是一个公司经营的本质就不言自明。

　　目前的婚姻，越来越成为一种经济行为。事实上，结婚只是为男女青年的爱情联结多了一纸法律证明，而由此产生的家庭则是一种社会生活的组织，尽管只是一种最小的社会组织，但也被赋予种种的功能和义务，如由此而来的两人长期生活、生育教育、抚养赡养、人际交往、传宗接代等等。

　　在市场经济为导向和金钱、商品为基础的今天，婚姻不仅仅与爱情相连结，还越来越多的与经济物质相挂钩，这不完全是一件坏事。人们在缔结或解除一项婚约之前，有经济做参考，共同生活做联结的纽带，总比只看感情融洽与否来得更为科学、现实。感情有点虚无缥缈，在漫长的婚后生活中，可能会进一步增厚，也可能会变质或死亡，经济则不会，经济会使人在追求产值最大化的同时保持应有的活力和效率，而且一点都不勉强。

　　某人士讲到，"男女结婚，图的就是长期的合作和保障，婚姻契约是'终生批发的期货合同'，一个52岁的已婚者，是否应该为自己25岁时签订的婚姻契约负责？当然应该负责！所谓'负责'，就是指破坏婚约的人应该承担较重的代价"。

11.2　子女生育规划

11.2.1　子女生育与抚养

1. 子女生育与抚养的含义

子女生育抚养纯属于家庭自然属性的活动，是家庭得以存在并永续延存的必具前提，家庭作为一个人口再生产单位特具的繁衍后代和子女抚育的职能引致而来，以保证家族的烟火承继、宗祀不断。同时又是建筑在一定的经济物质活动的基础之上，同家庭经济密切相关。

子女生育同劳动力培养有关，需要有较多的费用，若将这笔费用视为投资时，既有劳动力体质保健、缺损修复及营养健康的投资，更需要有今天大家普遍看重的人力资本增进、素质提高的教育投资等。

子女生育直接影响到家庭人口数额、供养与被供养人口的比例，对家庭经济生活、经济状况带来显著之变化。人力资源的研究中，首要考虑的是人力资源的数量与质量。这是决定人力资源的开发利用的两大基本要素。数量取决于家庭子女生育的数量；质量包括劳动者的身体健康、劳动技能具备和思想文化素质三方面内容，又同家庭对子女的抚育、培养、教育等有很密切的关系。

2. 家庭人口经济功能

家庭是个多功能的社会单位，多功能活动中，子女生育、繁衍后代的功能与组织生产经营、运用生活消费的功能，应是最具基础位置的。生育使家庭成为一种特殊的两性结合单位，奠定了家庭关系的自然基础。生产经营与生活消费则使家庭成为一种经济组织。在长期的小农经济时代，它还使家庭成为社会基本的生活组织形式。

家庭两大基本功能活动中，经济活动是子女生育与劳动力再生产的物质基础，否则子女生育抚养就没有必要的经济条件而很难以实现；一定的人口生育、抚养又是家庭经济运行的重要目的所在，否则家庭就不会如此长久、稳固地永存于社会。经济功能相较子女生育抚养的活动，不能不居于支配性位置。不同经济性质、经济状况的家庭，对子女的生育率和培育质量有着显著的差异。经济性质决定着人口活动的性质，经济状况则影响着生育率的高低和子女培育的质量。

11.2.2　子女生育的成本与收益

1. 家庭养育孩子的成本

家庭是孩子的生育抚养单位，孩子不仅要生，还要养要教育，要付出相应的抚养教育费用，今天这笔费用经有关专家的测算，已高达40万～50万元之多。孩子的养育花费既有社会公共负担，又包括个人家庭负担。这笔花费从个人投资的角度看，可称为家庭人口投资，具体包括内容如下。

1）生活费

指从孩子出生到成长为劳动力时为止，家庭为之用于吃穿住行用、文娱、医疗的全部费用。

2）教育费

指家庭为培养孩子成为一个具有较高文化水平的劳动者，必须接受的中小学义务教育、职业技术教育或高等教育的费用。家长给孩子购买的书籍、智力玩具、钢琴等物品的花费，也可归入这一类。

3）医疗保健费

指孩子从出生到长大成人，由家庭开支的用于医疗卫生、保健的费用。这笔费用目前已在逐步增多。

4）婴幼儿夭折费

夭折的婴幼儿存活期的花费虽为个别家庭承负，也应均摊到全体婴幼儿身上。

5）父母工时劳务损失费

指从母亲怀孕到父母把孩子养育成人，所花费的时间、精力，付出的劳务所折算的费用。这项劳务付出是巨大的，但又是毫无报酬的，这笔无形费用远远超出货币财物的有形花费。

2. 家庭养育子女的收益

父母养育子女不仅有巨额的费用支出，而且可以由此获取相应的收益。家庭人口投资的收益，是指家庭通过子女养费花费而形成的劳动力，在作为劳动力的整个工作期间，可以向家庭带来的纯收益。这项人口投资效益可表现为如下内容。

（1）家中新增劳动力参加社会性生产或家庭个体生产，获取的工资、奖金、津贴及个体经营收益。

（2）家中新增劳动力参加社会性生产或家庭个体生产而获取的其他各种形式的收入。

（3）家中新增劳动力从事家务劳动及赡养老人，抚育子女的生活起居等提供无偿劳务服务，应折算的收入。

将上述各项收入汇总，即得家庭人口投资的收益，将其扣除该劳动者一生劳动期间和非劳动期间的各项生活费开销，剩余部分可称为家庭人口投资的纯收益。

11.2.3　家庭人口经济目标对家庭生命周期的要求

家庭的人口经济目标应当是：计划生育一胎化，优孕、优生、优育，提升子女养育质量，提高家庭的经济收入水平和财产拥有，最大限度地满足家庭不断增长的物质文化生活需要。家庭人口经济目标的提出，要求每个家庭在安排其各项活动时，首先能选择较合理的家庭生命周期的活动模式。这一模式的合理与否，直接影响到家庭生活、家庭关系的各个方面，且又是一种长时期、显著的影响。怎样来合理选择家庭生命周期的活动模式呢？可根据生命周期的各个阶段提出具体目标并实施。

1）适度晚婚，推迟家庭生命周期的开始

结婚是一件大事，应当慎重考虑。青年人应当实行晚婚，这不仅因晚婚可带来晚育，有利于实现计划生育，有利于男女青年婚前就能对即将到来的小家庭生活，在经济物质、心理素质、生活技术等都有个清晰、充分的准备。

2）适度晚育，相对延后育婴期

实行晚育，延后育婴期，对新婚期家庭很有好处。物质上可对新到来的小生命有个充分准备。从夫妻情感关系建设来看，男女青年建立小家庭后，往往需要有段时间适应新环境，一般说有了孩子后，夫妻之间的感情互动会相对减弱。这就需要适当晚育，多发展夫妻感情，为家庭的精神伦理生活打下坚实的基础。

3）实行节育一胎化，缩短育婴期

少生节育，只生一胎，对家庭的好处非常明显。孩子少，家计负担系数低，生活水平就会相应得高一些。子女少，家长就有可能在子女身上多花费时间和精力，提高子女的思想文化素质。子女少，育婴期缩短，还可使妇女从繁重的生育操劳和家务劳动中得到解脱。

4）赡养好老人，尽量避免"空巢"期

"空巢"是形容父母历经千辛万苦，把子女抚养成人，子女相继结婚、工作或出外学习等，又都离开父母的家庭独自生活，家中单留下老夫妻两个看守"空巢"。这种现象在我国城市的家庭中，有渐渐扩大之势。"空巢"期的父母，事实上还是很能干的，如三代同堂的家庭里，父母帮助子女料理家务、安排生活。这种家庭只要处理好代际关系，老人帮助子女把家庭组织得很好，子女也尊敬老人，使老人有个舒适和谐的生活环境。因此，应尽量避免"空巢"家庭的出现。

5）延年益寿，延长家庭生命周期

延年益寿在我国的今天，不仅成为可能，也是广泛的现实。解放以来，我国人口的平均预期寿命越来越高。人口寿命不断增高，使家庭的生命周期大大延长了。

11.2.4　人口经济理论与实践运用

1. 家庭人口投资与收益的经济分析

用成本收益分析的方法，研究家庭养育子女的成本与收益问题，以期对家庭的子女生育给予深层次的论证，是很有必要的。美国著名经济学家加里·贝克尔的一部被称为划时代的著作《家庭经济分析》中谈到"对孩子的需求将会取决于孩子的相对价格和全部收入。假定家中的实际收入不变时，孩子的相对价格上升，则对孩子的需求减少，对其他消费品的需求增加"。

贝克尔认为孩子生育的经济分析理论，有两个前提条件。

（1）人们的经济行为，莫不是在遵循"效用最大化"的原则行事。孩子是一种特殊的消费品，且为耐用消费品，应纳入家庭的收支预算和决策安排。而家庭拥有资源又是有限的，大家需要在"购买彩色电视机，还是生养孩子"之间做出行为决策，考虑何者能给家庭带来更多的效用。

（2）家庭不仅是个生活消费单位，还是个生产组织。家庭成员在户主的带领下，将有限的资源进行合理配置来满足自身物质、精神上的需要，从而使家庭成员的效用最大化。

贝克尔关于子女养育成本与收益的比较分析的理论，是有现实意义的。如解释子女生育率随着人们生活水平的提高而降低时，贝克尔认为，父母考虑生育子女时，只是在预期孩子的效用大于成本的前提下，才会做出生育的决定。这种理论把成本与收益比较的经济核算、效益提高的理论推广于一切领域。

2.“是否生育孩子”的抉择

家庭考虑是否生育孩子，要对孩子的成本和效用予以比较，效用大于成本或至少相等于成本时，就安排生育，否则就决定不生育孩子。

孩子的养育成本包括生活费、教育费、医疗保健费等。这在不同经济性质、经济状况的家庭是有区别的。城市家庭抚育孩子的成本是昂贵的，父母对孩子的期望值要远远高于农村家庭。农村的孩子养育成本则相对较低，父母对孩子的期望值也低得多。

孩子的养育收益，即孩子成长为一个劳动力时，可以为家庭带来的种种经济物质和精神情感的收益，这在不同类型家庭是有区别的。城市的孩子投资多，受益也多，但投资时间长、费用大，初始就业时劳动报酬还不高，收益很难体现出来，而且父母大多有经济收入，有养老保险，养儿防老的功能不是很必要。城市家庭的子女养育投资是很不合算的，一般被称为“父母投资，儿女受益”。

农村的孩子投资少，收益也少，但孩子很小就帮家劳动，20 岁时劳动所得补偿其生活费开销外还有相当剩余，可交回父母作为投资收益。且农村的养老保险事业还比较落后，养儿防老还是很必要的。父母养育儿女的投资是合算的，有利于家庭经济利益的扩大化。城乡家庭的这种子女养育投资及受益的差异是很明显的，反映在家庭的生育行为上，就是城市家庭生育子女少，花费大，培养质量相对高一些；农村家庭生育子女多，花费少，培育质量也相对低一些。

3.“应该生育几个孩子”的抉择

家庭应该生育几个孩子，需要做出成本收益的分析与抉择。其公式如下。

第一个孩子的效用/第一个孩子的成本：第二个孩子的效用/第二个孩子的成本：……

在今日实行计划生育的状况下，家庭有没有必要生育第二个孩子乃至更多孩子。最简捷的方法，就是计算经济收益账和精神收益账。如首先计算生育第一胎的费用与收益，再计算生育第二胎的费用与收益，加以比较并最终决策。

今日的父母生育子女，因生育投资收益的“严重倒挂”，主要是从情感需要的满足为出发点。经济动因不能说完全消失，也很薄弱了。情感需要的满足考虑的不是子女数量的多少，而是能否成才自立等素质的高低。父母为生育第一个孩子要付出巨大的物质和精神的代价，又可以视其为第一个孩子为父母带来的无以衡量的精神收益。但父母是否能为第二个孩子的出生与健康成长，付出同样巨大的代价呢？未必。边际收益递减的规律在子女生育问题上，同样发挥着作用。当然，父母养育第二个孩子，在费用开销尤其是照料子女的精力、时间的耗费，由于经验的积累，会大大低于第一个孩子。但这种节约同其带来收益的减少相比较，还是大为逊色的。

我国的生育政策是：一胎奖，二胎（计划外）罚，多胎重罚，这就大大增加了家庭养育二胎至多胎的成本，使其在经济上更不合算，以杜绝计划外生育行为。

4.“早生与晚生”的抉择

新婚初始，大多要安排婚后小家庭活动与发展的长远规划，即家庭生活各方面要达到的目标，如生育培养目标等，如计划何时生育子女，生一个还是两个，早生还是晚生等，同样需要有经济抉择与精心筹划。

目前婚育行为的特点是晚婚快育，这种婚育方式实质上还是向“适龄结婚、较晚生育”

过渡为好。结婚早，青年人尽早建立对社会、家庭的责任感，心理上也有归属感；较晚生育，即婚后三四年再考虑生孩子，从新婚期到育婴期既有较大的缓冲余地。推迟生育期的最大好处：①推迟家务高潮期的到来，以期早日在事业上取得成就；②推迟经济开销高潮期的到来，促使家计宽裕，养育孩子也更有物质保障；③使夫妻婚后的相互适应期尽量延长，减少人际矛盾摩擦的根源。

5. "生男孩与生女孩"的抉择

据人口学家对亚洲若干国家的调查，认为男孩的价值在于传宗接代，提供物质收入和父母晚年养老的物质保障；女孩的价值在于从生活起居和精神心理上照料和慰藉父母，并扩大家庭的社交圈和亲戚网络。

鉴于今日的父母晚年时，已很少需要来自子女的物质资助，大量需要的是子女的精神慰藉。男孩在这方面显然不如女孩感情细腻、体贴入微。因此，男孩对父母的价值在变小，女孩的价值在变大。目前的城市青年夫妇之家，愈益增多的是"女掌柜"，男子主持家政的权力减弱了。做妻子的既是家务主管，钱财支配花销方便，自然会亲近娘家，疏远公婆。做丈夫的有心给父母赡养费，因不掌握财经大权而受到相当限制。今日出现的一个新说法是："女儿终身都是女儿，儿子只是在结婚前才是儿子"。这种现象对生育儿女的性别偏好与抉择有一定影响。

应当说明，运用成本收益分析法说明家庭的子女生育行为，并对子女生育的各个方面做出相关抉择提供依据，应是可行的。这种方法基本上应说是科学的，能够说明现实并为大家接受的。只是做出这种分析时，除主要考虑经济物质的成本收益外，还必须对其精神、情感的收益与成本给予相应的注重。另外在分析小家庭的生育经济行为时，还应注意将其同国家，社会对家庭生育行为的要求结合考虑。

11.3　家庭教育投资

家庭是孩子们得以出世、成长的摇篮，又是重要的教育场所。今日的家庭教育行为，不只是大规模的学校教育与社会教育的辅助与补充，使其成为对社会有用的人，还表现为家长向上学的子女提供学习费用，供养儿女们读书等。家庭教育规划主要是从后者的角度来说的。

11.3.1　家庭教育投资概述

1. 家庭教育投资的含义

人们将父母对子女教育的花费，受教育者本人对学习过程中的各项金钱、时间及精力等投入，作为一种智力投资看待。这种观念说明精神文化消费已在家庭消费结构中日益占有重要地位，反映了商品经济时代家庭教育功能的新认识，同时也是人们思想观念的一大进步。智力投资不仅是对教育费用名称的简单改变，还反映了人们的消费与效益观念的转变。家庭用于文化教育、智力培育提高的费用，不仅是一种支出消费，还是一种能取得相应报酬的投资。

教育投资相较一般的物力投资，具有期限长、回收慢、额度大、效益难以测定且不够明显等特点。家庭教育投资不同于一般的物质资本投资，决策时应考虑以下几个因素：①父母期望与子女的兴趣能力可能有的差距；②利用子女教育年金或多年储蓄来准备子女教育经费；③宁滥毋缺，届时多余的部分可留做自己的退休金；④退休金与子女教育年金统筹兼顾。

既然将培养子女成才视为一种投资，而非认为是纯花费，就表明人们会期望从这种花费中获取一定的投资收益。投资能否得到补偿并获取收益，或说受教育者上学数年的花费能否在就业后工资收入的增长中得到收回，又必然会影响到人们的投资决策。预期投资能得到补偿且获益匪浅，人们就乐于投资或多投资；预期收益很低或还是负收益，人们就不愿意投资或少投资。物质资料生产、基本建设项目的进行，要组织可行性分析，计算投资与收益，然后做出投资与否及投资多少的决策；人口、劳动力的生产、培育及受教育等，同样要分析论证，计算投资与收益，然后做出上学与否与学到何种程度之决策。

1963 年，舒尔茨运用美国 1929—1957 年的统计资料，计算出各级教育投资的平均收益率为 17.3%，教育对国民经济增长的贡献为 33%。舒尔茨的人力资本理论和实证研究得到了世界各国学者的认同，并荣获 1979 年的诺贝尔经济学奖。由此看来，教育投资是个人财务规划中最富有回报价值的。

2. 家庭教育投资与遗产传承

父母在对待与子女的关系上，是不遗余力地为子女遗留尽量多的遗产，还是应当减少这笔遗产的馈赠，而将其尽早用于培养子女上，对子女的教育和技能增进等进行投资。贝克尔认为后者对父母及子女双方的利益维护都是有利的。如就此简单予以评析的话，父母可以就如下两方案予以选择。

(1) 给子女留下一笔遗产，足以维持其一生的小康生活水平，但子女的文化程度却仅仅是初中或小学文化程度。这种父母偏重于物质财富积聚，却对子女的智力投资持无所谓态度。

(2) 父母没有给子女留下任何遗产，但却将子女培养到大学、研究生毕业，使子女有着较好的谋生技能和较高的社会地位，这笔谋生技能同样可以保障子女终生有较高的经济收入和社会地位。

人们的智力素质与非智力的素质技能，像拥有的财富一样，同样会通过遗传的方式传给下一代。父母的教育水平高，其子女的先天智力水平一般也会较高，这已为科学家的无数试验所证实。物力资本投资的收益仅限于经济物质方面，人力资本投资的收益还广泛见之于社会、文化、精神面貌、社会地位等诸多方面。人力资本投资的收益率要高于物力资本投资的收益率，且发挥作用更为持久。

11.3.2　家庭如何应对教育投资

1. 家庭教育投资适度

家庭教育投资的重点，一是呼唤家庭对此事项的真正重视，在家庭资源做有效配置之时，将对人的投资置于首位并给予某种程度的倾斜；二是教育投资中的具体状况，钱财投资与人力投资的份额比例，父母对子女的教育投资是否适度等，应当引起相应的重视。首先应界定何谓投资适度，判断是否适度，可从以下 3 个方面予以考量：①从绝对指标界定投资额度的大小；②从相对角度界定投资额度占据家庭收入、支出的比例；③家庭生存需要、享受需要及发展需要各自占据的份额，是否能满足最低限度的生存需要等。

家庭资源在合理运用以满足各项生活享受的需要中，应当有个基本的界定标准和先后顺序：①满足最起码的生存需要；②满足基本生存技能学习和知识具备的需要；③满足中等层次的生存需要和知识技能学习的需要，满足一般性享受的需要；④满足高级教育需求、复杂知识技能掌握的需求，满足较好享受生活的需要；⑤满足高档次享受生活的需求。

这里将生存需要分为初级和中级生存需要，将发展需要分为中等和高等知识技能具备的需要，将初级生存需要则归之为基本生存需要，应当认为是有相当道理的。吃穿住行用等基本生存条件的满足，与初级生存知识技能学习具备的需要，两者是有区别的。前者用于满足眼前每日每时的需要；后者的知识技能具备等则对其未来终生的生活会派上大用场。家庭为自己的长远做出打算等，是非常必要的。但如某位已婚男子，对家中妻儿的嗷嗷待哺不管不顾，每日仍将大量的时间与钱财、精力放到求学受教育之中，这种状况也需要询问是否合适，尽力而为与量力而行都是必要的。

2. 家庭教育投资应考虑内容

家庭教育投资的内容，应当包括如下方面：

（1）何谓家庭教育投资，具体内容与表现形式为何；

（2）家庭教育投资的意义，这种投资对家庭的直接收益与间接收益、经济收益与非经济收益；

（3）家庭教育投资将对家庭经济生活乃至其他非经济生活的全面整体的影响；

（4）家庭教育投资需要的数额有多大，投资总额的变动状况及其原因探求；

（5）家庭教育投资的现状及未来演变趋向，目前在此方面出现的某些新动向；

（6）家庭教育投资应当投向何处，投资的额度、状况等；

（7）家庭教育投资的意愿和能力，家庭是否乐意从事这项投资，是否有能力参与这一投资，投资意愿和参与能力的强度如何；

（8）教育投资在家庭经济生活中占据的地位，与家庭收入、支出、财产的拥有相比较，用于教育投资的份额能占据多大比例；

（9）家庭教育投资对家庭经济生活的影响有多大，不同收入、财产、支出状况及类型的家庭的教育投资总额及其因素影响；

（10）家庭中大量经济与非经济资源用于知识学习和就业技能时，对其赚取收入的就业活动，将会有多大影响；

（11）教育投资后的结果会是如何，如学历、就业、职业文化，对其择偶、婚配及未来子女生育、智力遗传、子女后天教育环境的影响；

（12）家庭教育投资的收益率、预期收益率与现实收益率的差异；

（13）家庭教育投资中存在的某些问题，如投资比重是过高、过低或适中等，对不重视者应当区分具体原因，如经济条件不许可，条件不具备，投资的意愿不够强烈；

（14）家庭生命周期阶段与家庭教育投资的影响，新婚期、子女抚养教育期等应对需要资金的预为筹措，积蓄款项；

（15）家长自身的终身持续教育及相应资金的筹措问题；

（16）家庭教育投资在家中可支配收入和支出消费中的比重，不同类型家庭这一比重的差异及其影响。

11.3.3　家庭教育投资收益

家庭教育投资的形式有金钱物资投资、心理情感投资等内容；投资收益也同样包括物质钱财增长、精神文化心理素质提高、社会阶层向上流动、个人家庭社会地位层次上升等收益。

家庭对教育投资的额度、状况及方式，在某种程度上显示了将来对某类报酬优厚、社会地位高的职业的期望。个人在接受教育期间放弃的收入——即机会成本，也必然要考虑将来会否得到相应的补偿。

用数学公式可表示为：

$$\sum_{i=1}^{N} \sum_{j=1}^{M} \left[P_i \cdot Q \cdot A_j \right] i \qquad (11-1)$$

Q——一年放弃收入的百分比；

A——同一个就业部门水平相当的年人均收入；

P——可能在某部门就业的概率；

N——年限，

M——概率项数。

物质钱财的受益包括：①经济收入、待遇报酬的增长；②就业门路、机遇的增多，可借以取得较好职业的能力；③社会流动及职业流动较易，可在本职工作以外从事第二职业收入或业余兼职取得劳动报酬；④经济意识增强，可以随时寻找有用的商机为我所用，经济活动的能力有所增强；⑤个人家庭持家理财能力、购物消费的能力意识有较大增强；⑥可保持较好的身体和身心健康，从而能工作较长时间，体力劳动者很早就退休或过早出现老态，劳动能力大为降低，知识分子到六七十岁仍能保持较敏捷的思考能力，可工作较长时间。

这种收益还可包括：父母为子女提供较优越的社会、家庭生活环境，并在较优的人际关系群体中生活，从而吸收到高层次思想意识的熏陶，为其将来顺利步入"上流社会"打下良好基础。它还可以为子女有先天遗传的较好智商和良好的后天培育环境，从而使其后代能在较高的起点步入人生历程。

教育投资收益还表现在对其家族的荣宗耀祖、显亲扬名等内容，各种社会心理情感的收益也是较高的。如具有较好的精神心理素质，对世界间的各种竞争抱有与世无争之境界；对生活抱有乐观的意识和心态，面对各种生活困境能坦然乐观面对。在社会人际交往中也能得到较多的尊敬，具有较高的社会地位等。

11.3.4　家庭教育投资成本与收益比较

家庭为接受教育的成本与收益组织一定程度的核算分析，是客观存在。许多家长算账后，认为子女高中毕业后，如能找到工作或有较好的就业机遇时，应当先就业取得工资收入，就业期间再通过参加自学考试，或单位组织的培训考试效果最好。既可取得学历，增长知识，经济上最合算，成本方面也最为节约。而高中毕业上大学，四五年后大学毕业还不一定能找个像样的工作，且又多支出少收入多达数十万元。

再如，大家经计算后，认为同样是读职业技术类学校，高中毕业后读两年高职就不如初中毕业后读几年中职合算。前者高中三年、高职两年共花费 5 年光阴，高中阶段还不能享受助学金待遇；后者只要读五年即可，且有助学金、奖学金等优惠。家长们还计算，同样是上大学，读财经、政法、毕业后出路宽广，可以到各种财经管理部门、企业公司或金融保险部门就业，待遇好，收入高，发展前途要广得多；而读中文、哲学、数学、历史等科目，毕业后只能到学校当教师，日子会过得很清贫，日后职业发展前景也不佳。这些核算都有着很实在的现实背景和利益诉求。

受教育者个人及家庭的这种成本收益的核算，是很现实的。随着商品经济的活跃，经济核算、追求效益的观念深入人心。人才市场的激烈竞争，使得人们在教育方面不断增加投入。人们在考虑自己的一切经济或非经济行为，包括上学受教育、学知识等，无不要在商品等价交换的指示器面前，仔细核算一番。如上数年学要花费多少，少收入多少，损失为多大，学业完成拿到文凭、学位后，工资、住房、职称、职务方面又会得到多少好处。如此这般的损益计算之后，再决定是否上学，学到何种程度，以及上什么学，学什么内容等。

11.4　教　育　规　划

11.4.1　教育规划的含义

子女教育规划是指为筹措子女教育费预先制定的计划。教育费用持续上升，家长为子女筹备未来教育经费时，需要个人理财师提供教育财务的建议。父母把独生子女视为掌上明珠，强烈的择校愿望和日渐增加的教育支出的矛盾，使教育规划成为个人理财的基本内容，在整个理财规划中占有重要地位。

教育规划的好处有以下几点：①帮助家长在未来的日子里，不用担心子女因支付不起账单而无法满足上大学的愿望；②家长不会为子女受教育筹措资金而被迫推迟退休；③减少家长因子女教育费而负债的可能性；④使子女不必在就学期间因考虑还贷而对自己的学业、课程选择等受到相当影响；⑤使子女不必在就业初期为偿还大学贷款而拼命工作。

教育规划的绩效取决于投资工具的选择，除常用的财务投资工具外，教育规划还有很多特有工具。与其他投资计划相比较，教育规划更重视长期工具的运用和管理。如家长较早进行教育投资规划时，财务负担和风险都较低。

11.4.2　教育规划工具

教育规划的工具有长期工具和短期工具两种，前者分为传统教育投资工具和其他教育投资工具。以下逐一介绍。

1. 传统教育投资工具

传统教育投资工具主要包括个人储蓄、定息债权和人寿保险等。这些投资工具的优点是风险相对较低，收入较为稳定。

1）定期投资基金

在所有传统的教育投资工具中，定期投资基金是回报率较高的一种，家长每期投资一定的资金，当子女上大学的时候，就能有一笔钱财用来支付教育费用。若年利率为 5％，则家长在子女出生时，每年只需要购买定期投资基金 2 400 元，以复利计算，就可以在 18 年后获得 80 000 元的教育资金。

2）定息债券

定息债券同样能帮助家长完成教育投资规划目标。家长定期（每月或每年）购买一定数额的定息债券，然后在需要时卖出债券，就可以获得资金。这种投资工具不仅节约时间，且能对该教育投资规划持之以恒。定息债券以单利计算，投资成本要高于个人储蓄。

3）保险公司提供的子女教育基金

参与保险可视为一种投资，家长也将人寿保险作为教育投资规划的工具之一，子女幼小时，父母只要按月购买一定金额的教育保单，就可以保证子女在读大学时有足够的资金支付学费和生活费。这一做法的缺点是资金缺乏流动性，要 10 多年后才可以提取。优点是对子女有较好保障，即使自己有什么不测，也可以为子女留下一笔教育基金，以尽为人父母之责任。

4）教育储蓄

家庭教育储蓄是国家联手银行合作开办的一种高收益免税的储蓄品种，个人家庭在银行和其他金融机构，为本人或其子女为未来接受高等教育而办理储蓄，并利用储蓄的本金或利息为受教育者支付教育服务费用。

建立教育储蓄金制度的根本目的在于，将金融手段参与家庭的教育投入。促使每个家庭在学生上大学之前，逐步准备好应当由个人承担的高等教育成本，从而将家庭金融储蓄与子女以后接受高等教育的学费支付相联系。

2. 其他教育投资工具

传统教育投资工具虽然具有稳定的收益，但却没有将通货膨胀考虑在内。实际情况中，通货膨胀率对教育规划这类长期投资有着很大影响，尤其是在目前通货膨胀预期较高的时期里。选择教育规划工具时应该考虑到这一因素。下面介绍集中可以较少通货膨胀的投资产品，主要有政府债券、股票、公司债券和教育投资基金等。这些产品的价格随着供求关系和通货膨胀的变化而变化，能够为家长提供一定的保障。

1）政府债券

此类债券一般由所在国中央政府或地方政府发行，收益的稳定性和安全性使其成为教育规划的主要工具。国库券可分为短期、中期和长期三种，具有无违约风险、易于出售转让和流动性高等特点，十分适合教育规划。在债券价格发生变动时，可以及时调整计划，还可以利用组合将投资的收回期固定在需要支付大学学费之前，保证投资收益的最大化。

2）股票与公司债券

一般而言，教育投资规划并不鼓励家长采用股票这类风险太高的投资工具。但如教育规划的期限较长，个人投资股票的技能把握较好时，这些工具也可以灵活采用。相对较高的回报率可以帮助家长更好地完成教育规划。

3）大额存单

大额存单作为子女的教育基金，通常可以用来延迟家长的收入。如果在每年的 1 月份购买一年期的大额存单，则存单的利息收益应支付的税额可以延迟到第二年，直至存单到期获得一定的税收减免。

4）教育信托基金

教育规划的另一工具是信托基金。这类基金由家长购买，收益人是其子女。尽管子女在成年之前对资金没有支配权，但许多国家都规定该基金的收益可以享受税收优惠。家长在投资此类基金之前，先按照有关法规将资金的受益转到子女名下，这样才能保证将来基金的收益用于子女的教育。如子女未能考上大学，基金的收益则按照合同规定转为该子女的房地产购置资金或其他资产。总体来说，用信托基金作为教育规划的工具，可以使家长对资金的用途有一定的控制权。

5）共同基金

这种投资方式的最大优点，是投资的多样化和灵活性，可以在需要时将资金在不同基金间随意转换。如随着子女年龄增长和税收政策的变化而变化。子女的年龄越小，家长承受风险的能力越强，选择共同基金就可以抗御风险。使用这种投资方式，需要了解家长的风险承受能力和投资期间的长短。距离家长子女上大学的时间越近，家长的风险就越低。

11.4.3　教育规划的步骤

1. 估计接受大学教育的费用

教育规划的首要步骤，是帮助希望子女接受大学教育的家长，了解实现该目标目前所需的费用，也是整个教育规划的基础。现在，许多投资基金和保险公司都有若干大学教育的投资策划方案，并附有不同通胀率下计算现值的贴现因子。通过计算投资总额的终值和现值，我们可以得出一次性投资计划所需的费用，或是分期投资计划每月所需支付的费用。

2. 明确子女上哪类大学

教育投资的具体数额，首先取决于所上大学的种类。学校类型不同，如专业型大学与综合性大学的教育费用有天壤之别，公立学校和私立学校的学费也有不同。并非学校的费用越高，教育质量就越好。学校的教育质量需要从多方面评价，更重要的是根据子女的实际情况选择学校。要考虑的因素有：学校的特点和地理位置，师资力量、学费标准，子女年龄、子女兴趣爱好和学习的能力等。

3. 了解大学的收费情况，预测未来学费增长

了解教育投资规划的时间和大学类型后，需要明晰该大学的收费情况和预测未来相应

的增长率。这两个数据都得到确认后，才可以进行计划安排。就大学的收费情况而言，许多大学都会提供这方面的资料，家长只需要和学校的招生办公室联系，就可以免费获取这些数据。

要预测未来的大学受教育收费情况，一是明晰目前的收费标准，二是预测未来教育收费的通货膨胀率，计算未来子女入学时所需要的费用。要准确地预测未来的通货膨胀率并不容易，一般情况下，该数据每年都会发生变化。但教育规划的目标只是保证投资的收益能够保证子女未来的教育支出就可以，并不需要非常精确的数值。可以把近年来的通货膨胀率进行平均，再结合未来的经济发展趋势和大学收费标准的变化，对未来教育规划期内的通胀率做出合理预测。

总的来说，对大学费用增长率的预测越高，子女的教育资金筹措就越有保障。当然，过高的预测会增加家长的负担，从而使得整个教育投资规划变得不切实际。

4. 确定家长在未来必须支付的投资额度

确定有关的教育费用和年增长率后，就可以确定家长在未来必须支付的教育投资额度。教育规划的接着一步，是采用一次性投资计划所需要的金额现值，采用分期投资计划每月需要支付的金额现值。可结合家长现时和未来的财务状况，分析计划期间每期（月或年）需要的投资金额和投资方式。一般而言，教育费用不变时，投资工具的回报率越高，每期所需的投资金额就越少；如回报率越低，则需要的投资金额就越高。当然，投资工具的回报率越高，通常风险也会越大。家长的财务情况如只能承担较低的投资额度，则必须选用回报率较高的投资工具，在进行该投资的风险管理时，要投入更大的精力和时间。

在确定了教育投资规划的基本数据，即该计划所需的资金总额、投资计划时间（初始投资距离子女上大学的时间长短）、家长可以承受的每月投资额、通货膨胀率和基本利率之后，就可以制定教育投资规划了。

11.4.4 教育规划编制实例

1. 规划编制实例一

为了更好地说明问题，我们可以用表11-2为例来列出不同情形下家长选择不同大学时的每月投资额度。假设：

（1）预测子女将在18岁上大学，有专科大学和综合大学两类高校可做选择；

（2）家长选择的教育规划方式是投资基金，年税后利率为9%，即每月利率为0.75%；

（3）家长每个月存入一笔固定存款用于该教育投资计划；

（4）该项投资的利息是每月支付的，并且和原投资额一起用于下一期的投资；

（5）每年大学教育费用的预计增长率约为6%（包括通货膨胀率和大学学费的实际增长率），且保持不变；

（6）如果现在入学，4年大学需要的生活费用与学费合计，以入学第一年年初值计算，专业型大学为3万元，综合型大学为4万元。

根据上述条件与表11-2的数据估算有关费用。

表 11 - 2　大学教育成本一览表（四年费用总额）

目前子女年龄	15 岁	12 岁	8 岁	4 岁	1 岁
距离上大学尚余年数	3 年	6 年	10 年	14 年	17 年
按预计增长率计算，在入学年所需的教育总费用（专科大学）	35 730	42 556	53 725	67 827	80 783
就读专业型大学每月需要投资基金的金额	862	445	276	201	167
按预计增长率计算，在入学年所需的教育总费用（综合大学）	47 641	56 741	71 634	90 436	107 711
就读综合型大学每月需要投资基金的金额	1 149	593	367	268	223

表 11 - 2 假设了子女年龄的五种情况。现以第二种情况为例说明具体的计算方法。有某子女刚 12 岁，预计 6 年后上大学，按照教育费用预计增长率计算，6 年后所需教育费用总额分别为：

$$30\ 000 \times (1+0.06)^6 = 42\ 556\ 元（专科）$$
$$40\ 000 \times (1+0.06)^6 = 56\ 741\ 元（本科）$$

将此项未来值按 0.75％的月折现率为复利现值（期初现值），得到每月应投资基金的额度分别为：

$$42\ 556\ 元 \times (72\ 期复利期初年金系数) = 445\ 元（专科）$$
$$56\ 741 \times (72\ 期复利期初年金系数) = 593\ 元（本科）$$

其中，期初年金现值系数可由专用的年金现值表查得，或者通过 Excel 等软件计算。采用 72 期复利，是因为未来 6 年投资基金是按月计算复利，6 年相当于 72 个月。其余四种情况的计算方法相仿，不再赘述。

从表 11 - 2 中可以看出，未来大学教育费用所需的储蓄额，如子女的岁数越小，将来要支付的教育费用总额（不考虑通货膨胀率的名义数额）就越高，但每个月的支付金额却相对要低一些。未雨绸缪，细水长流，对一般家庭而言负担相对较轻。在家庭财务状况允许的情况下，尽早为子女进行教育投资是明智之举。如希望目前已 15 岁的女儿接受综合型的大学教育，则从现在起，家长必须每月存入 1 149 元，才能保证子女入学时无后顾之忧。如需要接受综合型大学教育，如子女现在只有 8 岁，则从现在开始每月只需存入 367 元，在子女年满 18 岁的时候就可以有一笔 71 634 元的资金供其读完大学。

当然，以上金额不是固定不变的，如通货膨胀率、利率或其他投资收益率发生了变化，总体情况也将发生相应变化，但上述费用与储蓄联动的大致趋势则是基本定型，尽早为子女教育作规划是极其必要的。更为理想的是，子女还能凭借自己的努力获得数额不菲的奖学金和勤工助学金，或者申请国家助学贷款，这笔教育基金就可以作为子女接受更高层级教育的费用了。

2. 规划编制实例二

家庭作财务策划前，已经开始教育规划并储蓄了一笔教育基金，则可以采用类似表 11 - 3 的方式来计算每月所需的储蓄额。假定某子女现在 8 岁，预计 18 岁上综合型大学；已储备有 8 000 元教育基金，目前综合型大学 4 年的教育费用为 40 000 元，教育费用增长率为 6％，可据表 11 - 3 的数据来计算。

表 11-3 教育投资计划每月储蓄金额调整表 单位：元

规划前家长所有的教育基金	8 000
目前子女年龄	8 岁
距离上大学尚余年数	10 年
目前综合型大学 4 年的教育费用	40 000
按预计增长率计算，10 年后综合型大学所需的 4 年教育费用总额	71 634
规划前所有的教育基金 10 年后的复利总值（按月率 0.75%、120 个月计算）	18 936
10 年后需要补充教育费用（71 634－18 936 元）	52 698
自规划年份起每月所需的储蓄额（按 0.75% 的月折现率折算未复利现值）	289.05

已经有 8 000 元教育基金的家长，今后每月所需的储蓄额可调整为 289.05 元，就可以保证 10 年后子女教育所需要的资金。但需要说明的是，这一数据是假定教育基金未来 10 年的年复利率为 9%，一般情况下，要达到如此之高的复利率，必须对所有资本很好地运作才可，否则从规划年份起每个月的基金投入额就远非 289 元可以满足。家长需要知道，已经拥有的教育基金也需要通过储蓄或其他投资以取得收益，在教育计划结束的时候所有的本息总额，才能满足教育计划的需要。

3. 规划编制实例三

（1）预计某子女将在 18 岁上大学，有普通大学和重点大学两种类型的高校可以选择，如本科毕业后希望继续深造攻读硕士学位。假设从 24 岁开始，一共 3 年，有两种类型的深造方案可供选择：①国内竞争异常激烈的重点大学的研究生院；②到国外一般大学自费留学。

（2）家长选择的教育投资规划方式是基金产品，年税后利率为 10%。

（3）家长拟每个月存入一笔固定存款用于教育投资规划。

（4）该项投资的利息是按月计息，并且和原投资额一起用于下一期的投资。

（5）每年大学教育费用的预计增长率约为 5%（包括通货膨胀率和大学学费的实际增长率），并保持不变。

（6）如现在入学，4 年大学需要的生活费、住宿费与学费合计，普通大学共为 10 万元（平均每年 2.5 万元），重点大学共为 6 万元（平均每年 1.5 万元）。

（7）如现在入学，能够考入国内一流大学的研究生院，2 年硕士研究生需要的生活费、住宿费与学费合计共需要 3 万元左右（平均每年 1.5 万元。国内目前很多学校的研究生教育收费较低，住宿收费也较为优惠。每月还有国家补助的生活费三五百元不等，加上担任助教、助研的收入，参加导师课题和项目的收入，平均每年花费 1 万多元是高估）。到国外自费留学，只要有钱，有很多学校可以选择，但费用昂贵。不算办理出国的各种中介费用、语言学习、考试费用，3 年毕业的生活费、住宿费与学费，保守估计需要 20 万～30 万元左右。

根据上述条件，假如家长估计子女考上重点大学的希望不大，为谨慎起见，选择了价格较贵的普通大学作为教育金规划的对象。对于本科以后的深造计划，由于国内考研竞争激烈，家长决定让子女到国外自费留学。根据表 11-4 估算子女教育的整笔投资及储蓄组合的具体数额。

表 11-4　子女教育投资估算表

项目	代号	公式	例子
子女目前年龄	A		6 岁
几年后上大学	B	$=18-A$	12 岁
几年后深造	C	$=24-A$	18 岁
目前大学学费	D	以四年估计，普通大学学费，含住宿费用和基本生活费	10 万元
目前深造费用	E	初步以三年估计，目前出国攻读硕士生的学费，含住宿费和基本生活费	15 万元
学费成长率	F	以 3%—10% 假设	5%
届时大学学费	G	$=D\times(1+r)^n$　（复利终值系数）（$n=B$，$r=F$）	18 万元
届时研究生费用	H	$=E\times(1+r)^n$　（复利终值系数）（$n=C$，$r=F$）	36.1 万元
教育资金投资报酬率	I	以 8%—12% 的年收益估计	10%
目前教育准备金	J	目前自有储蓄额中预留给子女的	5 万元
教育资金至深造时累计额	K	$=J\times(1+r)^n$　（复利终值系数）（$n=C$，$r=I$）	27.8 万元
尚需准备深造额	L	$=H-K$	8.3 万元
准备子女攻读研究生资金的月投资	M	$=L/\overrightarrow{S_{nr}}$　（年金终值系数）[（$n=C-B$，$r=I/12$]	896 元
准备子女大学费用的月投资	N	$=G/\overrightarrow{S_{nr}}$　（年金终值系数）[（$n=B$，$r=I/12$]	702 元

　　教育投资规划的编制中，首先要看目前拥有资产中可预留给子女作为教育资金的数额，再设定有可能达到的长期平均投资的报酬率，然后选择合适的投资工具。若目前有净资产 5 万元可用做教育投资，预期年平均报酬率约为 10%，5 万元 ×$(1+r)^n$（复利终值系数）（$n=18$ 年，$r=10\%$）=5 万元 ×5.56=27.8 万元。36.1 万元－27.8 万元=8.3 万元，以上大学后有 6 年时间为子女准备留学基金的差额 8.3 万元，8.3 万元/$\overrightarrow{S_{nr}}$（年金终值系数）（$n=6$ 年，$r=10\%$）=8.3 万元/7.72=10 800 元，10 800 元/12=896 元，在子女 18～24 岁间每月要拨付约 900 元投资基金准备子女攻读研究生的经费。大学学费方面，18 万元/$\overrightarrow{S_{nr}}$（年金终值系数）（$n=12$ 年，$r=10\%$）=18 万元/21.38=8 420 元，8 420 元/12=702 元，也就是说，子女 6～18 岁，每月要拨付 700 元定期定额投资基金准备读大学的费用。

本 章 小 结

　　1. 结婚费用预算是关于结婚费用的资金筹集与计划使用而编制的预算，适用于已确定爱情关系，准备结婚成家的男女青年使用。编制目的则在于计划婚事和新婚家庭建设费用，以量入为出，加强对结婚费用的计划管理，提高其使用经济效益。

2. 家庭养育孩子的成本，包括生活费、教育费、医疗保健费、婴幼儿夭折费和父母工时劳务损失费等。家庭人口投资的收益，是指家庭通过子女养费花费而形成的劳动力，在其作为劳动力的整个工作期间，可以向家庭带来的纯收益。

3. 教育投资相较一般的物力投资，具有期限长、回收慢、额度大、效益难以测定且不够明显等显著特点。

4. 家庭教育投资的重点，一是呼唤家庭对此事项的真正重视，在家庭资源做有效配置之时，将对人的投资置于首位并给予某种程度的倾斜；二是教育投资中的具体状况，钱财投资与人力投资的份额比例，父母对子女的教育投资是否适度等，应当引起相应重视。

5. 子女教育规划是指为筹措支付子女教育费用而预先制定的计划，在家庭支出计划中占有重要地位。教育投资规划的绩效取决于投资工具的选择。与其他投资计划相比较，教育投资规划更重视长期工具的运用和管理。

思 考 题

1. 结婚费用预算编制需要遵循哪些原则？
2. 如何运用贝克尔的家庭经济理论来分析家庭人口投资？
3. 如何评价家庭教育投资是否适度？
4. 家庭教育投资应考虑哪些内容？
5. 简述教育规划工具。
6. 论述教育规划的步骤。

第 12 章

住房规划

学习目标

1. 了解房地产投资的基础
2. 深入了解住房抵押贷款
3. 了解房地产投资策略
4. 了解房地产投资规划

12.1 房地产投资基础

12.1.1 房地产的状况

房地产从其存在的自然形态认识，主要分成房产和地产两大类。房产是指建设在土地上的各种房屋，包括住宅、厂房、仓库、医疗用房等；地产则是土地和地下各种基础设施的总称，包括供水、供热、供气、供电、排水排污等地下管线及地面道路等。

我国房地产市场形成时间不长，具有浓厚的经济转型时期的色彩，房地产按照国家政策规定有多种类型，主要有以下几种。

1) 商品房

是指房地产公司在取得土地使用权后开发销售的房屋。购买商品房后拥有对住房的独立产权，土地使用权通常为 70 年。商品房的价格由市场供求关系决定。目前，房地产交易市场最大量的就是这些商品房。

2) 安居房、解困房和经济适用房

安居房是指为实施国家"安居工程"修建的住房，是政府为了推动住房制度改革，加大对低收入群体的住房保障，由国家安排贷款和地方自筹资金，面向广大中低收入家庭修建的非营利性住房。解困房是指在实施"安居工程"之前，为解决本地城镇居民的住房困难而修建的住房。经济适用房是指政府部门联同房地产开发商，按照普通住宅建设标准建造的，以建造成本价向中低收入家庭出售的住房。

3) 房改房

房改房是指国家机关、国有企事业单位按照国家有关规定和单位确定的分配方法，将原属单位所有的住房以房改价格或成本价出售给职工。住房制度改革的初期，房改房有自己的一套特殊政策，随着时光的流逝，目前，人为加到房改房上的这些特殊政策已经不再适用，房改房已开始享有与商品房同等的待遇。

12.1.2　房地产投资

房地产投资是指投资人把资金投入到土地及房屋开发、房屋经营等房地产经济的服务活动中去，以期待将来获得收益或回避风险的活动。它的活动成果是形成新的房地产或改造利用原有房地产，其实质是通过房地产投资活动实现资本金的增值。

房地产投资一般包括两个方面：①涉及房地产购买的投资理财；②对现有房地产给予适当财务安排的权益理财，两个方面在具体操作上又存在着某些交叉。在房地产价格不断上涨的时代，随着房地产交易市场的完善及各项交易税费的降低，灵活利用房地产这一投资工具，能较好地实现确保家庭资产保值和增值的目的。

1. 房地产投资的优点

1）可观的收益率

投资房地产的收益主要来源于持有期的租金收入和买卖价差。一般来说，投资房地产的平均收益率应高于存款、股票和债券、基金等其他投资。

2）现金流和税收优惠

在美国，人们投资于房地产，取得的现金流或税后收入不仅依赖于该资产的运作升值，还依赖于相关的折旧和税收。房地产一般来说会随着时间的推移而贬损，折旧费用可以作为一项现金流出，在纳税之前从收入中扣除，从而减轻税负，使得资产所有者提高了补偿这部分贬损价值的津贴。

3）对抗通货膨胀

房地产投资能较好地对抗通货膨胀，原因在于通货膨胀时期，因建材、工资的上涨使得新建住房的成本大幅上升，使得各项消费居住成本及房地产价格都会随之上涨。通货膨胀还带来有利于借款人的财富分配效应。在固定利率贷款的房地产投资中，房地产价格和租金上升时，贷款本金和利息是固定的。投资者会发现债务负担和付息压力实际上在大幅减轻，个人净资产已有相应增加。

4）价值升值

某些类型的房地产，特别是地价升值很快。从各国的历史来看，总的来说，在20世纪70年代的大部分时间和80年代的一部分时间，房地产投资是很少的几项投资收益率可以持续超过通货膨胀率的投资之一。当每年通货膨胀率维持在10%～15%时，大部分房地产投资的收益率保持在15%～20%之间。对某项房地产营运受益的估价，不仅应当包括现金流入的折现，还应该估计到房价本身的升值。

2. 房地产投资的缺点

1）缺乏流动性

一般来说，房地产属于不动产，投资的流动性相对要低。房地产交易费力费时，且不可能随时随地按照市价或接近市价的价格出售。目前我国房地产投资的最大缺陷，是缺乏流动性强、便捷有效的交易市场。这对房产投资的状况及效益等，具有相当缺陷，影响了房产交易。

2）需要大笔投资

在房地产投资中，通常需要有一笔首期投资额。对大多数家庭而言，房地产投资项目都是规模庞大，直接进行房地产投资无法达到家庭资产多元化的目标。

3）房地产周期与杠杆带来的不利影响

房地产市场呈现明显的周期性特征，房地产投资一般能够抵御通货膨胀的风险，但在通货紧缩或经济衰退期，这类投资很可能会发生贬值。当衰退期到来时，房地产价格和租金可能会出现下降，对投资者贷款购房非常有利的财务杠杆，此时就变得非常不利。

4）住房决策的机会成本

人们常常根据生活环境和各种财务因素决定住房类型，但应考虑相应的机会成本。住房投资决策的机会成本因人而异，但以下成本是普遍存在的：①用于住房首期款或租住公寓押金的利息损失；②居住郊区的住房是空间大、费用低，但上班时间和交通成本会相应增加；③在城里租住离工作点较近的公寓时，会丧失房价增值带来的受益；④廉价住房的维修和装饰要花费时间和金钱等。

5）风险性

风险性是指房地产投资获取未来利益的不确定性。从 2007 年来，美国的房价出现了大幅下跌，并由此引发了次贷危机和席卷全球的金融危机。我国的某些城市也因前期房价上升的速率过快，出现了一定幅率的下跌，这说明房地产投资的风险还是客观存在，需要注意并很好防范。

12.1.3　个人投资房地产

1. 目标和需求分析

买房前要根据家庭需要和支付能力综合考虑，计算出家庭的平均月收入，包括利息收入及各种货币补贴，应主要保留两部分资金：①家庭的日常开支；②用于医疗保险及预防意外灾害的预备资金。在对个人资产作出认真估量后，才能把握自身的实力和购房方向，确定适宜的房价和房屋面积，从中挑选适合自己的住宅。

房地产投资规划的第一步，是确知投资者期望的目标和需求，这需要通过数据收集和分析来明确。投资规划的最终目的，是提供平稳过渡和对资产的优化配置。由于投资者的需求和期望时常在变化，平稳过渡和对资产的优化配置比较难以达到。因此，保持房地产投资规划的灵活性应放在重要位置。

目标一：评价各种住房选择。影响选择住房的主要因素是对住房的需求、生活状况以及经济资源。应从经济成本和机会成本的角度了解各种租赁和购买住房的选择。

目标二：设计出售住房的战略。出售住房时，必须确定是否应进行某些维修和改善工程、然后确定出售价格，并在自行出售住房和利用房地产中介服务两者之间进行选择。

目标三：实施购房程序。购买住房涉及 5 个阶段：①确定拥有住房的需求；②寻找并评估待购买的房产；③对房产进行定价；④对购房款申请贷款融资；⑤完成房地产交易。

目标四：计算与购房有关的成本。与购房有关的成本包括头期付款、交易手续费如转让费、律师费、产权保险费等，以及支付住房所有人保险和房产税的保证账户。

2. 投资房产需要考虑因素

购房前要根据家庭需要和支付能力综合考虑，计算家庭的平均月收入，包括利息收入及各种货币补贴，应主要保留两部分资金：①家庭的日常开支；②用于医疗保险及预防意外灾害的预备资金。在对个人资产做出认真估量后，才能把握自身的实力和购房方向，确定适宜的房价和房屋面积，从中挑选适合自己的住宅。

个人投资房产前需要注意的事项有：①先定购屋目的，再慎选购屋时机。购屋价高近涨往往资金被套牢；②调查产权，查明地段地号，再由请产权过户；③查阅建造执照。有的公司尚未建造房屋或者尚未建造执照，就可以预售；④注意起造人与签约人是否一致，有否权利出售、建造是否逾期，竣工日期有无延误，还应注意都市规划的区属、分区；⑤明了房屋设计、设计状况与居家品质有密切关系，注意朝向、层数、居层、每屋户数不宜过多。

房地产投资的要略是：①寻求易于脱手的房屋，需要地段强，外观好，管理严格，建设公司信誉好；②签订契约时注意其中有无阻碍自由转让的条款、避免他人分利；③寻找转手卖主时，要托信用好的中介公司或可信赖的专家；④选择景气时机；⑤注意交易中税费缴纳。

房地产贷款找银行时需要考虑货比三家，比较各家银行能给予的优惠条款。考虑能否借新还旧或降低利率，或多借款迟还款，这在新房、地段好，还款能力强，银行方可通融。

3. 个人投资动机分析

购买房地产是周期长、资金数额大，事前需要仔细评估和计划。购买房地产是用于居住，还是用于投资，或是两者兼顾，动机不同会带来房屋选择的差别。

1）用于居住

对一般投资者来说，投资住宅类房地产首先是满足对生活居住场所的需求，这是纯粹的消费需求。为提高居住生活质量，首先要选择已形成或即将形成一定生活氛围的居住环境和便利的交通条件，其次是对具体住宅的状况进行细致选择。

2）用于租赁

若购房的目的是为了获取租金收入，可购买容易出租给单身或者流动人口的小型住宅，或购买适宜出租给经营者的沿街店面、商场和办公楼。

3）用于赢利

若买房为获取价差收入，可购买房价相对便宜，但有升值潜力的住宅或店面房来赚取买卖差价。投资者要想在房地产市场上获取价差，必须要经验丰富、决策科学，再加行动果断。

4）用于养老保障

用房子养老，以寻找新的养老资源，加固脆弱的养老保障体系，已经受到大家的热捧，这是将住宅作为一种养老保障的重要工具，是对老年时代拥有住宅功能的新开发。

5）用于减免税收

发达国家的政府为了鼓励居民置业，通常规定购房支出可用来抵扣个人应税收入。上海、杭州市政府也都出台了购房支出可用于抵扣应纳个人所得税基数的规定。

4. 个人支付能力评估

投资房地产前必须正确估量个人资产，再根据需求和实际支付能力，综合考虑具体选择哪一种房地产投资计划。

1）个人净资产

估算个人支付能力的核心是审慎计算个人的净资产。这是个人总资产减去个人负债后的余额。对普通工薪阶层，实际负债额不宜超过 3 个月家庭日常支出总和，个人资产还包括已缴纳的住房公积金。个人净资产即个人拥有的全部财富，包括自用住宅、家具、债券、股票等。自住性房屋属于个人资产，不属于长期投资，自住以外以赚取租金收入或购售差价为购置房屋目的时，才算投资性房地产。

2）个人综合支付能力评估

确定个人投资房地产的综合支付能力时，不仅要看其净资产，还要分析个人的固定收入、临时收入、未来收入、个人支出和预计的未来支出。

如个人净资产为正，投资者首先要确定用来投资房地产的资金数额，再根据家庭月收入的多少及预期，最终确定用于购买房地产、偿还银行按揭贷款本息的数额。基本原则仍然是量力而行，既满足个人的房地产投资需求，又不会为自己带来沉重的债务负担。

5. 个人投资房产前需要做的工作

（1）个人缺乏建筑的专门知识、应弥补；

（2）防止虚假广告误导，或因巨额广告费转嫁入住房成本，使价格上扬；

（3）注意产权是否清晰，避免后遗症。尤其是中介机构参预时；

（4）搜集有关信息，但防止误导；

（5）注意做长期打算，防止财务被拖跨；

（6）注意察查看现场调查；

（7）欲购屋出租而赚钱者，注意租金收益同房款及利息成本；

（8）分析利率，价格和效益，详细计算；

（9）考虑后续的维修管理费用。房屋的日常清扫、外观维护及修缮整建问题。物业管理如何；

（10）评判决策，勿上当冒险。

12.2　住房抵押贷款

12.2.1　住房抵押贷款

房地产投资的金额大、时期长，很少有人能一次性付清所有的购房款项。为决定购房而抵押贷款融资，在房地产投资中具有重要意义。

1. 住房抵押与抵押贷款

抵押是一种以还贷为前提条件，从借款人到贷款人的抵押物权利的转移，该权利是对由借款人享有赎回权的债务偿还的保证。当投资者以抵押贷款形式购房时，房屋产权实际上已经转移给贷款银行，投资者只能在贷款债务全部还清后才能获得对该房屋的全部产权。这种从贷方重新获得产权的权利叫做担保赎回权。抵押实质上是对贷款的担保，而不是一种贷款。

商业性个人住房贷款又称"按揭"，是银行用信贷资金发放的自营性贷款，具体指具有完全民事行为能力的自然人，在购买自住住房时，以购买的住房产权或银行认可的其他担保方式为抵押，作为偿还贷款的保证而向银行申请商业性贷款。目前我国的银行在为投资者办理住房抵押贷款时，都要求贷款人必须购买商业保险。

2. 住房抵押贷款的特点

住房抵押贷款与其他贷款有着明显区别：①它是面向个人的贷款；②是与住房购买、修葺、装修等有关的贷款；③贷款数额大、期限长，一般可达到 5～30 年；④定价方式不同于其他贷款，既有固定利率，也有可变利率；⑤在还款方式上采用分期付款方式；⑥以所购住房为抵押，房地产抵押是这种贷款的重要保证，是防范抵押信贷风险的主要手段；⑦一般以各种形式的住房保险作为防范信贷风险的重要手段，以抵押二级市场等为防范流动性风险的措施；⑧得到政策和法规支持并受到政府有关部门的严格监督。由于住房抵押贷款的特殊性，通常由专门的贷款部门管理，并形成一系列的信贷政策规定。

3. 住房抵押贷款的属性

购房抵押贷款的重要概念是抵押权，是住房抵押的法律属性。抵押权具有以下特点：①抵押权属于担保物权，其租用时担保债券的清偿，抵押权从属于债权而存在，并随着债权的清偿而消失；②抵押权担保的债权具有优先受偿权，即当同一债务有多项债权时，抵押权所担保的债权必须是优先受偿权；③抵押标的除完全物权即所有权外，用益物权即使用权等也可设立抵押权。

4. 申请个人住房抵押贷款的流程图（见图 12 - 1）

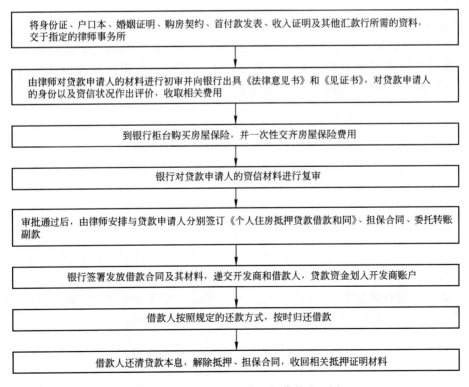

图 12-1　申请个人住房抵押贷款流程图

12.2.2 住房抵押贷款偿还的方式

1. 住房抵押贷款的偿还方式

一般来说，住房抵押贷款的偿还有 3 种方式。

（1）期满一次性偿还，是指借款者在贷款期满时一次性偿还本金和利息。满期偿还可以根据贷款额度、贷款利率以及贷款期限，按照累计公式 $A(1+r)$ 计算；

（2）偿债基金，是指借款者每期向贷款者支付贷款利息，并且按期另存一笔款项，建立一项偿债基金，在贷款期满时这一基金恰好等于贷款本金，一次性偿还给贷款者。此法对借款人较为不利，存入款项的利率总是会低于贷款的利率，借款人要遭受一定的利率损失。

（3）分期偿还，是指借款者在贷款期内，按一定的时间间隔，分期偿还贷款本息。这种还贷方式比较盛行。

2. 计算偿还贷款的余额

1）计算分期偿还贷款余额的含义

分期偿还债务的各期偿还款项形成了一种系列、等额支付的年金形式，有关分期偿还的许多问题，都可以通过年金的方式进行分析。

按贷款利率计算的分期偿还款项的现值就是贷款额，即贷款本金。在还款实务中，投资者需要了解各个时期的贷款余额。若借款人在某个时点决定提前还款，不论是一次性提前偿还所有的剩余本息，还是缩短原定的平均摊还期，增加每次摊还金额，都需要计算该时点剩余本息的贷款余额。

2）计算分期偿还贷款余额的方法

一般说，计算贷款余额有过去法和未来法两种方法。过去法是基于已经经历时间的贷款和还款的累计值计算贷款余额；未来法是根据未来要偿还款项的贴现值计算贷款余额。图 12-2 正反映了分期偿还贷款计划下的现金流状况。

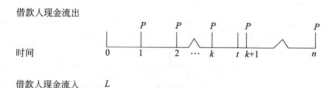

图 12-2 分期偿还计划现金流

假设 L 为贷款额度，n 为分期还款次数，P 是每期还款额，i 为贷款利率。在 k 时的贷款余额。在时刻 0，有 $L = P\overleftarrow{a_{ni}}$。即各次偿还款的现值等于贷款额。这个等式两端都按利率 i 累计到时刻 k，则有：

$$L(1+i)^k = P\overleftarrow{a_n}(1+i)^k \tag{12-1}$$

式（12-1）的右端是年金中的任意时刻 k 的现值，可分为两部分计算，即 k 之前（包括 k）的各次付款 P 户到 k 时的累计值，及 k 之后各次付款的贴现，有：

$$L(1+i)^k = P \cdot \frac{1-v^k+v^k-v^n}{i}(1+i)^k$$

$$= P \cdot \frac{(1+i)^k-1}{i} + P\frac{1-v^{n-k}}{i}$$

$$= P\overrightarrow{S_{ki}} + P\overleftarrow{a_{n-ki}}$$

得到：$P\overleftarrow{a_{n-ki}}=L(1+i)^k-P\overrightarrow{s_{ki}}$。我们将 k 时的贷款余额记做 B_k，将根据过去法计算的贷款余额记做 B_k^r，根据未来法计算的贷款余额记做 B_k^p，显然有 $B_k^r=B_k^p$ 而且有：$B_k^r=L(1+i)^k-P\overleftarrow{s_{ki}}$，$B_k^p=P\overleftarrow{a_{n-ki}}$。在时刻 k 与 $k+1$ 之间的某一时刻 $k+t(0<t<1)$，其贷款余额为：$B_{k+1}=B_k(1+i)^t$　$0<t<1$。

实务计算中，可根据不同的已知条件，选择过去法或未来法进行，使计算结果更为简便。如每次还款额和尚未还款的次数已确知，用未来法比较简单；如果不知道尚需还款次数或不知道最后一次可能的不规则还款次数，则用过去法较为方便。

3）住房贷款用过去法和未来法归还的举例

【例12-1】 李先生申请到住房贷款 10 万元，分 10 年还清，每月末还款一次，每年计息 12 次，年名义利率为 6%。分别利用过去法和未来法计算在还款 50 次后的贷款余额。

根据 $L=P\overleftarrow{a_{ni}}$，$P=\dfrac{100\,000}{\overleftarrow{a_{120\,0.005}}}$

过去法：$B_{50}^r=100\,000\left(1+\dfrac{0.06}{12}\right)^{50}-\dfrac{100\,000}{\overleftarrow{a_{120\,0.005}}}\overleftarrow{s_{50\,0.005}}=65\,434.84$（元）

未来法：$B_{50}^p=\dfrac{100\,000}{\overleftarrow{a_{120\,0.005}}}\overleftarrow{a_{120-50\,0.005}}=65\,434.84$（元）

【例12-2】 如李先生每年还款 1 000 元，共 20 次。在第 5 次还款时，他决定将手头多余的 2 000 元作为偿还款，然后将剩余贷款期调整为 12 年，若利率为 9%，计算调整后每年的还债额。

本案例用未来法计算比较简单，未还额外的 2 000 元时的贷款余额为：
$$B_5^p=1\,000\overleftarrow{a_{15\,0.09}}=8\,060.69\text{（元）}$$

额外偿还 2 000 元后的贷款余额为：$8\,060.69-2\,000=6\,060.69$（元）

设调整后每年还款额为 P，有 $6\,060.69=P\overleftarrow{a_{12\,0.09}}$，$P=846.38$（元）

3. 分期偿还表

分期偿还贷款，需要分别计算每月本利均摊还额中的本金和利息。每期偿还的款项中，部分作为本期贷款利息，剩余部分作为本金一并偿还给贷款人。划分每次还款中的本金和利息的额度是需要的。利息应计入投资者的损益表及现金流量表中的支出项目。确切地说，应该是支出项目中的经常性不可控支出。每月平均摊还额中的本金应计入投资者的资产负债表中，减少投资者的负债，同时增加投资者的净资产。

1）分期偿还表及使用

所谓分期偿还表，就是包括各期还款中的利息和本金的额度及每期还款后的贷款余额的列表。假设分期偿还款按标准型年金进行，如贷款额为 $\overleftarrow{a_{ni}}$，年利率为 i，还款期限为 n，每期期末平均摊还额为 1，则分期偿还如表 12-1 所示。

2）分期偿还的例举

【例12-3】 毛先生从 A 银行借款 10 000 元，每季末还款一次，共 6 年，每年计息 4 次，年名义利率为 8%。第 2 年末，A 银行将收回债务的权利转卖给另一银行 B，B 银行要求每年计息 4 次的年名义利率为 10%。请计算 A 银行和 B 银行一共从毛先生那里获得多少利息。

毛先生向 A 银行每季度末支付的还款额为：$\dfrac{10\ 000}{\overleftarrow{a}_{24\,0.02}}=\dfrac{10\ 000}{18.913\ 9}=528.71$（元）

B 银行购买这一收回债务的权利的价格为（相当于计算 2 年后这笔债务的贷款余额，本例子中采取未来法计算，请注意这笔贷款余额是用 B 银行的收益率，即每次计息 4 次的年名义利率 10％计算的。

$$528.71\times\overleftarrow{a}_{16\,0.025}=528.71\times13.055=6\ 902.31（元）$$

后 4 年毛先生的偿还总额为：$16\times528.71=8\ 549.36$（元）

按照本题的意思，A 银行和 B 银行之间的交易并不影响毛先生每季度的平均摊还额，也即在 6 年内，毛先生的贷款都可以按照原定的每年计息 4 次的年名义利率为 8％计算。

B 银行所得利息为：$8\ 549.36-6\ 902.31=1\ 557.05$（元），其中 6 902.31 元相当于毛先生后 4 年的借款本金。

A 银行在出卖收款权的贷款余额为（注意这笔贷款余额是用 A 银行的收益率，即每年计息 4 次的年名义利率 8％来计算）：$528.71\times\overleftarrow{a}_{16\,0.02}=7\ 178.67$（元）。

毛先生在头两年还款总额为：$8\times528.71=4\ 229.68$（元）

毛先生在头两年中支付的还款本金为：$10\ 000-7\ 178.67=2\ 821.33$（元）

毛先生头两年中的利息为：$4\ 229.68-2\ 821.33=1\ 408.35$（元）

需要特别指出，A 银行在卖出这项权利时的价格为 6 902.31 元，低于当时的贷款余额 7 178.67 元，A 银行损失了 276.36 元，A 银行的利息总收入应为 $1\ 408.35-276.36=1\ 131.99$（元）。

毛先生偿还款中的利息部分为：$24\times528.71-10\ 000=2\ 689.04$（元）；A 银行、B 银行所得利息之和为：$1\ 557.05+1\ 131.99=2\ 689.04$（元）。可见，毛先生支出的利息与 A 银行、B 银行获得利息之和相同。

4. 房贷还款的理性选择

贷款购房的理念已被大众勇于接受并广为流行，目前的商业房贷还款方式有等额本息还款法、等额本金还款法、等额递增还款法和等额递减还款法四种。各种房贷还款方式并无实质性优劣之分，重要的是选择适合自己的方式。只有根据自身的预期收入流、还款需求等多种因素特点选择，才能有效节省偿还本息，同时应对合理的还款压力，这才是理性选择。

对有购房打算的人，是否清楚每种还款方式，它们各自有何区别，哪种方式更适合自己，这里试予以详细解说。

1）等额本息还款

每月还相同的数额，操作相对简单。也是人们以往最常用的方法。

【例 12-4】 李先生向银行申请了 20 年期 30 万元贷款（利率 5.508％），在整个还款期内，李先生的月供均为 2 065 元（假定利率不变）。

适合人群：适用于收入处于稳定状态的家庭，如公务员、教师等，这是目前大多数客户采用的还款方式。

专家点评：借款人还款操作相对简单，等额支付月供也方便安排每月收支。但这种方式由于前期占用银行资金较多，还款总利息较相同期限的等额本金还款法高。

2）等额本金还款

每月归还的贷款本金不变，但利息随着本金的逐期偿还而逐渐减少，每月归还的本息总额也随之减少。

【例12-5】 李先生向银行申请20年期30万元的贷款（利率5.508%），采用等额本金还款。前6个月的还款额分别为：2 627元、2 621元、2 616元、2 610元、2 604元、2 598元，而最后一个月（第240个月）的还款额为1 264元。

适合人群：适用于目前收入较高但预计将来收入会减少的人群，如面临退休的人员。

专家点评：使用等额本金还款，开始时每月还款额比等额本息还款要高，在贷款总额较大的情况下，相差甚至可达千元。但随着时间推移，还款负担会逐渐减轻。

3）等额递减还款

客户每期还款的数额等额递减，先多还款后少还钱。

【例12-6】 李先生向银行申请20年期30万元的贷款（利率5.508%），采用每6个月递减50元的等额递减还款法，其第1～6个月的还款额均为2 860元，第7个月开始减少50元，即7～12每月还款2 810元，依此类推，第240个月还款额为910元。

适合人群：适用于目前还款能力较强，但预期收入将减少，或者目前经济很宽裕的人，如中年人或未婚的白领人士。

专家点评：在等额本金还款法下，客户每个月的还款额都不相同，且是逐渐减少。而在等额递减还款法下，客户在不同时期内的还款虽然不同，但是有规律的减少，而在同一时期，客户的还款额是相同的。

4）等额递增还款

客户每期还款的数额等额递增，先少还钱后多还款。

【例12-7】 李先生向银行申请20年期30万元的贷款（利率5.508%），采用每6个月递增25元的等额递增还款法，第1～6个月的还款额均为1 667元，第7个月开始增加25元，即7～12每月还款1 692元。依此类推，第240个月还款额为2 642元。

适合人群：适用于目前还款能力较弱，但预期收入将增加的人群。

专家点评：目前收入不高的年轻人可优先考虑此种还款方式。

国外还有其他多种住房贷款还款方式，这里不再一一介绍。不同住房按揭贷款方式的利弊和适合人群，可以如表12-1所示：

表12-1　不同还款方式的选择

还款方式	优点	适合人群
双周供	还款频率多，单次金额少，承担的心理压力小	除工资外还有其他稳定收入来源的人群
等额本息	还款额本金比重逐月递增，利息比重逐月递减	收入稳定者，有固定工作者（公务员、教师）
等额本金	可以按月还款和按季还款	当前收入较高，日后收入可能减少的人群
按期付息按期还本法	除按月还款外，还提供按双月、按季度等方式	支会首期款后有较大还款压力的人
任意还本法	此种方式最为灵活，也是同等利率下最方便、优惠的一种还款方式	工作收入不是很稳定的人群
等额递增法	前期负担轻，随收入增长还款额增加	预期未来收入会逐步增加的人群
等比递补增法		

12.3　房地产投资策略

房地产投资的成功与否，很大程度上取决于投资者的策略运用状况，需要有效运用好这些投资策略，进行有价值的房地产投资。

12.3.1　房地产投资时机的选择

1. 房地产投资时机概述

房地产投资的时机，简而言之，就是投资者选择何时投资房地产，它存在于房地产开发和经营的各个阶段。从房地产的产业周期波动来看，投资时机的选择极为重要。房地产投资受政治经济形势、整体经济情况、房地产自身的特点等众多原因的影响。时机的选择既依靠科学分析，也依靠投资决策者的智慧、方法甚至对房价波动的敏感性。

房地产投资者的不同状况、宏观经济运行的特点及经济周期性波动等，决定了房地产业的周期性，它要求投资者能紧紧把握住投资的时机。进入和退出时机的选择决定了房地产投资的风险和收益，具体投资时机的选择则取决于投资者的实力和目标。

2. 房地产投资时机的各种影响因素

1）投资意愿与时机

房地产投资意愿是指投资者对投资对象的潜在意识，包括对投资收益的追求、根据已往经验产生的想法等。不同房地产投资者的投资意愿会有不同，对房地产投资的时机判断和利用也不同。

2）开发价值与投资时机

房地产开发价值是指投资者对特定房地产项目投资的价值判断，或者说是对房地产开发后的价值预期。它通常由投资者根据已知条件，经主观判断后确定。房地产开发价值与房地产投资的时机有密切相关。房地产开发价值减去房地产评估价格后的余额越大，投资收益越大，投资时机越吸引人，越容易引来大量投资，投资成功的机会也越大。

12.3.2　房地产投资地段的选择

地段选择对房地产投资的成败有着至关重要的作用。房地产具有增值性，增值潜力大小，利用效果好坏都与地段有密切关系。从房地产投资的实践来看，即使在其他方面存在策略失误，但只要地段选择正确，在一个较长的时期内就可以弥补所发生的损失，好地段房产的流动性较好，还可以减少投资风险。

房地产投资地段的选择，不可忽视以下几个问题。

1）对城市规划的把握

城市规划在城市建筑布局及未来发展中具有重要作用，对房地产投资有重要影响。在选择投资地段时，既要判断近期的投资热点地段，又要判断中长期的投资热点地段，还要判断隐蔽的投资地段。

2）对投资地段升值潜力的把握

不同地段的升值潜力是不同的，房地产投资就是要尽力抓住那些升值潜力大的地段。开发中的土地因已完成了区域规划，具备了基本的交通条件和供水、供电保障，这些土地的价格适中，投资潜力大，可以作为房地产投资的首要选择。刚刚纳入规划尚未开发的地段，土地价值较低，未来升值的潜力极大，但需要冒的风险也较高。

3）房地产投资地段的若干选择

掌握一些有用的地段选择理论，对于房地产投资具有重要作用。

（1）上风口发展理论：城市的烟尘污染严重，为免受其害，人们必然涌向城市的上风口地区，从而使得上风口地段成为良好的投资地段。

（2）高走理论：城市将主要向地势高处发展，明显高于周围地区的地段是良好的投资地段。

（3）近水发展理论：城市将主要向河、湖、海的方向发展，从市区到水边的地段是良好的投资地段。

（4）沿边发展理论：城市将主要沿着铁路或公路两边、江河岸边、境界边发展，沿边地段是良好的投资地段。

12.3.3　期房投资的选择

期房与现房相对应，又称为房屋预售，投资期房与投资现房之间有个比较选择的问题。

1. 期房投资的好处

（1）价格更便宜。房屋预售是开发商筹集资金的一个渠道，为了更多地吸引资金，在期房销售时，在价格上一般会有较大的优惠。

（2）设计更新潮。期房的设计大多避开了当前市场上现房的设计弱点。

（3）选择空间更大。买期房可以在买主较少的时候介入，选定位置较好的房子。

（4）升值潜力高。期房如果买得合理、适当，其升值潜力比现房要大。

2. 期房投资的劣势

（1）资金成本。预售房屋通常要等一年半载才能建成入住，在这段时间中，由于资金占用大，利息损失也较大。

（2）不能按时交房或到期交付的住房质量、面积、配套设施不合要求。

（3）房地产市场存在价位下跌的风险，如房价下跌，投资者就花了冤枉钱。

（4）周围可能存在的贬值因素导致住房建成后贬值。

12.3.4　确定合理的投资规模

投资规模是房地产投资人为投资房产计划投入资金的数量，具体可分为项目总投资规模、年度投资规模、在建投资规模等。投资目的是为了获取利润，利润是在收益减去成本的基础上形成的。确定合理的投资规模时，不能为了投资而投资，单纯追求投资数量的多少，应该把成本、收益、利润等因素综合起来考虑。

房地产投资并不是规模越大越好。从投入和产出的关系看，规模收益的变化存在三种情形：规模收益递增，即产出增长率大于投入增长率；规模收益不变，即产出增长率等于投入增长率；规模收益递减，即产出增长率低于投入增长率。房地产投资是在土地上投资，土地收益的变化同样存在着以上三种情形。房地产投资的合理规模不是第一种情形形成的，而是要加大投入，扩大投资规模。当边际收益等于边际成本时，规模收益达到最大，实现利润最大化，此时的投资规模是最佳。

上述理论对于房地产投资者确定合理的投资规模有重要作用。但在现实生活中不一定完全可行。房地产投资是分项目进行的，很难在同一项目上达到边际收益等于边际成本的状态。对每个项目来说，较为现实的合理投资规模选择是：在确保既定目标实现的前提下，通过降低成本，缩短投资周期，回避、排除和转嫁风险等途径尽量减少投资。

12.4　住　房　规　划

购房是人生大事，一般人员买房大都是为了自己生活居住，房地产的购买与维护对投资者具有重要意义。随着我国住房制度改革的深化，房地产投资更多地表现为对居住用房的投资。从投资者来看，租房与购房是必须要面对的问题。购房与还房计划也需要投资者仔细考虑。自用型房贷对于投资者有如何帮助，及如何利用自用型房贷，也需要纳入投资者的视野中。投资者还要分析在房地产投资中出现的新问题。

12.4.1　适合住房的选择

1. 住房类型的选择

房子可以自己买，也可以租赁居住，可以是买新房，或是买二手房，租房住也有较多的类型区分，住房类型的选择可如表 12 - 2 所示。

表 12 - 2　住房类型的选择

	优　点	缺　点
租赁公寓	● 容易搬迁 ● 维修责任小 ● 财务压力小	● 没有税收优惠 ● 改建房型有一定的限制 ● 养宠物等其他活动可能受限制
租赁住房	● 容易搬迁，维修少 ● 比公寓面积大 ● 财务压力小	● 公用事业费用比公寓高 ● 改建房型受限制
拥有新房	● 没有旧房主 ● 拥有所有者的自豪感 ● 税收优惠	● 经济负担重 ● 生活开支比租房高 ● 流动性小
拥有二手房	● 所有者的自豪感 ● 邻居明确 ● 税收优惠	● 经济负担重 ● 可能需要维修或重置 ● 流动性小

续表

	优　点	缺　点
拥有共有公寓	● 税收优惠 ● 维修责任比住房小 ● 通常离娱乐和商业区较近 ● 便于日后调整住房	● 隐私性不如住房 ● 经济负担重 ● 影响物业价值的需求不确定 ● 可能与室友在居住生活习惯上有矛盾 ● 需要评估费
拥有合伙 型住房	● 非营利组织拥有产权 ● 房地产价值稳定	● 出售的难度相当大，内部易于引起纠纷 ● 各成员合住或产权交易时会发生矛盾其 他成员需要负担未出租单位的成本
拥有预制型住房 （流动性住房）	● 比其他住房形式便宜 ● 选择住房特点和设施自由度大	● 未来出售难度较大 ● 难以获得融资 ● 建筑质量较差

2. 不同生命周期阶段的住房选择

不同家庭的生命周期阶段里，有着对住房类型的不同要求和选择标准，对此需要有较好的把握。不同生活环境下的可行住房类型如表 12-3 所示。

表 12-3　不同生活环境下的可行住房类型

青年夫妇	● 可先租赁住房，便于日后经济条件上升随时加入购房大军。住房维修应尽可能少，一旦调换工作也容易更换住房
单身父母	● 购买住房或合住公寓可获得税收和财务的优惠 ● 租赁的住房提供了适合孩子生长的环境，及一定的安全感
无子女的 年轻夫妇	● 购买不太需要维修，能满足家人财务和社会需求的住房 ● 租赁住房提供了一定的便利性，使生活方式易于变化 ● 购买住房以获得财务优惠，同时建立长期的理财安全感
有小孩的夫妇	● 租赁住房在各种需求和理财环境变化时能提供一定的安全性和灵活性
退休人士	● 购买不太需要维修并符合生活方式需求的住房 ● 租房可满足理财、社会及生理需求，避免自己死亡后的资源浪费 ● 购买交通生活便利，周边能够提供必需的护理保健服务的住房 ● 在生态环境优越的郊区购买适于老年人居住的住房

12.4.2　租房与购房决策

租房与购房何者更为划算，牵涉到拥有自己房产的心理效用及对未来房价的预期。购房人可以期待房地产增值的利益，租房者则只能期待房东不要随时调涨房租。当同一幢住房可出租也可出售时，不同的人可能会在租与购之间做出不同选择。购房与租房应如何选择，我们可以用年成本法与净现值法来计算。

1. 净现值法

净现值法是考虑在一个固定的居住期内，将租房及购房的现金流量还原至现值，比较两者的现值较高者为合算。

【**例 12-8**】　上海的周先生看中了一处房产，每月房租 3 000 元，押金 3 个月。购买时的总价为 80 万元，需要首付 30 万元，同时可获得 50 万元、利率 6％、期限为 20 年的房屋抵押贷款。如周先生确定要在该处住满 5 年，房租每年调升 1 200 元，以存款利率 3％为机会成本。计算并对比租房及购房何者更为合算。

贷款利率 6％、20 年房贷，每年本利平均摊还额＝贷款额 50 万元/标准年金现值系数（$n=20$，$r=6％$）＝50 万元/11.47＝43 592 元，按照净现值法分析如下。

1）租房现金流量现值

租房现金流量现值＝$9\,000/1.03^5-9\,000-3\,600/1.03-37\,200/1.03^2-38\,400/1.03^3-39\,600/1.03^4-40\,800/1.03^5=-176\,773$ 元

押金是 5 年后可重新回收，其他费用都属于现金支出，净流出现值约为 17.7 万元。

2）购房净现金流量现值

购房净现金流量现值＝5 年后售屋净所得$/1.03^5\times300\,000-43\,592/1.03^2-43\,592/1.03^3-43\,592/1.03^4-43\,592/1.03^5=$ 5 年后售屋净所得$/1.03^5-499\,638$。

租、购的现金流量相等时，

5 年后售屋净所得$/1.03^5-499\,638=-176\,773$（元）

5 年后售屋净所得＝374 202（元）

5 年后售屋净所得＝5 年后售屋房价－5 年后房贷余额现值

5 年后房贷余额现值＝$43\,592\times$年金现值系数（$n=15$，$r=6％$）＝$43\,592\times9.712$
　　　　　　　　　　　　＝423 366（元）

若 5 年后房价与目前房价相当，只要在 79.8 万元以上，购房就比租房划算。此时的购房或租房决策，主要看当事者对 5 年后房价涨幅的主观看法而定。

净现值法考虑居住年数，值得参考的决定标准是：如果不打算在同一个地方住 3 年以上，最好还是以租代购。3 年内房租再怎么调涨，仍会低于房贷利息负担，如购房者费大力气装潢住房又只居住 3 年，折旧成本显得太高。简单地期待房价不断飙升是不切实际的。如频繁调换房屋的话，交易成本如共同维护基金、契税、营业税、保险费等合计也要在房价的 5％以上，再加上自用住宅比租用居所舍得装潢，除非房价在 3 年内有大幅度上涨，否则计入中介装潢等费用后的净现值流出，应该远比租房为高。一般的通则是，准备在一个地方居住愈久，用净现值法计算的购房成本就比租房愈小，购房就越为合算，反之则租房居住合算。

【例 12 - 9】 李先生和妻子打算买一套价值 15 万元的两居室小公寓，打算在这里住 3 年，之后再视情况换购大住宅。他们攒了 48 000 元用作首付款和手续费（估计需要 3 000 元），准备采用第一抵押方式，利率 8％，摊还期为 25 年。除了每月的抵押贷款还款外，还有其他买房费用需要被估计到：财产税为 2 400 元/年；保险费为 360 元/年；公寓维修费为 3 600 元/年。

除买房外，他们还可以用每月 1 200 元的价格租用这套公寓。这时不再需要支付财产税、保险费和其他与公寓有关的费用（这些费用由房东支付），还可以用准备买房的钱去做其他投资，预计可赚到 5％的税后回报。他们预料房租将以每年 4％的速度上涨，财产税、保险费和公寓维修费用也将以同等速度上涨。计算他们究竟应该买房还是租房？

假设公寓价值将以每年 4％的速度上涨，再加最初的一次性买房费用：首付款 4.5 万元＋手续费 3 000 元＝4.8（万元）

如果他们选择租而不是买，可用这 4.8 万元去投资以赚到 5％的税后回报。3 年后，4.8

万元就会变成 $48\,000\times1.04^3\times1.5^3=55\,566$ 元。买房后每年的花费如表 12-4 所示。

表 12-4 李先生和妻子购房每年花费

每年花费	第一年	第二年	第三年
抵押贷款	9 616.49	9 616.49	9 616.49
财产税	2 400	2 496	2 595.84
保险	360	374	389.38
其他公寓有关费用	3 600	3 744	3 893.76
购房总花费	15 976.49	16 230.89	16 495.47
租金	14 400	14 976	15 575.04
购房净花费	1 576.49	1 254.89	920.43

本金＝105 000；利率＝8%；摊还期＝25 年

表 12-4 中最后一行表示，如果他们选择租房而非买房的话，每年可以用节省的金钱用于投资，投资收益以 5% 的税后回报计算，这些投资将变成：

$$1\,576.49\times1.05^2+(1\,254.89\times1.05)+920.43=3\,976.14\text{(元)}$$

如果选择租而非购买，3 年后，他们的收益将会是 $55\,566+3\,976.14=59\,542$（元）。

如果他们买公寓，3 年后公寓的价值将升值到 $150\,000\times1.04^3=169\,830$（元）。

3 年后抵押贷款未偿还余额为 100 438 元，购买房屋所获得收益将大于租房获得收益。在这个例子中，李先生和妻子应选择买房而非租房。

上例用来分析买房和租房何者更为划算，结论是买房并不一定总是比租房好。

2. 年使用成本法

购房者的使用成本，是首付款的资金占用造成的机会成本及房屋贷款利息；租房者的使用成本是房租，考虑因素试算如下。

【例 12-10】 程先生看上了上海静安区 80 平方米的一处房产，房产开发商对该住房可予出租也可出售，如是租的话每月租金 3 000 元，押金预付 3 个月。购买时总价为 80 万元，首付款 30 万元，可获得总额 50 万元、利率 6% 的房屋抵押贷款。程先生租房与购房的成本分析如下（假设押金与首付款的机会成本是 1 年期存款利率 3%）。

租房年成本：$3\,000\text{元}\times12+3\,000\text{元}\times3\times3\%=36\,270\text{(元)}$

购房年成本：$30\text{万元}\times3\%+50\text{万元}\times6\%=3.9\text{(万元)}$

比较后可发现，租房比购房的年成本低 2 730 元，每月低 227.5 元，租房比较划算。不过要详细比较两者的状况，还应考虑以下因素：

(1) 房租是否会每年调整。购房成本固定，且租与购的月成本只差 227.5 元，只有月租的 7.6%，只要未来房租的调整幅度超过 7.6%，则购房比租房划算。

(2) 房价涨升潜力。若房价未来看涨，即使目前算起来购房的年居住成本稍高，未来出售房屋的资本利得，也足以弥补居住期间的成本差异。以上例而言：

租房年居住成本率＝3.6 万元/80 万元＝4.5%

购房成本率＝3.9 万元/80 万元＝4.875%

两者差距只有 0.375%。若计划住 5 年，$0.375\%\times5=1.875\%$，只要房价在 5 年内上涨 2% 以上，购房仍然划算。不过当年房价有一定下落，如大家预期房价会进一步下跌，就会宁可租房而不愿购房，则租房居住成本高于购房的情况也有可能发生。租房与购房究竟何者划算，当事者对未来房价涨跌的主观认定，仍是决定性因素。

（3）利率高低。利率愈低，购房的年成本愈低，购房会相对划算。如预期房贷利率会进一步降低，而房租保持不变，则租房与购房的居住成本的差异会降低。

买房还是租房

买房好还是租房好，这个问题大家都很关心，对两者做点比较，应是很受欢迎的。

买房的好处很多。买房后，可以享受房价升值后的收益，房价上涨后再将房子卖出去，如置备有两套住房者，房子的增值保值特性是一种最好的长期投资工具；租房住不可能销售房价上涨的益处，却要毫无办法地忍受着着房租天天上涨的痛苦，并且看着人家赚钱赢利。尤其是在目前房价呈现大幅度长期上涨之时，这种感受就更为强烈。

买房后，这个房子就是自己的了，住起来安心；租房住则会感觉自己是无根的浮萍，如同"漂着的一代"时刻没有着落。尤其是我们中华民族又是极为重视"安居乐业"，将住房看得如同"家"一样至高无上的。买房后可以将该住房做个储钱罐，有钱添进去，无钱时再从住房中融资取出来，灵活方便；租房住则没有这种便利。买房后可以在自己晚年将该住房作为遗产留给子孙后代，可以将住房抵押来养老，加固自己的养老保障；一辈子租房住则绝对看不到这一点。

买房也有不好的地方，买房后会长期当房奴，要辛辛苦苦给银行打工，为挣钱攒钱还贷过若干年苦日子，但打工的时日有限，就是整个贷款的还贷期间；租房住则是给房东打工，打工时间有多长呢？整整一辈子。房子还是个绊脚的累赘，若希望到外地谋取更好的发展，租房住就可以毫无挂率，而买房的羁绊就必须要考虑。房子买到手后，若感觉不大称心时，这个烦恼是长期萦绕心头难以释怀；租房住则可以根据自己的需要随意选择，即使选择失误，校正起来也比较简单。

但是，买房住只是年轻时代辛苦，老年时代以房养老则表现得很轻松；一辈子租房住是年轻时代轻松，却是一辈子都不会很甜，老年时代则活得很累，有限的退休金还要继续地支付高额房租。有道是"年轻时吃苦不算苦，年老时吃苦才是真的苦"。买房则是先苦后甜，特别是当你用房子作为你的养老保障时，这份甜美是单单租房无法感觉的。

大家同样可以自我衡量一下：你是乐意前者还是更喜欢后者呢！

12.4.3　购房和换房规划

对投资者来说，购房和换房也是个重要决策，两者的规划具有同等意义。如投资者在租房和购房的决策中，经仔细权衡决定购房，必须就购房安排做出周密规划，确定负担得起的房屋总价、单价和区位。

1. 购房规划的方法

1）以储蓄及缴息能力估算负担得起的房屋总价

（1）负担首付款＝目前年收入×负担首付的比率上限×年金终值系数（n＝离购房年数，r＝投资报酬率或市场利率）＋目前净资产×复利终值系数（n＝离购房年数，r＝投资报酬率或市场利率）

（2）可负担房贷＝目前年收入×复利终值（n＝离购房年数，r＝预估收入成长率）×负

担首付的比率上限×年金现值（$n=$贷款年限，$i=$房贷利率）

（3）可负担房屋总价＝可负担首付款＋可负担房贷

【例 12－11】 郭先生年收入为 10 万元。预估收入增长率为 3％。目前净资产是 15 万元。40％为储蓄首付款与负担房贷的上限。打算 5 年后购房，投资报酬率为 10％，贷款年限 20 年。利率以 6％计算。郭先生一家的净资产中负担首付的比率上限为 40％。

分析：届时可以负担房价为：

首付款部分＝10 万元×40％×6.11＋15 万元×1.611＝48.6（万元）

贷款部分＝（10 万元×1.159×40％）×11.47＝53（万元）

届时可以负担的房价＝首付款 48.6 万元＋贷款 53.2 万元＝101.8（万元）。

2）可负担房屋总价的测算

应该买多少平方米的住房，取决于家中人数及对空间舒适度的要求。若 5 年后才准备买房，以届时需要同住人数计算所需要平方米数，三室两厅是最普通的格局。若除去基本的卧室、厨房外，再加上功能型的书房或家庭影院，所需空间会更大一些。家庭成员平均每人若有 40～50 平方米的空间，就可以享受宽敞舒适的家居生活。以三口之家的郭先生为例，理想的住家是四室两厅，以 150 平方米规划。

可负担房屋总价/需求平方米＝可负担房屋单价

可负担购房单价计算如下：101.8 万元/150 平方米＝6 800（元/平方米）。

若房价中还应当包含对车位的需求，车位以 10 万元估计，则：

可负担购房单价为：（101.8 万元－10 万元）/150 平方米＝6 120（元/平方米）。

3）购房环境需求

房价取决于区位和面积两个因素。区位生活功能越佳，单价就愈高；住房面积越大，总房价就越高。住房大小主要决定于居住成员的数目，及对住宅功能和生活质量的要求，需要多少房间才够用，可伸缩的弹性较小，不同区位间的单价差距则甚大。需要考虑的重点包括居住社区的生活品质、距上班地点或子女就学地点的远近及学区等，否则子女读书会有交通、路途时间等额外支出。区位是决定房价的重要因素，应该考虑家计负担能力，在时间交通成本与房价成本间的差异比较选择。

2. 换房规划案例

换房规划：新旧房屋差价＝换房首付款＋因换房需要增加贷款

换房时需要考虑旧房能卖多少钱，另外还需要计算如下数据：

首付款＝新房净值－旧房净值＝（新房总价－屋贷款）－（旧房总价－旧房贷款）

【例 12－12】 如郭先生出售旧房能得到 60 万元，尚有未归还贷款 34 万元，看中的新房价值 100 万元，拟贷款 60 万元，应该如何做换房规划？

应筹集首付款＝（100 万元－60 万元）－（60 万元－34 万元）＝14（万元）

此时需要考虑的是，手边可变现的资产是否有 14 万元，未来是否有能力归还 60 万元房贷。以利率 6％、20 年本利平均摊还计算：（60 万元/11.47）/12＝4 359（元），每月要缴纳本息为 4 359 元，较原来的 30 万元贷款负担已经倍增。

换房时旧房尚剩余若干贷款余额，可以每年本金平均应摊还额×年金现值系数（$n=$房贷剩余年数，$r=$房贷利率）计算。若旧房原贷款 40 万元，利率 6％、贷款 20 年，每年摊还额 3.5 万元，经过 5 年后若利率不变，此时 15 年 6％的年金现值系数为 9.712，3.5 万元×9.712＝34(万元)。如首次购房时已经用尽手头现金,每月房贷额又缴纳得很辛苦,就没有加价换房的能力。

换房时新房需要多少贷款额,应考虑目前的金融资产与储蓄能力。新房贷款额＝新房总价－售屋净流入－首期付款。

假设目前有金融资产 10 万元,年收入 12 万元,消费支出 7 万元。现购买房屋的价值为 60 万元,房贷 40 万元,贷期 20 年。若投资报酬率为 8%,计划 5 年后再换新房。若房贷利率也是 6%,每年摊还额＝40 万元$/\overleftarrow{a}_{20\,0.06}$＝3.5(万元),5 年后剩余房贷额＝3.5 万元×$\overleftarrow{a}_{15\,10.06}$＝34(万元),5 年内可存入首付款＝10 万元×$(1+0.08)^5$＋(12 万元－7 万元－3.5 万元)×$\overleftarrow{a}_{15\,10.08}$＝14.7 万元＋8.8 万元＝23.5(万元),售屋净流入＝60 万元－34 万元＝26(万元)。

若新房总价为 100 万元,新房贷款额＝新房总价 100 万元－售旧房净流入 26 万元－可准备首付款 23.5 万元＝50.5(万元)。50.5 万元$/\overleftarrow{a}_{20\,0.06}$＝4.4(万元),仍在未考虑本金摊还前的收支余额 5 万元以内,表示此换房计划可行。最高换房总价＝26 万元＋23.5 万元＋5 万元×$\overleftarrow{a}_{20\,0.06}$＝106.8(万元)。

若对投资报酬率高于房贷利率没有足够的把握,只想尽快把房贷还清时,则首次购房将金融资产 10 万元加入首付款,只要再贷款 30 万元即可。以年储蓄 5 万元来算,30 万元/5 万元＝6,查年金现值系数表,$\overleftarrow{a}_{7\,10.06}$＝5.582,$\overleftarrow{a}_{8\,10.06}$＝6.210,用公式计算每年本利摊还 5 万元,7.66 年就可以还清本息。5 年后还剩下的 2.66 年,5 万元×$\overleftarrow{a}_{2.66\,10}$＝12(万元)。届时售屋净流入＝60 万元－12 万元＝48(万元),以 48 万元做首付款,若要买 100 万元的房子还要贷款 52 万元,52 万元/5 万元＝10.4,$\overleftarrow{a}_{17\,10.06}$＝10.477。表示在尽早还款的前提下,若收支余额不变,17 年就可以把换房后的贷款还清。以 48 万元＋5 万元×$\overleftarrow{a}_{20\,0.06}$＝105.3(万元),最多可还 105.3 万元的房子,比投资累计首付款的上例 106.8 万元稍低,为投资报酬率 8% 与贷款利率 6% 的差距。

若离首次购房时间已久,房价有大幅增长,利率有大幅降低,储蓄增长又够快时,在上述四项条件下仍有换房的较大可能性。若首次购房 30 万元,需要首付款 10 万元用积蓄支付,20 万元贷款,当时利率 10%,用当时的储蓄 2 000 元支付。10 年后旧房价为 50 万元,储蓄增长至每月 4 000 元,房贷利率降至 6%。此时旧房贷可以用额外的储蓄提前还清,可用卖掉旧房所剩的 50 万元做首付款,每月 4 000 元的储蓄足以支付 55 万元的贷款,来购买价值 105 万元的较大房子。

3. 购买房地产用于出租

有些人在做购房规划时,第一次买的房子并非用来自住,而是先用来出租。只要租金收入足以抵消房贷支出,就可以借此回避未来购置住宅时房价上涨的风险,此时要考虑购房总成本。

总成本＝资金成本＋折旧＋修缮管理＋换房的空置成本＋房租所得税＋房产税

资金的机会成本＝房价×利率

房租所得税＝房租收入×12%

折旧以房价的 1% 保守计算

修缮管理费与房屋的折旧有关,空置成本则要看地段的抢手程度如何。

案例分析:某人以 50 万元买一幢房屋用于出租,借到 30 万元房贷。每个月可收房租 2 000 元,买房成本大致为:

资金成本 20 万元×2%(存款利率)＋30 万元×5%(贷款利率)＝1.9(万元)

折旧成本＝50 万元×1％＝5 000（元）

修缮管理成本以总价 0.5％计算为 2 500 元

空置成本假设每年换一次房客，空置一个月为 750 元

房租所得税以 2.4 万元×12％＝2 160（元）。则总成本为 3 万元，高于年租金收入 2.4 万元，算起来每月房租要达 2 600 元以上才划算。因此，不能以表面上的房租/房价的房租收益率高于存款利率，就可以判断购房出租有利可图。

4. 自有资金购房与借入资金购房的决策

房地产是一种实物投资，投资者被批准以所购房地产为抵押，借入总购房成本 70％～80％的款项。如投资总收入高于借款成本，这种杠杆投资的净收益将会远远高于未使用杠杆的同类投资。

通俗地说，财务杠杆效应就是利用别人的钱为自己赚钱。如有某处房产价值为 100 万元，年租金率 10％，如完全从银行取得贷款来购买该房屋，贷款利率为 5％，房屋年折旧 2％，粗略估计投资人不用任何花费便可每年净赚 3 万元，这就是运用了财务杠杆的原理。实际上，即使以所投资房地产做抵押，出于安全因素考虑，银行不会为客户提供 100％的购房贷款。通常情况下因房地产价值的相对稳定性，银行提供所购房价 60％～80％的贷款，还是可行的。在上面的例子中，如银行提供 80％的贷款，个人投资自有资金 20 万元即可，贷款利息负担减少了 1 万元，投资 20 万元的年收益率就为租金收益率 10 万减去利息费用和折旧费用的总和 6 万元，年收益率为 20％。如果全部由自有资金投资，年收益率将下降为 8％，但仍然比储蓄存款有益得多。事实上，这里尚未考虑房价的增值，一般而言，房价增值要远远超出折旧率，故投资收益率还要高出很多。

从财务学的角度来看，自有资金回报率＝资产回报率＋（资产回报率－债务利息率）×负债权益比率。如资产回报率高于债务利息率，负债权益比率（即财务杠杆率）越高，自有资金回报率也越高。房地产价值的相对稳定，使得银行愿意对房地产投资进行较高的杠杆融资，从而为房地产投资取得较高回报创造了有利条件。

投资者 A 如计划进行一项房地产投资，其成本为 100 万元。他有使用财务杠杆（以年利率 10％借入 90 万元），或不使用财务杠杆完全用自有资金购房的两种选择。若投资息税前收入（EBIT）假定为 13 万元，适用税率为 28％，在上述两种选择下，房地产投资财务杠杆使用例表如表 12-5 所示。

表 12-5　房地产投资财务杠杆使用例表　　　　单位：元

	不使用杠杆	使用杠杆
所有者投入额	1 000 000	100 000
借款额	0	900 000
总投资	1 000 000	1 000 000
息税前收入（EBIT）	130 000	130 000
减项：利息	0	90 000（利率：10％）
税前收入	130 000	40 000
减项：所得税（税率：28％）	36 400	11 200
税收收入	93 600	28 800
投资回报率＝税后收入/所有者投放额	9.36％	28.80％

显然，投资者使用财务杠杆，投资收益率大大高于没有使用财务杠杆时的情形。

小贴士：

贷款买房的趣闻

在 20 世纪末期，为配合中国住房信贷制度的推出，中国老太太和美国老太太买房的话题，引起了巨大的轰动，几乎所有的媒体都在争相炒作这一话题。中国老太太是攒了一辈子的钱财，总算在临死亡的前一天买到了属于自己的新房，老太太在新房中居住了一个晚上后，心满意足地上了天堂，感觉一辈子的辛苦没有白过。到了天堂后，遇到美国的老太太，是年轻时代就贷款买房，在新房里居住了一笔子，总算在临死亡的前一天，将贷款全部偿还清晰，总算没有给儿孙们留下后遗症，同样是心满意足的上了天堂。比较两个老太太，自然是美国老太太要聪明得多，故此，贷款买房的办法在中国得到了迅速推广。

在贷款购房的问题上，也有多种技巧需要探索。比如，张三和李四各有存款 100 万元，准备用来买房，当时每套住房的价值也是 100 万元，张三是用 100 万元现金购买价值 100 万元的住宅，很庆幸既有新房住，又没有欠下任何债务。李四则是一次性购买了三套住房，用 100 万元做购房首付款，不足的 200 万元向银行申请房贷。三五年之后，房价大涨，李四出售其中的一套房，得到售房款 200 多万元，一举将欠银行的贷款本息全部还清，自己还有两套房，比较张三拥有房产增长了一倍。

本 章 小 结

1. 房地产从其存在的自然形态来认识，主要分成房产和地产两大类。房产和地产的关系是密不可分，房屋必须建造在土地之上，土地的各项基础设施都是为房屋主体服务，是房屋不可缺少的组成部分。

2. 房地产投资是地产投资和房产投资的总称。房地产投资一般包括两个方面：①涉及房地产购买行为的投资理财；②对现有房地产状况适当财务安排的权益理财，具体操作上两个方面又有着某些交叉。

3. 抵押是一种以还贷为前提条件，从借款人到贷款人的资本权利的转移，该权利是对由借款人享有赎回权的债务偿还的保证。当投资者以抵押贷款形式购房时，房屋产权实际上已经转移给贷款银行，投资者只能在贷款债务全部还清后才能重新获得对该房屋的产权。抵押实质上是对贷款的担保，而不是一种贷款。

4. 一般来说，住房抵押贷款的偿还有 3 种方式：满期偿还、偿债基金和分期偿还。

5. 投资规模就是房地产投资人为投资房产计划投入资金的数量，具体可分为项目总投资规模、年度投资规模、在建投资规模等。投资目的是为了获取利润，利润是收益减去成本的基础上形成的。在确定合理的投资规模时，不能为了投资而投资，单纯追求投资数量的大小，应该把成本、收益、利润等因素综合起来考虑。

思 考 题

1. 简述房地产的种类。
2. 简述房地产投资的优缺点。
3. 简述住房抵押贷款的特点。
4. 简述住房抵押贷款的类型。
5. 论述商业性住房抵押贷款的流程。
6. 房地产投资时机受哪些因素影响?
7. 房地产投资地段的选择时,应考虑哪些事项?
8. 简述期房投资的优缺点。

第 13 章

退休养老规划

学习目标

1. 了解退休养老规划的步骤及具体策划
2. 了解退休养老规划的步骤及具体规划
3. 了解养老保险的含义、分类及意义

13.1　退休规划

13.1.1　退休规划的重要性

1. 退休规划的意义

随着社会经济的发展和人民生活水平的提高，国人的平均寿命正在不断延长。我国目前已经进入老龄社会，老龄化速度快，老年人口规模大。预计到 2045—2050 年，我国的老龄人口将达到历史的最高峰 4.54 亿人，占全部人口的 28％左右。北京、上海等特大城市的老年人口还将达到全部人口的 40％～45％之多。退休养老问题就很现实地摆在大家面前，退休养老规划的关注也与日俱增。

就大多数国家的情况来说，居民退休金的来源主要有 3 个层次：

（1）社会基本养老制度提供的退休金；

（2）企事业用人单位、雇主提供的企业年金或团体年金；

（3）个人参与养老储蓄和商业性年金保险。

就我国当前的情况来说，基本养老金制度只能保障居民晚年基本生存对退休金给付的需要，还不能满足居民晚年幸福生活的要求。我国的企业年金制度才刚刚起步，还相当不成熟，居民目前很难通过这一途径获得退休后的坚实保障。约有 30％～50％的退休金还需要居民自己筹集。国人素有"养儿防老"的传统，但随着计划生育的实施，"四二一"家庭的大量出现，未来子女的养老负担将是越来越重，在赡养父母方面逐渐变得"心有余而力不足"。如期望退休后能安享天年，过上财务自主、独立、有尊严的生活，退休规划就应该受到足够的重视。

2. 提早退休规划的好处

养老应该未雨绸缪，退休规划讲究编制、运作地越早越好，有篇文章就谈到"三十岁做出养老规划"。虽然，30 岁年龄段的人士距离退休还为期尚远，似乎不急于考虑养老问题，但中国正步入老龄化社会，靠儿孙满堂养老的时代已经结束。从经济核算的角度而言，考虑到保险收益计算的复利因素，30 岁投保更为合算。

30 岁年龄段的人士正处于事业的上升阶段，有较强的经济能力和足够的时间，通过各种理财手段为自己积累足够多的财富。及早制订自己的养老规划，实现退休后的财务目标，比 40、50 年龄段的人士更有优势。

表 12-1 假定某人期望到 60 岁退休时能有 100 万元用于养老补贴，在投资回报率 12％ 的情形下，开始投资年份分别从 25 岁、30 岁、40 岁和 50 岁时投资的成本和收益状况。

表 13-1　退休投资收益率比较（假定投资回报率 12％）

开始投资年份	投资总年数	月投资额	年投资额	总投资额	累计价值	增值率
25	40	85.0	1 020	40 800	100 万	23.51 倍
30	35	155.5	1 866	65 310	100 万	14.31 倍
40	25	532.0	6 384	159 600	100 万	5.26 倍
50	15	2 001.0	24 012	360 180	100 万	1.78 倍

从上表中可以看出，投资年份越早，所得收益就越高。若期望在 60 岁退休时养老金能够达到 100 万元的数额时，25 岁开始投资时，每个月的投资额只需要 85 元，总投资为 40 800 元，增值率为 23.51 倍，十分可观；而到 50 岁才开始投资时，每个月需要投资 2 001 元，总投资额要达到 360 180 元，增值率就只有 1.78 倍了。

13.1.2　退休收入规划

一旦确定了未来退休后的大概开支，就需要对退休收入的来源和数量进行测算。许多退休人士的收入主要来自：社会保险、其他公共养老金计划、雇主养老金计划、个人退休计划以及年金保险。退休收入的主要来源及优缺点，如表 13-1 所示。

1. 退休收入的主要来源及优缺点

表 13-2　退休收入的主要来源及优缺点

收入来源	优　　点	缺　　点
社会保险		
规划中	强制储蓄　与雇主分担成本 更换工作时可携带入新单位	随着人口老龄化，对社会保险体系的经济压力增加
退休时	与通货膨胀率挂钩的存活配偶的权利	规定最低退休年龄 退休后的工作收入可能部分抵消社保福利
员工养老计划		
规划中	强制储蓄 雇主分担或完全承担成本	不可携带 无法控制资金的投资方向
退休时	存活配偶的权利	不定期提供生活成本上升的挂钩优惠
个人储蓄和投资（包括住房、个人退休账户）		

续表

收入来源	优　点	缺　点
规划中	当期有税负优惠（如个人退休账户） 容易与家庭需求结合起来（如住房） 可携带，能控制资金的投资方向	当期需求与未来需求有冲突 提前支取会受到一定惩罚
退休时	可抵御通货膨胀的影响 通常在需要时随时支取所需资金	一些收入需纳税 个人退休账户强制最低支出限制
退休后就业		
规划中	可以使用自身具备的特别技能	就业需要的劳动技能变化迅速，不能赶上时代
退休时	可抵御通货膨胀的影响	身体健康不佳不利于该收入来源

2. 退休收入规划的目标

目标一：认识退休规划的重要意义。

退休后要度过较漫长的岁月，应当成为生命中的丰收阶段，但快乐而成功的退休岁月不会自动出现，必须进行规划并不断进行评估。社会保险和私人养老金可能不够支付退休后的生活开销，通货膨胀会削弱退休储蓄的购买力。因此，退休养老规划的提前打算具有重要意义，提前考虑退休生活能很好地预测预期变化并掌握未来。

目标二：分析当前的资产和负债状况。

分析当前的资产和负债，资产和负债之差就是资产净值，检查所拥有的资产状况，确保退休时所拥有的资产足够退休需求。如有必要，应根据经济社会环境调整相应的投资和财产。

目标三：预测退休的消费需求。

退休人士的消费习惯会发生变化，要准确预测退休时需要的资金是不可能的。但可以大致估计未来的支出。

目标四：明确退休后的住房需求。

退休后的居住环境将影响到对资金的需求，只有自己才能决定退休后适合养老居住的环境和住房。如是安于现状还是要搬家到更适于居住的场所，要仔细考虑搬家的各种社会因素。

目标五：确定退休收入的计划。

估计退休后的开支，在开支中加入通货膨胀的相应影响。如拥有自己的住房，住房就是最大的单项资产，但房费可能超出退休收入可支付的水平。大家可能想出售现有房产，买个便宜点的住房。选择面积小、维护方便的住房能降低住房维护费用。节约的资金可以存到储蓄账户或投资其他生息品种。如已付清了大部或全部购房费用，可选择购买年金保险，退休时就可以有额外收入了。

目标六：根据退休收入建立收支平衡预算。

将预测总退休收入与总退休开支（含通货膨胀因素）进行比较。如两者相似，证明财务状况是健康的。如总开销大于总收入，则必须寻找其他收入来源，如早年参与人寿保险等。大家可能购买了为子女提供教育资助的人寿保险，或希望将部分寿险资金转换成现金或收入，或通过降低寿险投保金额减少保费支出。这就有额外资金支付生活费用或组织其他投资项目。

13.1.3　退休计划模型

1. 退休计划模型的一般状况

退休计划适合我们迄今为止学习的全部知识。为了对退休生活进行科学规划，人们需要明确退休生活的目标，合理预算退休后直至个人最终死亡时的收支状况，认真考虑相关的税收、风险和投资问题，甚至还需要考虑所欠债务的偿还等。关键之处在于，当退休那一天到来时，大家已经没有任何机会再犯错误，这时只能依靠退休前积累的财富养老，而不会再有其他额外新增的收入。

这里用几个基本符号模拟个人财务要素的基本退休计划。t 代表未来的某年；n 是指距离退休还有几年；d 是指从退休到死亡间的年数；0 代表现在计划的起点；W_n 是指退休生活所需的财富总额；W_0 是指目前拥有并可用于退休消费的货币数量；k 表示贴现率；E_t 是第 t 年不含投资收益的收入所得；C_t 即第 t 年的消费支出，不含可实现为退休金的投资消费。

下面的公式概括了退休计划的有关数据计算的全部内容。公式左边是目前的收入和未来每年的消费结余，随着一定利率增长的混合值；中间部分的 W_n 是指退休养老生活所需的全部金钱；公式右边是退休后为维持一定生活水平而必要的支出：

$$W_0(1+k) + \sum_{t=1}^{n}\left[(E_t - C_t)(1+k)^{n-t}\right] = W_n = \sum_{t=n+1}^{d}\frac{C_t}{(1+k)^{t-n}} \tag{13-1}$$

使用模型前，要清楚贴现率、余存寿命和退休金计划三个基本概念，它将贯穿于整个退休规划的设计中。

2. 通货膨胀率、税率及贴现率

税率和通货膨胀都将影响贴现率。对此做如下标记：

k_n——税前名义贴现率；　　　　k_r——税前实际贴现率；

$k_{n,AT}$——税后名义贴现率；　　$k_{r,AT}$——税后实际贴现率；

T——税率；　　　　　　　　　L——通货膨胀率。

1）通货膨胀

通货膨胀会导致购买力发生变化，使未来消费标的不同于货币现值，也无法将未来的财富与现在财富作有益比较。因退休计划要跨越较长时间，通常我们会按照目前的生活支出思考问题，并借助通胀率用当前货币代替未来的名义货币来衡量一切，并尽量使用长期平均通胀率。我们知道：实际货币的贴现运用实际贴现率，名义货币的贴现运用名义贴现率。名义折扣率和实际折扣率间的关系为：$1+k_n = (1+k_r)(1+i)$。本等式最先由美国经济学家 Fisher 推出，又被命名为 Fisher 等式。

2）所得税

税后贴现率公式为：$k_{n,AT} = k_n(1-T)$，其中 $k_{n,AT}$ 为税后实际贴现率，k_n 为税前名义贴现率，T 为税率。适用于公式（1）存款部分公式左边的税率是边际税率，储蓄收入是家庭正常收入的主要部分。边际税率因取决于储蓄，投资收益因项目的免税或非免税，故不易计算。公式消费部分的税率是平均税率。在这种状况下，投资收入是退休后的全部收入。为获取准确的税率，可根据未来的情况设计税务计划模型，计算产生的边际税率和平均税率。

所得税按名义收入而非实际收入计算，这意味着要按通货膨胀影响的收入来纳税，尽管这不大令人愉快。我们用 $K_{n,AT}$ 表示所有的现金流。为能准确反映通货膨胀下的实际税率，必须用税收因素将税前名义利率转化为税后实际利率，即 $k_{r,AT}=\dfrac{k_n(1-T)}{1+i}$。

3. 生命预期

在上面建立的模型里，假设价值 d 是已知的，但人去世的时期是不确定的，因此，不得不对预期寿命与实际寿命做出大致估计，对此可以查询我国所在地域的任何年龄段死亡的生命统计概率和死亡率标准表得到帮助。

为编制退休计划，需要得到某一特定年龄累计生存的概率。累计概率包括每一年直到某一特定日期所发生的一切。这个概率对起始的年龄有条件限制。在养老规划里，我们期望知道为退休收入着想，到退休为止应工作多少年，即 d 的大小。一名女性已 65 岁，她活到多少岁时死亡的概率会达到 50%，或者说她活到某一年龄的概率有多大，具体如表 13 - 2 所示。

表 13 - 2   65 岁的人活到某一指定年龄的可能性

概率/%	年　龄		概率/%	年　龄	
	女	男		女	男
50	85	80	20	92	88
40	88	83	10	96	91
30	90	85			

4. 需求分析

1）机械方式的运算

把不同的范例放到数字案例中去，可以观看它们是如何发挥作用的。如有张平和李静夫妻俩同岁，计划一同工作到 65 岁退休，他们希望税后收入能达到 3 万元。考虑到所得税因素收入将划分为几个等额部分。假设他们没有养老金，也不情愿透支退休收入，准备将一半资金用于长期储蓄存款，期限从 1 年到 5 年，另一半资金投资股票，预期投资回报率为每年 4%，退休时他们应该有多少储蓄额呢？

对此我们需要计算如下数据（折现率是给定的）：①折现现金流的时间跨度；②他们退休时的平均税率及由此产生的税前现金流；③退休金要求的现金流的现值。

预期张平有 10% 的可能性工作 31 年，李静有 10% 的可能性工作 26 年。这里分别按 25 年和 30 年计算终生收入的现值。假定他们每人年收入为 15 000 元，并支付平均税率为 5% 的所得税，税后收入为 28 500 元。当收入为 18 000 元时，相应税率为 9%。他们部分收入来自于股票投资，我们假定税率是没有股票收入时的估算值（这里的税率稍显保守，对应的所得税低一些）。如收入接近 33 000 元，税率为 7%，税后收入为 30 690 元，取 16 500 元的 4% 做退休年金现值，可看到 30 年（或 25 年）后他们退休时已积攒了约 570 637 元（515 529 元）的储蓄。

假设张平和李静希望他们退休后每年能从养老金中领取 22 000 元的现金，如贴现率为 4%，他们需要攒下多少钱，才能使退休后的税前实际收入达到 33 000 元呢？

　　按照实际税前收入，我们把养老金从预期消费中扣减出去。假定养老金与通货膨胀有一定的指数关系，当贴现率为 4% 时 30 年（或 25 年）后每年获得 11 000 元的现金值为 190 212元（或 171 843 元），这是为满足退休后的收入水平，现在就应积攒的金额。

　　2）退休后需求的确定

　　个人期望目标决定了为退休养老应积攒的具体钱数，精细的财务策划可以将个人目标转化为财务目标，并计算为达此目标还应该做些什么及做到什么程度。首先需要知道退休后将需要多少收入，如按照现在收入标准的 70% 而定（高收入者的退休可定位在当前收入的 50% 左右，低收入家庭则比这个比率要高一些）。没有住房的家庭应提高收入中储蓄的比例，一旦发生了通货膨胀，没有住房这个保护伞，就会使养老生活陷于窘境。

　　决定退休收入目标的更为准确的方法，是估算为实现这个目标所必需的消费水平。最好的起始点是检测当前年度的支出。大家不会期望退休后比退休前生活得更好，却可以期望退休后的消费支出会按照表 13 - 3 的内容及水准部分发生改变。并非每个人都会改变生活方式。如退休后仍然居住在目前的房子里，住房支出就不会有大的减少；如工作时经常自己带午餐，食物成本也不会减少太多。

表 13 - 3　退休后费用变化情况表

费用减少：
食品——年龄越大，消费越少
外面就餐——没有工作餐
衣服和清洁——不再需要业务套装
房屋清洁（对住房生活质量不再做过多讲究）
住房——会搬入较小的房屋
按揭偿还——按揭贷款已全部付清
个人所得税、五险一金不再需要缴纳
费用增加：
医疗保健——身体状况变差，医疗保健开始受到关注，相关费用大幅增加
雇主提供的福利——健康计划，牙科计划，团体计划等
家务——根据年龄和身体状况，需要大量借助于社会服务，能够自己做的越来越少
娱乐——加大旅游的力度，越来越多地享受娱乐保健活动
住房——可能会搬入地段更适合养老的房屋

　　表 13 - 4 列出了退休金的来源，住房资产和储蓄存款是家庭的重要财富，也是退休后养老的重要资金来源。工作期间参与的养老保障金同样是老人拥有财富的一部分，可用简单的方法把养老金并入养老规划，并用于每年所需的支出消费。养老金不能满足消费需要的部分，则依靠养老储蓄存款的提取和住房资产的特殊变现予以弥补。

表 13 - 4　退休收入的来源

实物资产	货币金融资产
房屋	个人储蓄性养老保险
空置资产	养老金
免税资产	基本养老金计划
未免税资产	企业补充养老保险
其他资产	锁定基金

　　实施目标计划时所处的人生阶段会影响消费的数额。如某个年轻的家庭正抚养着一两个

孩子，还有大额住房按揭贷款需要偿付，现在的支出就会比退休后期望的支出大得多。而一对快退休的夫妇，住房贷款已全部付清，孩子已长大成人并结婚成家，当前的实际支出和退休后期望的支出，就会比较接近，不会有较大改变。

理财需求不仅仅是退休需求筹划。许多人已工作多年，行为习惯已根深蒂固，退休会使日常生活发生显著改变，没有人再要求用大部分时间工作，自己也不再把自己视为单位的一分子。对这些人来说，退休是对自我的突然打击。无法从退休生活中享受到快乐。退休后的精神需求如何处理，这里不予讨论。需要提醒的是，注意这些与财务需求同等重要，应该为退休后的闲暇生活详做打算。

5. 收入确定

家庭收支平衡表为退休计划提供了基础。可以作为永久退休收入保留和投资的净流动资产，是计划等式中的 W_0，净值是收支平衡表的必不可少的数值，但和 W_0 不同，它不只是和提供退休收入的资产有关，而是和所有资产有关。

6. 资金分配

这里我们着重介绍计算 W_n 时间价值的方法和退休积累的税务和投资方面的内容。

某个家庭的年收入为 W_0，希望在退休时能得到更多的退休金。但 W_0 是否能产生足够的金额弥补退休金消费的不足吗？如不能，这个家庭还需要再储蓄多少款项呢？这里通过事例计算来阐述这一方法。

再看上例中的张平和李静，他们已经 55 岁了，除了前面提到的养老金，还将 1 万元投资到政府债券，1 万元投资到共同基金，除外还有一处价值 11 万元的房子，他们用房子做了 2.5 万元的抵押，并希望能在退休前还清。他们的银行账户有 1.5 万元储蓄，用于为小儿子支付大学学费。他们有自己的住房，但该套住房不会带来额外的现金流入。抵押贷款要由未退休前的储蓄收入支付，所以此收入没有扣除。为小儿子的教育准备金已经交付。

张平和李静从退休金得到的保障还有 190 212 元的不足。如果他们按计划在 10 年后退休，目前的积累能弥补这个不足吗？如不能，10 年中每年应存多少钱在退休储蓄计划里。假设目前证券收入的边际税率是 20%，其他收入的边际税率是 30%。短期国库券的利率是 2.5%，证券的收益率是 6.1%。如保持投资方案不变，在真实税前受益的情况下计算现行退休储蓄的现值。

（1）1 万元是个人储蓄养老金计划。按短期国库券利率 2.5% 复利计算，10 年得到 12 801 元，免税。

（2）1 万元投资证券基金。按税后真实资产税后收益率 $0.061 \times (1-0.2) = 4.9\%$，复利计算得到 16 134 元。为和其他计算结果一致，需要该数据的税前值。因为税已经被包括在内，退休税率较低，税前值和税后值的差异不大，这里粗略估计为 5%。因 $16\ 134 \div (1-0.05) = 16\ 983$，得到退休日积累总值为 29 784 元，190 212 − 27 984 = 160 428（元）为养老不足的额度。

如储蓄并投资退休储蓄计划，按税前真实收益率 6.1% 算，需要每年再多储蓄 12 114 元。退休储蓄计划的存款税率较低，减少消费的程度也较轻，他们每年应存入 480 元。

如张平和李静将存放到退休储蓄计划的钱转投到证券，就可以更多地减少最初投入。如 1 万元投放到证券，按 6.1% 的复利计算，10 年可得到 18 078 元。按上面同样的步骤计算，存入养老储蓄的金额就可以降为 11 716 元。

13.2　养老规划

在通货膨胀率、税率、生命预期、收入确定、需求等因素的影响下，退休收入模型对如何作好退休规划有比较细致的阐述。现在提炼这个模型，在退休规划步骤层面提出更一般性的方法——"四步法"来制定养老规划。

13.2.1　养老规划的制定——"四步法"

养老是整个人生理财规划中的关键部分，为了晚年能过上体面、尊严的生活，每个人都应该及早制订养老筹划方案。制订养老规划方案的过程较为复杂，为能迅速掌握其核心内容，我们在此将这个过程简化为 4 个步骤。

1. 估算养老需要费用

估算养老所需要的费用既包括每年度需要支付养老费用的额度，也包括预期存活年龄，预期存活余命是难以预计的，每年度的养老费用容易估计，重病医疗费用难以预测。实际上，要准确地预计养老究竟需要多少费用是做不到的，它受到生存寿命、通货膨胀、存款利率变动、个人和家庭成员的健康状况、医疗和养老制度改革等各种因素的影响。国外的个人理财师在为客户做养老规划时，常常会按照客户目前的生活质量、需求偏好进行预算。

首先看"养老金替代率"这个指标，这是国际通用的衡量劳动者退休前后养老保障水平差异的基本标准，通常以"某年度新退休人员的平均养老金与上年度在职职工的平均工资收入的比例"获得。我国如今已退休的老职工，养老金替代率通常在 80%～90%，有人会盼着提前退休，退休后他们仍能维持过去的生活水准甚至还有所提高。但对 35 岁以下的青年人来说，鉴于老龄化危机的日益严重，未来的养老金替代率将会下滑到 50%～60%，保障程度将远远低于父辈。针对这一现象，各大商业保险公司已经开始做准备，针对年轻高收入的白领阶层纷纷推出了自己的养老产品，保额高达千万元的富人养老险种也纷纷问世。

2. 估算能筹措到的养老金

如果我们处在一个静态的经济环境，估算能筹措的养老金会简单得多。现实情况是个人财务预算和财务状况受到不断变化的经济环境影响，包括薪资水平变化、投资市场行情变化等。只有把问题和困难考虑得多一些，做最坏的打算，才能争取到最好的结果。

3. 估算养老金的差距

如能比较科学合理地估算出养老需要的费用和自己能筹措到的养老金，寻找两者之间的差距就比较容易了。

4. 制定养老金筹措增值计划

人们拥有养老金的数额，直接以收益增长速率为依据，在不同的投资收益率下，资金增值的速度有较大差别。根据我国有关部门提供的"十一五"和"2006—2015 年经济发展报告"预测，2006—2015 年间每年至少会有 3%～4% 的通胀率，按此水平计算，2015 年的 200 万元只相当于目前 108 万元的购买水平。如某个家庭每年需要支出 60 000 元才能维持现有生活水准，200万元也只能支撑18年光阴，这还不包括随时可能发生的需要应急的支出。

只有持续性投资才可以让退休金账户不断升值，从而减轻自己的养老负担。用于养老金的投资应当以稳健为主，有较大风险承受能力的低龄老人也可以尝试股票、外汇等风险大收益也相对较高的投资，但需要在投资前做好详细的规划。有个方法可做出较好的目标设定，就是在记录本上明确写下来，理财目标表如表13-5所示。

表13-5 理财目标表

1. 目标	2. 达成时间	3. 所需年数	4. 所需金额	5. 现有金额	6. 现有金额以8%增长	7. 尚需金额	8. 每年需存金额（利率8%）
退休养老规划	2021年底	12年	25 000元	1 500	4 000元	21 000元	1 100元

表13-5中的百分比都以年率表示，其中第5项"现有金额"是指现在已准备好要在将来用作退休金的金额，第8项是依据复利表从第7项估算，第6项则依据第5项计算。

必须强调的是，每个人想追求的退休生活和自身所处情况（像年龄、工作及收入、家庭状况等）都有较大不同，不同人群设定的目标会有较大差异。即使同一个人的理财目标也会有长期、中期和短期之分，不论目标期限如何，设定时都必须明确而不含糊。

13.2.2 养老基金安排

1. 养老基金的一般状况

社会养老保障虽然可以为客户退休后的生活提供一定保证，但它的数额较小，一般只够支付客户的基本生存费用。若客户希望提高退休后的生活质量，则需要另作财务上的妥善安排。基于这一需要，许多国家的保险公司或基金管理机构为居民提供各种养老基金。这类养老基金安排和政府提供的社会保障有所不同，它的数额可以由客户根据自己的需要和财务状况随意购买。

2004年5月1日，国家劳动和社会保障部颁布的《企业年金试行办法》出台，我国很多企业和职工在依法参加基本养老保险的基础上，自愿建立了由企业资助职工参加的企业年金，作为对基本养老金的有益补偿。企业提供养老金，将会成为我国居民养老金来源的重要补充。

2. 参与养老基金的数据调查表

养老基金的安排中，有关状况的数据调查十分必要。对于数据调查表中的这个项目，养老金安排表如表13-6所示。

表13-6 养老金安排表

养 老 金	本 人		配 偶	
	个人退休投资	单位退休投资	个人退休投资	单位退休投资
项目名称				
面值总额				
现值总额				
成员、单位				

续表

养老金	本　人		配　偶	
	个人退休投资	单位退休投资	个人退休投资	单位退休投资
基金名称、种类				
收益初始日期				
保险种类				
投资种类				
保险数额				
死亡赔偿				
伤残赔偿				
收入保障				
公司承担金额				
个人承担金额				
支付方式				
每年收益（年金支付）				

注："支付方式"填"一次性支付"或"年金支付"，请选择所有适合的选项。

本人：该计划已考虑通货膨胀，或只有_____%的收益考虑了通货膨胀。

如配偶死亡，养老金收益将支付给本人；一次性支付方式下，本人获得总额_____%的受益；年金支付方式下，本人每年获得原年金_____%的收益。

配偶：该计划已考虑通货膨胀。只有_____%的收益考虑了通货膨胀。

如配偶死亡，养老金收益将支付给本人；一次性支付方式下，本人获得总额_____%的受益；年金支付方式下，本人每年获得原年金_____%的收益。

养老基金安排的特点是，当投资或购买该安排的居民去世后，该安排的补偿将支付给去世者的配偶，但不会全额支付，客户需要填写补偿的比例，客户已收到的养老金如表 13 - 7 所示。

表 13 - 7　客户已收到的养老金

	本　人	配　偶
每年支取额		
收款人		
付款人		
服务起始日期		
支付日期		
收益构成		
收入总计		

13.2.3　案例分析：30 岁养老规划——未雨绸缪早计划

上面详细论述了养老规划制定的具体步骤和安排，下面分别就 30 岁和 40 岁两个年龄段的理财特点，给出养老规划的案例，以供读者参考。

虽然，30岁年龄段的人士距离退休还有二三十年的时间，似乎不急于考虑养老问题，但中国正步入老龄化社会，靠儿孙满堂养老的时代已经结束。从经济核算的角度而言，考虑到保险收益计算的复利因素，30岁投保更为合算。30岁年龄段的人士正处于事业的上升阶段，有较强的经济能力和足够的时间，通过各种理财手段为自己积累足够多的财富，及早制订自己的养老规划，实现退休后的财务目标，比40、50年龄段的人士更有优势。所以，养老更应该未雨绸缪，趁早规划。

1. 案例背景

李先生是一位律师，今年30岁，月收入1万元左右。去年他刚结婚，妻子汪女士是一家公司的法律顾问，今年27岁，月收入在4 000元左右。再加年终奖约1万元，目前小家庭年度总收入为17.8万元，年度开支为8万元。李先生预计日后收入会有较大增加，妻子收入相对稳定。

李先生计划在1年后按揭贷款买一辆10万到15万元的私家车，并在两三年后生育一个小孩。李先生和妻子的兴趣爱好比较简单，目前未涉足任何投资领域。他们对股票、债券和基金等金融投资方式均不感兴趣。

李先生希望自己能于60岁正常退休，退休后的生活水平与目前的生活水平基本相当。

李先生一家的资产负债及收入支出、保障安排等基本状况，如表13-8～表13-11所示。

表 13 - 8　每月收支状况　　　　　　　　　单位：元

收　入		支　出	
本人收入	10 000	基本生活开销	4 000
配偶收入	4 000	医　疗	100
其他收入	无	房　贷	1 500
合　计	14 000	合　计	5 600
结　余	8 400		

表 13 - 9　年度收支状况　　　　　　　　　单位：元

收　入		支　出	
年终奖金	10 000	保 险 费	4 800
其　他	无	赡养父母	4 000
合　计	10 000	外出旅行	4 000
结　余	−2 800	合　计	12 800

表 13 - 10　家庭资产负债状况　　　　　　　　单位：元

资　产		负　债	
银行存款	50 000	公积金住房贷款	70 000
房地产（自用）	550 000	商业住房贷款（限期10年）	100 000
资产总计	600 000	负债总计	170 000
资产净值	430 000		

表 13 - 11 家庭保障安排情况 单位：元

个人保障		单位保障
本　人	养老保险（附加医疗险及意外险），年交保费 4 800 元，交 20 年，48 岁开始领取养老金	四　金
妻　子	无	四　金
父　母	无	四　金

2. 养老规划分析

第 1 步：估算养老所需要的费用。

李先生一家每月的收支状况表和年度收支状况表可知，全家每年收入为：1.4 万×12＋1 万＝17.8 万。如李先生在退休后的收入与目前水平相当，考虑通货膨胀的因素，则李先生在 60 岁时的收入应该为 43 万元左右。从 60 岁到 80 岁，李先生总共需要的养老费用为 1 238.8 万元左右。

第 2 步：估算能够筹措到的养老金。

首先，李先生 30 岁时，每年全家收入 17.8 万元，根据工资收入平均每年增长 5% 的假设，李先生一家在退休前总共的工资收入约为 1 259.5 万元。

其次，李先生一家在 30 岁时，每年家庭开支为 0.56 万×12＋1.28 万＝8 万。李先生准备一年后贷款买车，两三年后生育一个小孩。预计李先生 31 岁时每年的家庭开支需 10 万元左右；32 岁以后，有了小孩，每年的开支需要在 12 万元左右。同时根据家庭开支平均每年增长 3% 的假设，李先生从 30 岁到 60 岁，家庭所需的总支出大约为 560.6 万元。

此外，李先生目前有一套自住房产，考虑到这套房子一般情况下不可能变卖，这里不把该项资产计算在养老规划内（按照我们将在后文谈及的"以房养老"而言，该项房产完全可以打入养老资源的范围之内），还有一笔 5 万元的存款，因李先生在一年后要按揭贷款买车，这笔费用将用于贷款买车的首付费，也不计算在内。

估算李先生在 30 年时间里仅靠工资收入能积累多少资金时，为了计算方便，没有把银行利息计算在内。30 年时间里，李先生一家仅靠工资收入，且不做任何投资的情况下，能积累的资金为：1 259.5－560.6＝698.9（万元）。

第 3 步：估算养老金的差距。

从 60 岁到 80 岁，李先生总共需要的养老费用为 1 238.8 万元，而从 30 岁到 60 岁，仅靠工资收入，李先生一家能积累的资金为 698.9 万元，养老费用的缺口为：1 238.8－698.9＝539.9（万元）。

可见，仅靠工资收入而不做任何投资的话，李先生的养老规划很难实现。这就需要李先生将生活费的结余部分拿出来用于投资，投资的收益应当正好能弥补养老费的不足计 539.9 万元。

第 4 步：制定养老金筹措增值计划。

鉴于李先生对股票、债券和基金等金融投资方式均不感兴趣，且作为律师，业余时间有限，没有过多的精力涉足金融投资领域。专家暂不建议李先生投资股票、债券和基金等。但李先生可以考虑投资房产。李先生以前曾在一家房地产公司做法律顾问，现在接手的案子也大多是房地产方面，投资房产比较合适。

李先生可以大概做一个投资房产的规划。根据专家对各种投资预期收益率的分析，投资房产的综合收益率（包括出租和出售）为 4%～5%。李先生目前 5 万元的存款将用于购买私家车，要投资房产还需要用一定时间积累资金。李先生可以 5 年为一个积累期和投资期。如 35 岁时，李先生可积累资金大约为 52.9 万元左右。

李先生 35 岁时可以投资一处大约 50 万元的房产。依此类推，在 45 岁和 55 岁时，李先生还都可以再投资一处房产。这样，如李先生一直持有这些房产，到李先生退休时就可以拥有 3 处房产。当然，其中可能有买有卖，或不一定等到 10 年期再投资另一处房产，都要根据当时的情况而定。

可以大概估算李先生投资房产的收益情况。如把投资房产的平均收益率定为 5%。从李先生 35 岁开始到 60 岁的 25 年时间里，李先生投资房产的收益大约为 915.1 万元。

李先生到 60 岁时，可获得资产为：915.1＋220.3（从 55 岁到 60 岁，李先生从工资中积累的资金）＝1 135.4 万元。这就是说，李先生如按该计划投资房产领域，到退休前，李先生至少能获得 1 135.4 万元的自有资产，距离 1 238.8 万元的养老费用已经非常接近。

在计算时没有把银行利息计算在内，如加上银行利息，或李先生在退休后继续进行房产投资的话，李先生的养老规划完全可以轻松实现。

13.2.4　案例分析：40 岁养老规划：增值和稳健并重

1. 40 岁养老规划的一般情形

经过 20 岁的"初涉养老"、30 岁的"未雨绸缪"，40 岁步入"不惑"之年的人开始进入养老规划的攻坚阶段。这时候家庭一般都处于成长期，工作和生活已步入正轨。"上有老"，夫妻双方需要赡养四位老人；"下有小"，子女通常处于中学教育阶段，教育费用和生活费用猛增。在这种情况下，40 岁的家庭与年轻家庭相比往往要承受较大的风险和动荡。

随着子女的自理能力不断增强，父母精力充沛，时间又相对充裕，再加积累了一二十年的社会经验，工作能力大大增强，家庭收入进入高峰期，现金流比较好。这一时期又是家庭重要的资产增值期。

40 岁的家庭应该是投资理财的主体，努力通过多种投资组合使现有资产尽可能增值，不断充实自己的养老金账户。但养老规划总的来说应该以稳健为主，稳步前进。

此前已通过投资积累了相当财富，净资产比较丰厚的家庭来说，不断增长的子女培养费用不会成为生活负担。一般性家庭开支和风险也完全有能力应付，可以抽出较多的余资发展大的投资事业，如再购买一套房产或尝试投资实业等。

对那些经济不甚宽裕的家庭，夫妇两人的工作收入几乎是唯一的经济来源，一旦两人中有一方下岗或发生伤残等意外，家庭财务状况很可能急剧下滑。对这样的家庭，夫妇两人的自身保障就显得更为重要。这就需要将部分收入用于商业保险，具体来说，可以低额终身寿险加上较便宜的定期寿险，再搭配最需要的医疗险、意外险等。如条件允许时再搭配重大医疗险。

购买商业保险后，多余的资金可考虑做其他方面的投资。

2. 案例背景

43 岁的王先生和同龄的王太太收入丰厚，年薪加起来 26 万元有余，年终还有总共 50 万元的奖金。女儿现在读初中，准备 6 年后出国深造。家庭每月开支在 8 300 元左右。夫妻俩分别投有寿险和意外险，为女儿也投有一份综合险，加上家庭财产险等，每年的保费总支出为 3 万元。除去其他各种不确定费用 3 万元左右，每年约有 44 万元的现金结余。

王先生有一套现值 150 万元的房产，用于自己居住。夫妻俩没有炒过股，也没有买过基金或债券，余钱基本上都存入银行，现有活期存款 5 万元，定期存款 40 万元。夫妻俩对养老生活要求较高，希望至少不低于现在的生活质量。且因两人身体状况都不大好，希望 10 年后能提前退休。

3. 养老规划

第 1 步：估算养老所需要的费用。

日常开支：王先生家庭目前每月的基本生活开支为 8 300 元。假定通胀率保持年均 3% 的幅率，按年金终值计算法，退休后王先生家庭要保持现在的购买力不降低的话，总共需要支付 167 万元的费用。

医疗开支：王先生夫妇两人身体都不好，又没有购买任何商业医疗保险，医疗保健开销将是老两口最重要的一项开支。假定两人退休后平均每人每年生病 4 次，每次平均花费 3 000 元，27 年看病的总花销就是 64.8 万元。身体不佳每月的护理更是少不了，假定每人每月护理费为 1 000 元，27 年需要的护理费总共是 64.8 万元。如此一来，王先生夫妇的养老生活仅医疗需求就达到 130 万元。

旅游开支：假如前 15 年平均一年旅游 2 次，每次平均花销 1.5 万元，后 12 年每年旅游 1 次，每次平均花销 3 万元，总共需要旅游费用为 81 万元。

王先生家庭需要养老费用，依照表 13-12 所示，大约是 378 万元。

表 13-12　20 年总共需要的养老金　　　　单位：万元

现有家庭资产			未来 35 年获得收入			20 年需养老金				
存款	房子	总计	工资收入	存款收入	总计	充实养老金账户资金	日常开支	旅游开支	医疗开支	总开支
45	120	165	764	134	898	283	167	81	130	378

第 2 步：估算能够筹措到的养老金。

我们看看王先生和王太太从现在起到 80 岁总共能拥有多少资金用作养老。

王先生夫妇的收入来源比较简单，主要来源于以下两个方面。

工资收入：王先生和王太太目前离退休还有 10 年，10 年中能积累的工资收入为 22 000 元×12 月×10 年，即 264 万元，加上 10 年的年终奖金 50 万元×10 年即 500 万元，总共是 764 万元。

存款收入：假定年平均利率为 3%，按复利计算，王先生的定活期存款 45 万元，存 37 年后本息总计为 134 万元。王先生夫妇的收入虽然比较高，但支出也较大，还有女儿留学等大笔资金需要支付。假定上述共计 943 万元的总收入中，有 30% 可留存用作养老，夫妇两人能够为自己积累的养老金是 283 万元。

第 3 步：估算养老金的差距。

需要储备的养老金减去能够积累的养老金，得出的结果是相差 95 万元。

第 4 步：制订养老金筹措增值计划

(1) 王先生家所有的结余基本上都沉睡在银行里，如此丰厚的收入却不让钱为自己"打工"实在可惜。假如从现在起到退休前每年从结余中提取 10 万元用于投资，收益率为 7%，

10 年后便能拥有 138 万元的金融资产。如在以后的年月里继续追加投资，王先生的资产将会达到很高的数字。

（2）王先生如对金融产品不感兴趣，建议王先生做一些房产投资，从长期来看，房产投资比较稳健，收益率也较好，退休后"以房养老"也是一个很好的选择。

4. 点评

所谓"量入为出"，有什么样的收入水平就有什么样的支出水平。从上述的案例中可以看出，王先生一家虽然资产雄厚，但要高质量养老，仍有不小的资金缺口。这就提醒我们，无论目前的家庭财务状况多么好，花钱不愁，但如不能做一些提前规划的话，仍可能达不到真正的"财务自由"境界。

13.3　养老保险

13.3.1　养老保险的概况

所谓养老保险是指国家和社会根据一定的法律和法规，为解决劳动者在达到国家规定的解除劳动义务的退休年龄，或因年老丧失劳动能力退出劳动岗位后的基本生活而建立的一种社会保险制度。

养老保险的产生与发展，是与国家的政治经济和社会文化紧密结合在一起的，是社会化大生产的产物和社会进步的标志。养老保险是社会保障制度的重要组成部分，是社会保险五大险种中最重要的险种之一。

1. 养老保险的特点

（1）国家立法强制实行，企业单位和个人都必须参加，符合养老条件的人可向社会保险部门领取养老金；

（2）养老保险费用的来源，一般由国家、单位和个人三方或单位和个人双方共同负担，并实现广泛的社会互济；

（3）养老保险具有社会性，影响大，涉及人员多，花费时间长，费用支出庞大，必须设置专门机构实行现代化、专业化、社会化的统一规划和管理。

2. 养老保险的类型

（1）现收现付制和基金积累制。根据养老基金的筹资方式对养老保障模式进行分类。基金积累制又分为完全基金制和部分基金制。

（2）公共体系和民营体系。根据养老基金的管理方式，可分为政府管理的公共体系和民间管理的民营体系。

（3）国家出资、单位出资和个人出资。根据资金的主要来源，可分为国家出资的普遍保障、社会救助和主要由企业事业单位和个人共同缴费的社会保险。

（4）确定受益型和缴费确定型。根据养老金的待遇是否确定，可分为确定受益型和缴费确定型等。由此相互交叉又可以形成许多种类型的养老保险项目。

（5）投保资助型、强制储蓄型和国家统筹型。目前世界上实行养老保险制度的国家，可分为投保资助型（也叫传统养老保险）、强制储蓄型养老保险（也称公积金模式）和国家统筹型养老保险。

（6）社会基本养老保险、企业补充性养老保险和个人储蓄性养老保险。目前我国建立了包括社会基本养老保险、企业补充性养老保险、个人储蓄性养老保险三个层次的保险制度。这是国家根据不同的经济保障目标，在传统的单一社会养老保险模式的基础上，综合运用各种养老保险形式构成的现代养老保险体系。

13.3.2　基本养老保险

多层次养老保险的体系中，基本养老保险是我国养老保险制度的第一层次。

1. 基本养老保险的概况

基本养老保险亦称国家养老保险，是按国家统一政策规定强制实施的，由雇主、雇员共同缴费，并由政府或公共机构经办，国家立法强制执行，为保障广大离退休人员基本生活需要的一种养老保险制度。这一层次的覆盖面是全部就业者，主要目的是保障老年退休人员的收入能相当于或略高于贫困线水平，基本保持基本生活的需求。国外称这种制度为"政府提供的社会安全网"，主要是一种政府行为。

在我国实行养老保险制度改革以前，基本养老金也称退休金、退休费，是一种最主要的养老保险待遇。国家有关文件规定，劳动者年老或丧失劳动能力后，根据他们对社会所作的贡献和具备的享受养老保险的资格或退休条件，按月或一次性以货币形式支付的保险待遇，主要用于保障职工退休后的基本生活需要。我国是一个发展中国家，经济还不发达，养老保险既能发挥保障个体和安定社会的作用，又能适应不同经济状况的需要，有利于劳动生产率的提高。

基本养老金的主要目的，在于职工退休时，能在规定的部门按月领取基本养老金保障其退休后的基本生活需要。值得注意的是，基本养老金只是保障广大退休人员的晚年基本的生活，而不能保证他们要求较高甚至是奢侈性退休生活的要求。

2. 基本养老保险筹资

在人口老龄化加速、退休人员不断增多的背景下，养老保险基金支付压力越来越大。为确保基本养老金按时足额发放，要通过多种渠道筹集基本养老保险基金。

1）企业和职工共同缴费

企业缴费一般不超过企业工资总额的 20%，具体比例由省、自治区、直辖市人民政府确定；职工个人按本人工资的 8% 缴费。城镇个体工商户和灵活就业人员参加基本养老保险，由个人按当地社会平均工资的 18% 左右缴费。2006 年，国家劳动与社会保障部发布"养老金交纳的新办法"，规定职工个人仍按本人工资的 8% 缴费，企业不再为职工个人账户交费。

2）财政补助

国家规定，各级政府都要加大调整财政支出结构的力度，增加对社会保障的投入。

3）建立全国社会保障基金

2000 年，中国政府决定建立全国社会保障基金。基金来源包括有国有股减持划入资金及股权资产、中央财政拨入资金，经国务院批准以其他方式筹集的资金及投资收益。全国社会保障基金按照《社会保障基金投资管理暂行办法》规定的程序和条件实行市场化运营，是养老保险等各项社会保障事业得以实施的重要财力储备，2008 年底已积累资金 5 600 多亿元。

3. 基本养老保险的资金发放额度计算

按照国家对基本养老保险制度的总体思路，未来基本养老保险目标替代率确定为 58.5%。

人们在工作期间因从事工作不同而有不同收入，为保证低收入者在退休后都能得到必要的生活保障，必须建立养老保险制度时对此作充分考虑。我国现在退休职工基本养老金的领取方法是：基本养老金由基础养老金和个人账户养老金组成。退休时的基础养老金月标准为省、自治区、直辖市或地（市）上年度职工月平均工资的 20%，个人账户养老金月标准为本人账户储存额除以 120。现举例说明社会保障的再分配功能如何在养老保险中得以体现。

假设 A 职工所在企业由于效益很差，退休前的月工资仅为 350 元。当地上年度的社会平均工资为 1 000 元，A 的个人账户储蓄总额，从其开始参加养老保险到退休时所缴纳的养老保险金总额为 24 240 元，则该职工在退休后所领取的基础养老金为 200 元，个人账户养老金为 202 元，两者之和为 402 元。对这位职工来说，养老金已高于退休前收入。

另有职工 B，退休前的月收入为 1 500 元，个人账户的积累总额为 96 960 元（B 退休前的工资多，其个人账户积累总额多于 A 职工），则 B 的基础养老金仍为 200 元，个人账户养老金为 808 元，合计为 1 008 元，低于退休前的工资水平，但又高于 A 职工的退休待遇。这里可明显看出社会保障再分配功能的作用。鉴于 B 退休前的工资远高于社会平均工资，他可以通过其他途径，如参加商业性养老保险来弥补退休生活水平的下降。

4. 退休费用社会统筹，推进养老保险管理服务社会化

职工退休费用社会统筹是养老保险制度的重要内容，是由社会保险管理机构在一定范围内统一征集、统一管理、统一调剂退休费用的制度。具体办法为，改变企业各自负担本企业退休费的办法，改由社会保险机构或税务机关按照一定的计算基数与提取比例向企业和职工统一征收退休费用形成由社会统一管理的退休基金。企业职工的退休费用由社会保险机构直接发放或委托银行、邮局代发及委托企业发放，以达到均衡和减轻企业的退休费用负担，为企业的平等竞争创造条件。随着社会化程度的提高，退休费用不仅可以在市县范围内的企业间进行调剂，还可以在地区间进行调剂，并逐步由市、县统筹过渡到省级统筹。

13.3.3　企业补充养老保险制度（企业年金）

1. 企业补充养老保险计划概述

企业补充养老保险制度也称企业年金或私人年金，是以企业为主体建立的补充养老保险，由雇主一方缴费或由雇主和雇员共同缴费，保障覆盖面低于基本养老保险，重点是有酬就业者。保险金的筹集和支付方式因国家和企业而异。建立保障的目的主要是减轻国家层面的负担，保证为退休者提供基本养老金以上的收入，从性质上看它主要是一种企业行为。

企业补充养老保险，是指由企业根据自身经济实力，在国家规定的实施政策和条件下为企业职工建立的一种辅助性的养老保险。它居于多层次的养老保险体系中的第二层次，由国家宏观指导、企业决策执行。企业补充养老保险是现代社会保障多层次体系的组成部分，它的发展和完善，有利于社会保障功能的进一步发挥，对现代企业制度的建立和发展，也有积极的促进意义。

2. 企业年金市场

企业年金计划管理市场化，由此形成企业年金市场，即养老金产品的投资市场和养老金产品的消费市场。企业年金市场与金融市场就中介服务具有互动发展的客观要求和可能，企业年金计划需要依托中介服务市场进行计划管理，依托金融市场进行基金管理。反之，企业年金计划也具有促进中介市场发展壮大和走向成熟，促进金融市场混业经营、完善法人治理结构和推动资金市场发展的积极作用。

1) 企业年金与商业保险互动发展

企业年金和商业保险具有互动发展的客观要求。商业保险为企业年金的运营创造市场条件，商业保险公司可以为企业年金账户管理和投资产品提供服务。同时，企业年金是商业人寿保险的主要市场和主体产品。可以说，没有商业保险产品，企业年金计划账户管理主体和投资产品是无法完善的；没有企业年金，团体寿险类产品和市场就不能成熟壮大。

2) 企业年金与商业银行互动发展

企业年金和商业银行具有互动发展的客观要求和可能性。商业银行是企业年金账户资产的托管机构。在金融混业经营的条件下，实行集团化改造的银行集团还可以是企业年金的账户管理人、投资管理人，以及退休人员年金账户的受托人。企业年金的养老功能决定其具有价格锁定的必要性，因而成为银行的主要储蓄资金来源。

3) 企业年金与资本市场互动发展

养老基金需要通过资本市场保值增值。养老基金一旦进入资本市场便产生以下 3 种影响：①企业年金计划的安全性，要求促进资本市场的机构投资者治理结构走向规范，人力资源成熟发展；②企业年金计划的长期储蓄性，可以衍生新的金融工具；③企业年金计划的资产规模巨大，可以壮大资本市场的规模和效率。

4) 企业年金与中介市场互动发展

企业年金计划需要通过中介市场进行管理和资金运作，依法建立受托人、资产托管人、账户管理人、投资管理人和各项风险项目的服务市场，如医疗保险经办机构、养老和育幼服务机构、理财服务机构、法律服务和救助机构等。不仅可以避免回到"企业办社会"和"企业保障"的老路上去，还可以为自助式养老金计划提供服务。

3. 企业补充养老保险计划的状况

我国根据国情，创造性地实施了"社会统筹与个人账户相结合"的基本养老保险模式，经过 10 年来的探索与完善，已逐步走向成熟。随着时间的推移，这一模式必将成为在世界养老保险发展史上具有相当影响力的基本类型。

企业补充养老保险由劳动保障部门管理，单位实行补充养老保险，应选择经劳动保障行政部门认定的机构经办。补充养老保险的资金筹集方式有现收现付制、部分积累制和完全积累制三种。企业补充养老保险费可由企业完全承担，或由企业和员工共同承担，承担比例由劳资双方协议确定。按国家有关《通知》的规定，"企业缴费在工资总额 4% 以内的部分，可从成本列支"。由此可知，我国的企业年金制度是由国家确定的一种养老保险方式。上海、四川、江苏、辽宁和深圳等省市地区，已出台相应的政策，经营业绩较好的金融、电力、邮电等行业已建立了有关的制度并开始具体运营，但大部分地区到目前为止还没有对此做出积极和有效的反应。

13.3.4　个人储蓄性养老保险

个人储蓄性养老保险是由个人自愿向商业性保险机构投保养老寿险，向商业银行储蓄养老金等，借以在晚年养老金不足使用时，可作为补充养老使用。职工个人储蓄性养老保险，是我国多层次养老保险体系的第三层次，是由社会保险机构经办，由社会保险主管部门制定具体办法，职工个人根据自己的工资收入情况，按规定缴纳个人储蓄性养老保险费，记入养老保险个人账户，并应按不低于或高于同期城乡居民储蓄存款利率计息，本息一并归职工个人所有。职工达到法定退休年龄经批准退休后，凭个人账户将储蓄性养老保险金一次总付或分次支付给本人。职工跨地区流动，个人账户的储蓄性养老保险金应随之转移。职工未到退休年龄提早死亡，记入个人账户的储蓄性养老保险金由其指定人或法定继承人继承。

实行职工个人储蓄性养老保险的目的，在于扩大养老保险经费来源，多渠道筹集养老保险基金，减轻国家和企业的负担。同时，有利于消除长期形成的保险费用完全由国家"包下来"的观念，增强职工的自我保障意识和参与社会保险的主动性，对社会保险工作实行广泛的群众监督。个人储蓄性养老保险可以实行与企业补充养老保险挂钩的办法，以促进和提高职工参与的积极性。

13.3.5　基本养老金缴纳标准的变动与影响

目前我国企业职工养老保险系统由个人账户和社会统筹基金账户组成，个人账户主要由"单位缴费"与"个人缴费"共同组成。目前全国各地单位缴费的标准并不一样，北京"单位缴费"比例为工资的20％。

全国的养老保险个人账户为本人缴费工资的11％，其中个人缴费8％，其余3％由"单位缴费"的部分资金划转。实行新的政策后，原来由单位缴纳的"3％"不再放在个人账户，而是放在统筹基金部分；养老保险账户中的个人账户将全部由"个人缴费"形成，即个人缴费8％不变，个人缴费不会因此增加或减少；单位缴费计入个人账户的3％从个人账户转移到社会统筹基金账户。未来将和个人账户中的资金一同成为被保险人退休后养老金发放的来源。这项政策的调整不会影响目前职工和单位的基本养老保险缴费，对被保险人的利益没有任何损害。以北京的单位为例，以前单位为职工要缴纳工资的20％，其中3％计入个人账户，17％计入社会统筹基金账户；实行新政策后，单位缴纳的20％将全部计入社会统筹基金账户。

基本养老金的计算公式如下：

基本养老金＝基础养老金＋个人账户养老金＋过渡性养老金＝退休前一年全市职工月平均工资×20％（缴费年限不满 15 年的按 15％）＋个人账户本息和÷120＋指数化月平均缴费

工资×1997 年底前缴费年限×1.4%。

　　为便于计算，设王先生平均月薪 4 000 元，养老保险缴费期限为 10 年，10 年后北京市月平均工资是 3 000 元，王先生退休后，在政策变化前后能领到多少养老金呢？

　　按现行的养老金制度，王先生退休后每月可领到的养老金＝3 000 元×15%＋4 000元×11%×12×10÷120＝890（元）（"指数化月平均缴费工资×1997 年底前缴费年限×1.4%"部分忽略不计，下同）。

　　个人养老账户的规模由本人缴费工资的 11% 调整为 8% 后，王先生退休后每月可领到的养老金＝3 000 元×15%＋4 000 元×8%×12×10÷120＝770（元）。比较前者减少了 120 元，初步来看，影响程度是很大的。但若考虑社会养老金的增长部分后，王先生每期应当领取得养老金数额并无大的减少。

本 章 小 结

　　1. 退休人士的收入主要来自：社会保险、其他公共养老金计划、雇主养老金计划、个人退休计划及年金保险。

　　2. 养老保险是指国家和社会根据一定的法律和法规，为解决劳动者在达到国家规定的解除劳动义务的年限，或因年老丧失劳动能力退出劳动岗位后的基本生活而建立的一种社会保险制度。养老保险的产生与发展，是社会化大生产的产物和社会进步的标志，与国家的政治经济和社会文化紧密结合在一起的。养老保险是社会保障制度的重要组成部分，是社会保险五大险种中最重要的险种之一。

　　3. 企业补充养老保险制度也称企业年金或私人年金，是以企业为主体建立的补充养老保险，由雇主一方缴费或由雇主和雇员共同缴费，保障覆盖面低于基本养老保险，重点是有酬就业者。企业补充养老保险是指由企业根据自身经济实力，在国家规定的实施政策和条件下为企业职工建立的一种辅助性的养老保险。

　　4. 个人储蓄性养老保险是由个人自愿向商业性保险机构投保养老寿险，向商业银行储蓄养老金等，在晚年养老金不足使用时作补充养老使用。

思 考 题

　　1. 简述退休收入的主要来源和优缺点。

　　2. 简述退休收入规划的目标。

　　3. 如何制定养老规划？

　　4. 简述养老保险的特点和类型。

　　5. 尝试设计一个养老规划的方案。

第14章
遗 产 规 划

学习目标

1. 了解遗产的概念、分类以及范围
2. 了解遗产规划的概念、特征及工具
3. 了解遗产规划的步骤

14.1 遗产概论

14.1.1 遗产的概念

遗产是指公民死亡时遗留的可依法转移给他人所有的个人合法财产，也可能是尚未归还的遗留债务。遗产包括当事人持有的现金、证券、公司股权、汽车、家具、债权、房地产和收藏品等，及因死亡而带来的死亡赔偿费、寿险公司支付赔偿费等财产。负债则包括生前所欠未清偿的消费贷款、抵押贷款，应付医疗费用和税收支出等。作为遗产的财产是一个总体，即一定财产权利和财产义务的统一体。不但包括所有权、债权、知识产权中的财产权等"积极财产"，也包括债务那样的"消极财产"。遗产是死者遗留的个人合法财产，继承则是依照法律规定，把死者的遗产转移给继承人，这是因人的死亡而产生的继承人与被继承人的一种法律关系。

遗产是自然人死亡时遗留的个人合法财产。根据《继承法》第3条的规定，遗产具有以下特征。

(1) 遗产是已死亡自然人的个人财产，具有范围限定性，他人的财产不能作为遗产。

(2) 遗产是自然人死亡时尚存的财产，具有时间的特定性。

(3) 遗产是死亡自然人遗留的合法财产，具有合法性。

(4) 遗产是死亡自然人遗留下来能够依法转移给他人的财产，具有可移转性。不能转移给他人承受的财产不能作为遗产。

(5) 遗产作为一种特殊的财产，只存在于继承开始到遗产处理结束这段时期。公民生存时拥有的财产不是遗产，只有在该公民死亡，民事主体资格丧失，遗留的财产才能成为遗产。遗产处理后即转归承受人所有，也不再具有遗产属性。

14.1.2　遗产关系人

1. 遗嘱订立人

遗嘱订立人是制定遗嘱的人，他通过制定遗嘱将自己的遗产分配给他人。在遗产规划中，个人理财师将客户假定为遗嘱订立人，通过对客户财务状况和目标的分析，为其提供遗产规划服务。在西方国家里，对立嘱人的资格要求不尽相同，但一般均有以下要求：①年龄：一般规定只有成年人才有立嘱资格；②精神状态：法律要求立嘱人在立嘱时应清楚地知道他所从事事务的意义及其后果；③环境要求：法院否认在立嘱人受威胁的条件下所立遗嘱的合法性。

2. 受益人

受益人是指当事人在遗嘱中指定的接受其遗产的个人和团体。受益人是遗嘱订立人的配偶、子女、亲友或某些慈善机构等。

3. 遗嘱执行人

遗嘱执行人是负责执行遗嘱指示的人，也称为当事人代表，通常由法院指定，代表遗嘱订立人的利益，按照遗嘱的规定对其财产进行分配和处理。其主要责任是管理遗嘱中所述的各项财产。遗嘱执行人在遗嘱兑现中的责任重大，立嘱人须慎重抉择。立嘱人如生前没有指定遗嘱执行人，则由法庭指定。执行人的佣金一般由法律规定。在必要时，遗嘱执行人可聘请律师协助其办理有关事宜，律师费用从遗嘱订立人的遗产中扣除。

14.1.3　遗产范围

我国《继承法》第3条规定了遗产的范围，主要包括以下事项。

（1）公民的收入，主要包括：①劳动所得；②劳务报酬；③法定孳息所得；④财产借贷或财产租赁所得；⑤特许权使费用所得；⑥受奖励所得。

（2）公民的房屋、储蓄和生活用品。

（3）公民的林木、牲畜和家禽。

（4）公民的文物、图书资料。

（5）法律允许公民所有的生产资料。

（6）公民的著作权、专利权中的财产权利。

（7）公民的其他合法财产。根据《最高人民法院关于贯彻〈继承法〉的意见》第3条规定，公民可继承的其他合法财产包括有价证券和履行标的为财物的债权等。

14.1.4　遗产除外规定

根据有关法律、法规和司法解释的规定，下列标的不能作为遗产。

（1）复员、转业军人的回乡生产补助费、复员费、转业费、医疗费。

（2）离退休金和养老金。这些费用的领取权只能由离退休人员和有关组织成员享有，不得转让，亦不得在他们死亡后由继承人继续行使。

（3）工伤残抚恤费和残废军人抚恤费不能视为遗产。

（4）人身保险金。

（5）与被继承人人身密不可分的人身权利。

（6）与公民人身有关的专属性的债权、债务。

（7）国有资源的使用权。

（8）自留山、自留地、宅基地的使用权。

14.1.5 遗产转移的方式

遗产转移方式是指公民死亡后，其遗留财产转归亲属、非亲属或国家，或生前所在单位所有的方式。具体包括的方式有以下几种。

（1）法定继承：指公民死亡后，由法律规定的他的一定范围的亲属，依法承受死者的财产权利和财产义务。

（2）遗嘱继承：被继承人在遗嘱中指定具体应由哪些人继承遗产，不必受继承顺序的限制，可由法定继承人继承，也可以由其他指定人员继承。

（3）遗赠扶养协议：协议中的扶养人也就是受遗赠人，只能是法定继承人以外的公民或集体所有制组织。

（4）无人继承又无人受遗赠的遗产：归国家或死者生前所在组织所有。

遗产转移方式的法定程序为：有遗赠扶养协议的，首先按遗赠扶养协议办理；无遗赠扶养协议有合法遗嘱的，按遗嘱办理；没有遗赠扶养协议又无遗嘱的，按法定继承办理；无人继承又无人受遗赠的遗产归国家所有，死者生前是集体所有制组织成员的，归所在集体组织所有。

14.2 遗产规划工具

14.2.1 遗产规划的概念

遗产规划是指当事人在其生前有意识地通过选择遗产规划工具，制定遗产计划，将拥有的各种资产和负债进行妥当安排，确保在自己去世或丧失行为能力时，遗留的财产能够按照自己的愿望做出有效分配，以尽可能实现个人为其家庭（或相关的他人）所确立目标的安排。遗产规划又可称为人们为使其遗产继承人在未来能从遗产中享受到最大经济利益，而在生前对其未来遗产的分配与管理做出适当安排的过程。

遗产规划是理财规划不可分割的一部分。在某种程度上来说，理财规划由两部分组成：①通过储蓄、投资和保险建立自己的财产基础，满足自己生前的各方面生活消费的需要；②在自己死亡后根据生前的详细指令转移遗留财产。①

---

① 杰克. 个人理财. 上海：上海人民出版社，2004.

遗产规划在理财规划中相当重要，但因价值观的不同，不少客户会忌讳谈及这一话题，潜意识中不愿意提前考虑与死亡有关的事宜。个人理财师对客户进行遗产规划咨询时，要注意语言的选择和表达，并根据客户的情况对遗产规划的概念和作用进行解释。

14.2.2 制订遗产规划的必要性

对每个人而言，死亡都是不可避免，死亡时间往往又难以预料。若在生前未能对遗产做出妥善安排，死亡事件发生时，就可能因税收、管理费、诉讼费等原因把遗产耗尽；或使亲人之间为争夺遗产发生纠纷；或使遗产落入不当继承人之手。为避免这种现象的发生，事先的遗产规划是很为必要的。

1. 使遗产分配符合自己心愿

许多人生前制定了遗产计划，明确个人的遗产分配方案，以使其符合自己的意愿。个人理财师全面了解客户的目标期望、价值取向、投资偏好、财务状况和其他有关事宜，应当是协助客户遗产规划的最佳人选。

每个国家对居民遗产税的课征都有相应的法律规定，一般而言，如果居民没有在遗嘱特别指定，将其财产平均分配给子女和配偶。但在现实生活中，正和多数客户的期望相距甚远。例如某客户的财产高达500万元，有个不满5岁的女儿，他担心自己去世后，女儿没有能力管理和支配这笔财产，希望能指定监护人，在照顾女儿的同时管理好这笔遗产，等到女儿成年后再将遗产转交给她。如果客户没有遗产规划，他的上述愿望就将难以实现。

2. 有遗产计划优越于无遗产计划

有遗产计划和没有遗产计划的差异是很大的。一个精心策划的遗产规划至为重要。遗产规划就是用最佳的方式来保护遗产，并最终能最大限度地按自己的心愿对遗产组织分配。表14-1是对有无遗产规划的利弊比较，结果是一目了然。

表14-1 有无遗产计划的差异

有遗产计划	无遗产计划
由您亲自决定谁来继承遗产	由法庭判决遗产继承人，但这可能违背您的心愿
由您亲自决定何时并以哪种方式继承遗产	法律规定何时继承，继承人可能无法控制您的遗产
您亲自决定由谁来管理您的遗产	由法庭任命执行人员，他的安排可能与您的设想不完全相同
您本人可能设法减少遗产税的交纳，减少遗产执行费	某些不必要的花费和纳税，遗嘱执行费用和遗产税可能很高
由您本人挑选子女的监护人	由法庭来为您的子女任命监护人
您可以有条不紊地把家庭经营投资事项安排妥当，或者将其出售	因交纳高额遗产税不得不廉价变卖财产，导致家财损失

3. 减少遗产税交纳

在征收遗产税的国家和地区，人寿保险在缴纳遗产税和保全遗产方面起着重要的作用。美国联邦政府规定，当遗产超过规定金额后需要征收遗产税。死者的遗产中没有足够的现金支付这些费用和税收时，遗嘱执行人必须变卖部分遗产以满足现金需求。这种被迫变卖的价格可能远低于市场价值，使遗产继承人的利益受损。同时降低遗产处置的费用和应纳税金额，增加实际获取遗产的价值。

我国目前，大家的收入还相对较低，遗产数额不大，政府对遗产税的征收尚未开始。

4. 减少自己死亡后对家人带来的麻烦

当某人身故后，遗嘱执行人或遗产管理人会负责清理死者的所有财产及负债，并将剩余资产分配给死者的继承人。法律程序上的安排只是遗产规划具体行为的落实，从财务角度进行的合理规划才是遗产规划的核心内容。遗产规划涉及的内容很多，在个人理财师的帮助下通过制定和执行遗产规划，不但可以帮助当事人实现遗产的合理分配，还可以减少客户的亲人在面对其死亡时的不安情绪，降低当事人亲友的心理和财务负担。缺少完善的遗产计划会直接影响事业、家庭、退休计划，不要让个人一生的积蓄被纳税、诉讼费及继承人以外的他人侵吞。适当的遗产规划能够在个人的有生之年及去世后仍能很好地照顾好其家人。

14.2.3 遗产规划的工具

1. 遗产规划工具的一般解说

遗产规划涉及了许多专业术语，或是遗产规划的基本概念，或是制定遗产规划时需要使用的各种专门工具。个人理财师在和客户沟通时，应首先对这些术语加以详细解释，使客户能真正理解这些术语的确切含义。

个人理财师在进行遗产规划时，除了需要客户填写的有关个人资料外，还应该要求客户准备各种相关文件。这是因为该客户去世时，如这些文件齐全，将有利于其亲友办理有关手续。一些常见的必须文件如下所示：①出生证明和结婚证明；②姓名改变证明；③保险单据、保险箱证明和记录；④银行存款证明；⑤社会保障证明；⑥有价证券证明；⑦房产证明；⑧购车发票及其他证明；⑨养老金文件；⑩遗嘱和遗产信托文件。在这些文件中，最为复杂的是遗嘱和遗产信托文件，在下面的内容中我们将会介绍它们的定义和适用范围。

2. 遗嘱

1) 遗嘱的含义

遗嘱人们对其死亡后欲行事务提出的一种具有法律效力的、强制性的声明。是遗产规划中最重要的工具，但又常常被客户所忽视。许多客户由于没有制定和及时更新遗嘱而无法实现其目标。订立遗嘱文件并不困难，客户只需要依照一定的法律程序在合法的文件上明确写明如何分配自己的遗产，然后签字认可，遗嘱既可生效。一般说来，客户需要在遗嘱中指明各项遗产的受益人。

遗嘱给予客户分配遗产的很大权利。客户的部分财产，如共同拥有的房产等，需要客户与其他持有人共同处置。但这类财产在客户的遗产中通常只占很小比例。客户可以通过遗嘱来分配自己独立拥有的大部分遗产。现实社会中，多数客户的遗产规划目标都是通过遗嘱实现的。法律通常规定，居民的遗产应平均分配给去世者的配偶和子女；但如客户比较疼爱妻子，且子女已经成年，就可以在遗嘱中将妻子指定为大部分遗产的受益人。

2) 遗嘱的类型

遗嘱可以分为正式遗嘱、手写遗嘱和口述遗嘱 3 种。

（1）正式遗嘱具有书面文字，由立嘱人签名，两个或两个以上证人签字的一种遗嘱。最为常用，法律效力也最强。它一般由当事人的律师办理，要经过起草、签字和遵循若干程序后，由个人签字认可，也可由夫妇二人共同签署生效。遗产受益人不能充当遗嘱证人。

（2）手写遗嘱是指由当事人在没有律师的协助下手写完成，并签上本人姓名和日期的遗嘱。由于此类遗嘱容易被人伪造，在相当一部分国家较难得到认可。它由立嘱人亲笔起草、签名的遗嘱，如经过适当的公证，这种遗嘱就成为正式遗嘱。

（3）口述遗嘱是指当事人在病危的情况下，向他人口头表达的关于遗产分配的声明，这种遗嘱仅在特定的条件下才有效。除非有两个以上的见证人在场，否则多数国家不承认此类遗嘱的法律效力。为了确保客户遗嘱的有效性，个人理财师应该建议客户采用正式遗嘱的形式，并及早拟定有关的文件。如果客户确实留下了有效的遗嘱文件，对遗产的处置将根据遗嘱进行。

3）遗嘱的内容

遗嘱的重要内容是规定遗嘱遗产。遗嘱遗产是在所有者死亡时，由遗嘱执行人或管理人处理并分配的遗产。它包括：①以已故者自己的名义直接拥有的财产；②作为共同拥有者所持有的财产权益；③在死亡时，应支付给已故者遗产的收入或受益金；④共同体财产中属于已故者的那一半。遗嘱的具体内容如表 14－2 所示。

表 14－2　遗嘱的具体内容

一般条款	订立该条款的目的
身份和取消条款	当事人的身份和住址，声明这是最新的遗嘱，以前的全部取消
指定执行人	指明指定的执行人（个人或者机构）及其执行人的报酬
债务支付	指示执行人支付所有债务，如抵押、贷款及葬礼和遗产管理费
税费支付	授权执行人缴纳所得税和其他税费
特定遗产	列示特定遗产（如珠宝古玩、汽车等）的分配方式
遗赠	指明需要特别支付的金额
剩余财产	列示所有具体财产分配后剩余财产的分配方式
信托	列明遗嘱中所设信托的条款
权利条款	授权执行人在管理财产时执行各项权利，而不必经过法院的同意
生活利益条款	用于将某项资产的收入或者使用权留给某人，而不是资产本身
一般灾难条款	列示当某个受益人与当事人一起死亡时遗产的分配方式
监护人条款	指明可指定为当事人幼小子女的监护人，同时指明幼小受益人应分得财产
证书证明条款	在遗产的最后列出，以确保遗嘱有效执行

4）遗嘱检验

遗嘱检验是法庭验证立嘱人最后订立遗嘱或遗言有效性的一种法律程序。遗嘱检验首先是由遗嘱执行人向法庭递交有关文件，要求法院确认遗嘱的有效性。法庭收到申请后，通知所有的有关利益主体，在规定时间到法庭听证。在听证会上，遗嘱证明人要出庭作证，并出示有关材料。如遗嘱证明人已经死亡，或因其他原因无法到庭作证，在对遗嘱有效性不存在任何疑义的条件下，法庭仍可以允许遗嘱通过检验。完成了听证程序，在各方均无异议的条件下，法庭即可确认遗嘱的合法性。

5）遗嘱争议

人们对遗嘱的合法性可能会提出争议，遗嘱听证会是提出遗嘱争议的较好机会，是证明遗嘱无效性的法律程序。从法律角度看，人们对遗嘱提出争议的焦点主要集中在以下方面：①遗嘱手续不当，如没有足够证人；②立嘱人没有立嘱能力；③立嘱人在受威胁环境下立嘱；④遗嘱具有欺诈性质；⑤遗嘱已经由立嘱人修改，修改前或修改后难以认定；⑥立遗嘱人先后立了多份内容相互矛盾的遗嘱，最终难以认定先后真伪。

6）个人理财师应做工作

个人理财师需要提醒客户在遗嘱中列出必要的补遗条款。借助这一条款，客户在希望改变其遗嘱内容时不需要制定新的遗嘱文件，只要在原有文件上进行修改即可。在遗嘱的最后，客户需要签署剩余财产条款的声明，否则该遗嘱文件将不具有法律效力。

需要说明的是，尽管个人理财师不能直接协助客户订立遗嘱，但仍有义务为客户提供有关信息，如在遗嘱订立过程中可能出现问题时需要的文件。这需要个人理财师对遗嘱术语、影响遗嘱的因素和有关法规等有充分了解。这些知识不仅能帮助个人理财师拟定遗产规划，还能促进个人理财师和有关人士如会计师和律师等之间的沟通。

3. 遗产委托书

遗产委托书是遗产规划的工具，它授权当事人指定的一方在一定条件下代表当事人指定其遗嘱的订立，或直接对当事人遗产进行分配。客户通过遗产委托书，可以授权他人代表自己安排和分配其财产，而不必亲自办理有关遗产手续。被授权代表当事人处理遗产的一方称为代理人。在遗产委托书中，当事人一般要明确代理人的权利范围。后者只能在此范围内行使权利。

遗产委托书有普通遗产委托书和永久遗产委托书两种。如果当事人已去世或已丧失了行为能力，普通遗产委托书就不再有效。当事人可以拟定永久遗产委托书，以防范突发意外事件对遗产委托书有效性的影响。永久遗产委托书的代理人，在当事人去世或丧失行为能力后，仍然有权处理当事人的有关遗产事宜。所以，永久遗产委托书的法律效力要高于普通遗产委托书。许多国家对永久遗产委托书的制定有严格的法律规定。

4. 遗产信托

遗产信托是一种法律契约，当事人通过遗产信托指定自己和他人管理自己的部分和全部遗产，从而实现与遗产规划有关的各种目标。遗产信托的作用很多，它可以作为遗嘱的补充规定遗产的分配方式，用于回避遗嘱验证程序，增强遗嘱计划的可变性。采用遗产信托进行分配的遗产称为遗产信托基金，被指定为受益人管理遗产信托基金的个人称为托管人。

根据遗产信托的制定方式，可将遗产信托分为生前信托和遗嘱信托。生前信托是指当事人仍然健在时设立的遗产信托，这种信托可认为是可取消的生前信托，即授予者可在任何时候改变或终止的信托，也可认为是不可取消的信托，即授予者不能依法改变或终止的一种信托。遗嘱信托是指在死者遗嘱中确立的，并在遗嘱受检后生效的一种信托。它是指根据当事人的遗嘱保管设立，是在当事人去世后成立的信托。信托的托管人不可能是当事人本身。这种信托的授予者为已死亡的人，故不可取消。

5. 人寿保险

人寿保险在遗产规划中受到个人理财师和客户的重视，客户如果购买了人寿保险，在其去世时就可以现金的形式获得大笔赔偿金，增加遗产的流动性。然而，人寿保险赔偿金和其他遗产一样，要支付遗产税。此外，客户购买人寿保险，需要每年支付一定的保险费。如果客户在规定的期限内没有去世，可以获得保险费总额和利息，但利率通常低于一般的储蓄利率。如客户在即将去世时才购买人寿保险，保险费会很高，客户应大致估计自己的生存时间，再做出选择。

6. 捐赠

赠与是人们在生存期间把自己的财产转赠给社会或他人的一种行为，是当事人为了实现某种目的将某项财产作为礼物送给受益人，而该项财产不再出现在遗嘱中。赠与的主要动机在于减轻税负。许多国家对捐赠财产的征税要远低于对遗产的征税。根据美国税法，任何人每年赠与他人价值低于 10 000 美元的现金或财产，可免征赠与税。夫妻之间、父母与子女之间的赠与也可免征赠与税。另外，一旦财产已被赠与，即不属遗产范畴。故在赠与者死亡时就可减少其遗产量。再如某些财产未来会有大幅升值。现在赠与因其价值较低，可付较少的税，避免未来因资产升值而增加税负。

赠与这种方式也有缺点，财产一旦赠给他人，当事人就不再对该财产拥有控制权，将来情况有变故时也无法将其重新收回。有的老年父母为了子女能很好地赡养自己，往往在生前就与子女签订房产赠与合同，并办理房产过户手续。但最终导致的结果却可能是：不孝儿孙们凭借对房产的合法权利，将老父母们从该住房中"扫地出门"。

7. 最后指令书

最后指令书是帮助遗产管理人更好地管理遗产，在遗嘱之外另行起草的一种文件。这种文件的主要内容，是死者希望其死后别人按其意志去执行的，但又不便在遗嘱中写明的各种事项。主要包括：①遗嘱存放处；②葬礼指示；③其他有关文件存放处；④企业经营指令；⑤没有给予某继承人某项遗产的原因说明；⑥对遗嘱执行人有用但又不便或不愿意在遗嘱中公开的有关私人隐秘；⑦推荐有关会计、法律事务服务机构等内容。最后指令书一般在立嘱人即将死亡时开出。它不是一种法律性文件，不可用来取代遗嘱。

14.3　遗　产　规　划

14.3.1　遗产规划的一般状况介绍

遗产规划的目的是让自己原有的财富可以顺利转移到亲属或指定的受益人手中。遗产规划其实是以遗产传承为目的的财务安排，可能包括留下教育基金给子女们完成高等教育，或留下一笔"安家费"以备自己身故后能用于支付家中各项支出，让仍在世之亲人多点积蓄以备不时之需等。所以，客户手中拥有的一切财产和财产的承继人，都是遗产规划的对象。

遗产规划的主要步骤具体包括以下内容：①把所有遗产集中起来，编制遗产目录；②对各项遗产进行估价；③填制遗产税表格；④处置各种对遗产的要求权；⑤执行遗嘱中所有的指示；⑥管理遗产；⑦保管遗产交易记录；⑧把剩余财产分配给有关受益人；⑨向法院与受益人递交遗产最终结算报表等。

14.3.2　计算和评估客户的遗产价值

1. 个人情况记录的准备

个人理财师在进行遗产管理时，除了需要客户填写有关的个人资料外，还要求客户准备个人情况记录文件。当客户去世时，这些齐全的文件资料有利于亲友办理相关手续。

个人记录应包括如下信息：①原始遗嘱和信托文件的放置位置；②顾问名单；③孩子监护人的名单；④预先计划好的葬礼安排信息；⑤出生和结婚证明；⑥保险安排和养老金计划；⑦房地产权证；⑧投资组合记录、股票持有证明；⑨银行账户、分期付款/贷款和信用卡等。

2. 计算评估遗产价值的作用

遗产规划的第一步是计算和评估客户的遗产价值，它的作用有以下几点。

（1）通过计算客户的遗产价值，可帮助其对资产的种类和价值有个总体了解。

（2）可使客户了解与遗产有关的税收支出。由于不熟悉遗产税的有关规定，客户最终的税收支出常常会高于预期，且数额巨大，影响到遗产规划的实施。在制定遗产规划之前，有必要对应纳税额进行计算。

（3）遗产的种类和价值，是个人理财师选择遗产工具和策略时需要考虑的重要因素之一。

3. 遗产种类与价值的计算

客户的遗产种类和价值，个人理财师可以在收集客户财务数据时获得，然后通过报表进行归纳和计算，表14-3为遗产规划中遗产种类与价值的计算表。

表14-3　遗产规划中遗产种类与价值的计算表

资　产		负　债	
种　类	金额	种　类	金额
现金及等价物、储蓄账户		贷款	
银行存款：货币市场账户		消费贷款、一般个人贷款	
人寿保单赔偿金额		投资贷款（房地产贷款等）	
其他现金账户		房屋抵押贷款、人寿保单贷款	
小　计		小　计	
股票、债券、共同基金等投资		费用	
合伙人投资收益		预期收入纳税支出	
其他投资收益		遗产处置费用	
小　计		临终医疗费用	
退休基金		葬礼费用	
养老金（一次性收入现值）		其他负债	
配偶年金收益现值		小　计	
其他退休基金		其他负债	
小　计		负债总计	
主要房产及其他房产			
收藏品、珠宝和贵重衣物			
汽车 家具、其他资产		资产总计（＋）	
小　计		负债总计（－）	
资产总计		净遗产总计	

表14-3的格式类似于一般的资产负债表，只是在普通资产负债表的基础上增加了某些和遗产规划相关的项目，如人寿保单赔偿金额、临终医疗费用、遗产处置费用和葬礼费用等。

个人理财师可以从表14-3中的单个项目了解到客户的遗产种类，将资产总额与负债额度相比较得到遗产净值；再根据有关规定，计算出遗产的纳税金额。个人理财师和客户对有关的资产负债有了清晰的认识后，才能够决定客户的遗产规划目标。此中的遗产验证是必要的，这是指在当事人去世后，有关部门对其遗嘱进行检查并指定遗嘱执行人的法定过程。在进行遗嘱验证后，遗嘱执行人将根据有关条款对遗产进行处理。

4. 遗产种类与价值计算中的注意事项

在填写表格时要注意以下 3 点。

（1）资产价值计算的依据是该财物目前的市场价值，而非其当初购买或取得时支付的原始价格。这一点对房地产的价值估算特别重要。房地产的价格每年都有较大幅度变化，其市场价值和历史成本通常相差甚远。对股票、债券等投资也需要准确估计其当前价值和相关收益。

（2）不要遗漏某些容易被忽略的资产和负债项目。很多客户对自身的财务状况并非十分了解，填写有关内容时容易遗漏掉一些重要项目，从而高估或低估遗产的价值。如资产项目中的无形资产（如著作权等）、负债项目中的临终医疗费用等，都是容易被忽略的项目，这些项目同客户编制遗产规划有着重要影响。

（3）不必事无巨细，全部像流水账似统统开列，如锅碗瓢盆、日用器物等价值低、繁杂琐碎，大致区分即可，并非遗产规划的重心。

14.3.3 制订遗产分配方案

1. 制订遗产分配方案的目标

（1）分析遗产规划的个人因素；

（2）确定遗产规划的法律成本；

（3）理清不同种类、不同形式的遗嘱；

（4）对信托和遗产的不同类型进行评价；

（5）估计遗产税对遗产分配方案的影响。

2. 不同类型客户的遗产规划

制定遗产分配方案是遗产规划的关键步骤。客户的具体情况各不相同，每个客户的遗产规划使用的工具和策略选择，也有很大差别。这里仅针对几种不同客户的基本遗产分配方案做个简单介绍。

1）客户已婚且子女已经成年

这类客户的财产通常与其配偶共同拥有，遗产规划一般将客户的遗产留给其配偶，待其配偶将来去世，再将遗产留给客户的子女或其他受益人。采用这一计划时要考虑：①客户财产数额大小；②客户是否愿意将遗产交给其配偶继承。有些国家对数额较大的遗产征税很重，如客户很富有时可考虑采用不可撤销性的信托或捐赠的方式以减少税负。如客户不愿意遗产由其配偶继承，则可选择其他适合的方案。

2）客户已婚但子女尚未成年

和第一类客户对比，因其子女未成年，这类客户的基本遗产规划要加入遗嘱信托工具。如客户的配偶也在子女成年前去世，遗嘱信托可以保证由托管人管理客户的遗产，并根据其子女的需要分配遗产。如客户希望由自己安排遗产在子女之间的分配比例，则可以将遗产加以划分，分别委托几个不同的信托基金管理。

3）未婚/离异客户

对于这类客户，遗产规划相对简单。如客户的遗产数额不大，而其受益人已经成年，直接通过遗嘱将遗产留给受益人即可。如客户的遗产数额较大，也不打算将来更换遗产的受益人，则可以采用不可撤销性信托或捐赠的方式，来减少纳税金额。如果客户遗产受益人尚未成年，则应使用遗产信托工具进行管理。

3. 制订遗产分配方案的原则

在制订遗产分配方案时，个人理财师需要注意以下几个原则。

1）保证遗产规划的可变性

客户的财务状况在不断变化之中，遗产规划目标必须具有可变性。个人理财师在制定遗产分配方案时，要保证它在不同时期都能满足客户的需要。遗嘱和可撤销性信托是保证遗产规划可变性的重要工具，可以随时修改和调整。客户可借此控制自己名下的所有财产，将财产指定给有关收益人，同时尽量减小纳税金额。客户还可以在信托资产中使用财产处理权条款，授予指定人在当事人去世后拥有财产转让的权利。被指定人可以在必要时改变客户在遗嘱中的声明，将遗嘱分配给他认为有必要的其他受益人。

值得一提的是，下面3种情况将会降低遗产规划的可变性。

（1）遗产中有客户与他人共同拥有的财产。客户没有完全拥有此项财产，不享有完全的财产处置权，除非持有财产的其他各方授权给客户，否则不能擅自改变原先约定。

（2）客户将部分遗产作为礼物捐赠给他人。客户可以在其生前将财产作为捐赠物而非在死后将遗产交给受益人，这样做能大幅降低遗产税收支出。这种方式一旦被采用，就不能随意撤销。为适应环境和客户意愿的改变，应慎重选用捐赠的形式分配遗产。

（3）客户在遗产规划中采用不可撤销性信托条款。这种信托条款可以减少客户的纳税金额。但因它是不可撤销的，就降低了遗产规划的可变性。客户可以限制这一条款的适用范围，从而保留对有关遗产的部分处置权。

2）确保遗产规划的现金流动性

西方国家的税法对遗产继承有严格规定，个人遗产有很大部分要用于缴纳遗产税。此外，客户死亡时，家人还要为其支付如临终医疗费、葬礼费用、法律和会计手续费、遗嘱执行费、遗产评估费等资产处置费用。在扣除这类费用支付并偿还其所欠债务后，剩余部分才可以分配收益。如遗产中的现金数额不足，反而会导致其家人陷入债务危机。为避免这种情况的发生，个人理财师必须帮助客户在遗产中能提供足够的现金以满足所需要的支出，确保遗产规划执行的现金流动性。

现金收入来源通常有以下方式：①支付给客户配偶的社会保障金；②银行存款；③存单；④人寿保险赔偿金额；⑤可变现的有价证券；⑥职工福利计划收益；⑦其他收益性资产。

如客户是某公司的合伙人，也可以签署出售协议，在其去世后将本人在公司所持的股份出售给他人。这样可保障持续的现金收入，又将公司的控制权转让给其信任的人，保持经营的持续性。

为了保证遗产规划中现金的流动性，客户应尽量减少遗产中的非流动资产，如房地产、长期债券、珠宝和收藏品等。这些资产不仅无法及时提供所需的现金，还会增加遗产处置费用。客户应尽量将其出售或捐赠给他人，从而降低现金支出。

3）减少遗产纳税的金额

多数客户都希望能尽可能地留下较多的遗产。然而，在遗产税很高的国家，客户尤其是遗产数额较大的客户都要支付很高的遗产税。遗产税不同于其他税种，受益人在将全部遗产登记后，必须先筹集现金把税款计算交清，才可以继承遗产。减少税收支出是遗产规划中的重要原则之一。一般而言，采用捐赠、不可撤销性信托和资助慈善机构等方式，可以减少纳税金额。

这里需要强调的是，尽管遗产纳税最小化在遗产规划中相当重要，但它并不适于所有的客户。像我国目前并未开征遗产税，即使将来开征税率也不会很高，个人理财师在制订遗产分配方案时，首先要考虑如何将遗产正确地分配给客户希望的受益人，而非首先减少纳税。即使在遗产税较高的国家，个人理财师也不能过于强调遗产税的影响，因为客户的目标和财务状况在不断变化，如单单为了降低纳税额而采用某些遗产规划工具，可能会导致客户的目标最终无法实现。

4. 定期检查和修改遗产分配方案

客户的财务状况和遗产规划目标往往处于变化之中，遗产规划必须能满足其不同时期的需要，对遗产规划的定期检查修订是必须的，这样才能保证遗产规划的可变性。个人理财师应建议客户在每年或每半年对遗产规划进行重新修订。下面列出了一些常见的事件，当这些事件发生时，客户的遗产规划需要进行调整。

这些事件包括：①子女的出生或者死亡；②配偶或其他继承人的死亡；③结婚或离异；④本人或亲友身患重病；⑤家庭成员已经成年或已成家；⑥遗产继承；⑦房地产出售；⑧财富变化；⑨有关税制和遗产法的变化。

个人理财师需要按照以上几个步骤，同时结合好有关遗产规划工具的内容，对客户的遗产分配方案提出合理建议，取得认同后做出遗产规划。

14.3.4　遗产规划风险与控制

相对其他金融财务规划，遗产规划的风险要低一些。但这类风险一般都在客户去世后才发生，无法为此采取补救措施。制定遗产规划时，需要尽量避免相关风险的发生。

1. 常见的遗产规划风险

1）客户没有留下遗嘱或遗嘱无效

在这种情况下，如继承人就遗产分配事发生纠纷时，这时已不可能有当事人在场，将不得不报经有关部门出面，根据有关法律处理当事人的遗产分配，但其结果很可能背离了当事人的初衷。

2）客户未能将有效的遗产委托书授权他人

这一风险在客户突然生病或去世时经常发生。此时客户已经签署了有关文件如遗产委托书，却没有委托代理人经管此事，或代理人持有的只是普通的遗产委托书。在这种情况下没有客户信任的人选为其处理遗产，客户原有的遗产规划目标就可能落空。

3）遗嘱中未能全面反映客户实际资产的种类和价值

客户的资产状况一直处在变动之中，遗嘱中对资产和债务的安排也需要定期加以修改。一旦由于某些原因客户未能及时调整遗嘱，就无法充分满足客户原先的期望。

4）客户购买的保单中，保险条款未能保障当事人的利益

这种现象有两种情况：①保单的条款过于严格，当事人去世时赔偿金额低于期望值，影响了遗产规划的实施；②保单中对受益人的安排不恰当，导致收益额下降和税收支出增加。当事人在指定保单受益人时应该慎重选择，决定是将保险赔偿金额直接交给受益人，还是先将该金额并入遗产中一起分配。

在上述几种情况下，缺乏有效遗嘱或遗产委托书的风险，可能导致客户完全无法控制遗产的分配。个人理财师有必要帮助客户制定和完善相关文件，并定期检查，确保这些文件的有效性和及时性。

2. 遗产规划中的产权问题

遗产规划中，客户对遗产的持有形式十分重要。财产持有形式的不同直接影响到客户对遗产的分配权利。然而在很多情况下，客户并不十分清楚自己是完全拥有某项资产，还是只拥有该项资产的一部分。

根据客户对个人财产持有形式的不同，可分为个人持有财产和共同使用财产，后者又可分为联合共有财产、合有财产和夫妻共有财产3种。

1）个人持有财产

在这种财产持有状况下，客户对一项资产拥有全部的所有权和处置权。无论客户希望何时、何种形式安排该项财产，都受到法律保护和认可。这类财产可以由其持有人作为遗产，也可不受其他任何人的限制，按自己的意愿分配给受益人或继承人。

个人理财师需要帮助客户分析何种财产才属于客户个人持有。一般而言，如果财产持有书上只有客户一个人的名字，就可以认为该客户是该项财产的独立持有人，该项财产属于个人持有财产。但已婚客户的情况则有不同。如财产是婚后取得的，并且取得时客户的固定住所是他与配偶的共有财产，即使持有证明上只登记了该客户的名字，客户也不是该财产的独立持有者，他只是共同持有人之一，和其配偶共同拥有该项财产。

2）联合共有财产

这是共同持有财产最为常见的形式。在这种形式下，共同持有财产的双方对被持有财产拥有相同的权利。一方去世时，该财产的所有权将无条件转归另一方所有。这意味着如将该资产作为遗产，既无须考虑当事人的遗嘱，也无须办理烦琐的转移手续和支付费用，就可以将其留给受益人。在许多遗嘱程序烦琐的国家，尤其是美国，这一点对客户十分方便，可以大幅度节约时间并降低遗产处置费用。

客户在某种程度上，可以采用联合共有财产的形式来代替遗嘱使用。但如使用不当也会影响客户对财产的控制权，且会增加受益人的纳税金额，各国法律对该工具的使用有一定的限制。

3）合有财产

合有财产是另一种财产持有形式。它和联合共有财产的相似之处在于，持有财产的双方对被持有财产有相同的管理权利。区别则在于，合有财产的一方去世后，在该财产上拥有的权利不会无条件地转移给另一方，而是根据去世者的遗嘱进行处理。合有财产的持有人可以是两人或多人，个人在该财产上拥有的份额无须相同。

合有财产适用于那些不愿意将财产转移给另一持有人的客户。如客户与他人共同拥有和管理公司，他希望在去世后将公司的合伙份额留给配偶而非合伙人。这就可以使用合有财产

的形式。对合有财产进行处置时，要进行遗嘱检验并支付有关费用，客户如愿意将合有财产留给持有的另一方，为减少遗产费用起见，就不应该选择这种工具，而改用联合共有的形式。

4) 夫妻共有财产

除以上两种方式外，已婚客户还常常使用夫妻共有财产的形式来拥有财产。它与合有财产的处理方式类似，持有一方去世后，他在该财产上的所有权同样不会无条件地传递给另一方，也要根据去世者的遗嘱进行处理。与合有财产不同的是，夫妻共有财产的形式仅限于客户与配偶之间，且双方各占有该项财产的一半份额。由于同样要涉及遗嘱检验和支付税金及手续费用，所以只有当遗产数额不大时，个人理财师才可以建议客户使用这种方式。遗产数额较大的客户可以考虑选择联合共有财产的形式。客户在填写自己的财产数据时，应该将有关财产的性质加以说明，保障个人理财师充分了解客户的真实财务状况，从而在合理判断的基础上制定满足客户需要的遗产规划。

本 章 小 结

1. 遗产是指公民死亡时遗留的可依法转移给他人所有的个人合法财产，也可能是尚未归还的遗留债务。遗产包括当事人持有的现金、证券、公司股权、汽车、家具、债权、房地产和收藏品等，及因死亡而带来的死亡赔偿费、寿险公司支付赔偿费等财产。

2. 遗产转移方式是指公民死亡后，其遗留财产转归亲属、非亲属或国家，或生前所在单位所有的方式，具体包括的方式有法定继承、遗嘱继承、遗赠扶养协议和无人继承又无人受遗赠的遗产 4 种。

3. 遗产转移方式有法定顺序。有遗赠扶养协议的，首先按遗赠扶养协议办理；无遗赠扶养协议有合法遗嘱的，按遗嘱办理；没有遗赠扶养协议又无遗嘱的，按法定继承办理；无人继承又无人受遗赠的遗产归国家所有，死者生前是集体所有制组织成员的，归所在集体组织所有。

4. 遗产规划是指当事人在其生前有意识地通过选择遗产规划工具和制定遗产计划，将拥有的各种资产和负债进行妥当安排，确保在自己去世或丧失行为能力时，遗留的财产能够按照自己的愿望做出有效分配，以尽可能实现个人为其家庭所确定目标的安排。

5. 遗产规划的主要步骤具体包括以下内容：①把所有遗产集中起来，编制遗产目录；②对各项遗产进行估价；③填制遗产税表格；④处置各种对遗产的要求权；⑤执行遗嘱中所有的指示；⑥管理遗产；⑦保管遗产交易记录；⑧把剩余财产分配给有关受益人；⑨向法院与受益人递交遗产最终结算报表等。

思 考 题

1. 简述遗产的特征。

2. 简述遗产的关系人及其之间的关系。

3. 简述遗产的范围。

4. 简述遗产规划的必要性。

5. 简述遗嘱的内容。

6. 简述遗产规划的工具。

7. 简述遗产规划的步骤。

8. 如何制定遗产分配方案的目标?

9. 制定遗产分配方案应遵循哪些原则?

第 15 章

以房养老

学习目标

1. 理解以房养老的含义及其指导思想
2. 理解以房养老的具体模式
3. 理解以房养老与个人理财规划的影响
4. 比较评析儿子养老、货币养老与以房养老的优劣

15.1 以房养老概述

以房养老目前正作为一个热门话题引起大家的关注，在个人理财规划行为中，以房养老同样可以发挥其巨大的影响。在某种程度上来说，以房养老将成为个人理财的一种高级形式，以房养老理念在个人理财中的引入，也必将对各项具有理财规划，尤其是住房规划、投资规划、养老规划、遗产规划等的编制运作等，产生巨大的波及效应。

15.1.1 以房养老出现的背景

近 30 年来，我国的生育率持续快速下降，人口老龄化趋势日益明显，目前正快速步入老龄化社会。突出表现就是人口抚养比在未来的 20～30 年内将有大幅攀升，养老压力日益加大。在这种状况下，除多方开拓养老资金的来源渠道，大力组织技术创新、制度创新和观念创新，开拓新的养老思路，养老模式多元化，就显得十分迫切和必要。

同时，随着住房改革的深入，越来越多的家庭拥有自己的房产，我国拥有自有住房的家庭已高达 80% 以上。但住房作为家庭的主要财富，在家庭生活中仅仅起到一种生活居住的功用或投资营利的目的，充分利用住房中蕴涵的极高价值，使其在家庭的养老生活中也能很好地发挥保障功用，就是很需要开拓和挖掘的。

今日我国的经济社会生活与个人家庭生活中，养老、社会保障与住宅购建，更好地实现养老与"居者有其屋"的目标，已成为国民关心的重大事项。如何积极采取各种有效手段，筹措买房资金，开拓养老保障资金来源的新渠道，是国家和社会都非常重视的，广大家庭也为此做出了极大的努力，付出了太多的代价。比如，人们在工作期间，既要考虑攒钱买房，又要考虑晚年的养老问题，生活负担就表现地很沉重。如家中一方面要准备数十万元到数百万元用于购房，又需要再拿出数十万元到数百万元用于晚年的养老。众多的老年家庭既希望

购买新房来安度晚年，又发愁养老费用会因此难以解决，陷入矛盾冲突之中。

这里需要提出的是，房屋的购建与晚年的养老，两者间是否有一定的连带关系，是否能通过一定的机制与办法，将住房与养老两大事项紧密结合一起，使得同一幢住房，既能够在平日发挥作为居住生活场所的功能，又能够将其视为一种养老的保障，以求在自己的晚年期间派上养老的用场，从而大大减轻乃至消除了其中年期的养老保险负担。这显然是大家很感兴趣的。

15.1.2   以房养老的解说

首先对这里提到的以房养老模式给予简要说明。以房养老是将家庭的住房购建与养老保险两大行为，借助于构思精巧的金融保险手段，达成一种有机的综合并融为一体，以期能利用住宅与住户生命周期阶段的差异，借用住宅价值自然增值的特性，通过一定的金融保险的特殊机制与运营方式，对拥有住宅资产的产权或使用权的转移出让以筹措养老费用，用住宅在老年人身故后仍然遗留的巨大的余值的提前变现，来养度老人的晚年余生。

简而言之，以房养老就是想方设法将老人死亡后尚遗留房产所具有的较大价值，通过一定的方法提前变现套现，形成一种稳定持续可靠并延续至终生的现金流入，用来补充晚年期养老生活中资金的不足，加固养老保障。从而大大减轻中年期的养老保险负担，为众多的老年人的养老问题寻找一种稳健可靠的新模式。这一养老方式的推出，正可以在传统的"儿子养老"，目前的"票子养老"的基础之上，增加一种新的养老模式，即"房子养老"。

以房养老可以说是一种特别的融资养老形式。它不仅可实现金融资产在个人一生期的合理配置与妥善安排，还可以实现住宅资产在个人一生期间的合理配置与妥善安排。如个人在中青年时代用按揭的方式购买住房，中年期逐步归还购房贷款，退休时为实现养老的目的再出售住房，并将住房资产的剩余价值逐步做提前变现套现，作为晚年期的养老用资。

买房子是家庭的一项重大工程，家人为此要倾注毕生的精力，如广为流传的中国老太太攒了一辈子钱，终于在临终的前一天买到了属于自己的新房的小故事，就形象生动地说明了这一点。房子为人们带来的收益也是很高的，既有作为生活居住场所充分发挥住房使用价值的功能，又有借用住房产权、使用权的转移、出租、转让、抵押担保、典当等，充分发挥其价值流动融资便利、投资获益、保值增值的功能。今日我们又还赋予住房在人们的晚年，承担养老保障的功能。这一新型功能的发掘与开拓，正为我们积极发展房地产事业，激活房地产交易市场；为激发众多的中老年人投身于住房的投资改善，为将住房作为自己养老的保障工具，增加新的养老方式提供了最为坚实的理论依据。

15.1.3   以房养老运作的可行性

1. "房产有余，现金不足"的解说

民无居不安，人们大都拥有住房并为自己带来多方面的功用，但这些功用是否正好吻合养老生活对住房功用的需要呢？并不完全如此，之间还存在着较大的差异。积极消除这些差异可能为人们带来的某些收益，就使得房产养老成为可能。老年人参与以房养老，缘由大都是"房产有余，现金不足"。这个"有余和不足"通常包括的事项有：

（1）老人居住房屋的面积过大，功能过于完善齐备，远远超出晚年阶段的正常养老生活对住房居住空间的实际需求，超出老人拥有的时间和精力对住房维护整洁的需要。住房在老年生活中并不需要的多余功能，就形同浪费。

（2）居住房屋尚有很长的使用期间，远远超出老人的可存活寿命，经常是住房尚可以长期完好地为住户提供服务，住户已是大限将至，行将就木。住房在老人可存活寿命而外的使用期间，或者说老人身故后余存的房产尚具有的相当价值，虽然照样有经济利益（主要指居住收益）的流入，但对该老人来说已经是不再需要，从而也就失去其应有的效用。该住宅的可使用寿命远远超出住户个人所存活的寿命，故此就可以将住户死亡后仍然遗留的住房价值提前变现套现来养老。

（3）众多老年人生活在并不适宜居住的大城市里，交通拥挤、噪音、污染等层出不穷，生活成本高昂，但更可能向往的却是风景秀丽、环境宜人、自然风光、适宜居住且生活成本廉宜的市郊或乡镇，或每年至少能有一定时机到这些市郊乡镇生活若干个月份。异地养老就可以节约众多养老用费，大幅提升晚年生活的质量。

（4）老人晚年的养老生活，除住宅产生的居住收益外，还需要吃穿用行、医疗保健、旅游观光、文娱体育等多方面生活。这些生活需求的满足显然不是住宅不动产可以产生，而必须依赖于持续不断的现金流入，这笔持续的现金流入又是晚年养老生活最感缺乏的。

以上差异的出现，如拥有住宅的空间面积过大、功能过多、使用期限过长、发挥功用过于单一，与满足养老生活综合需要的现金短缺之间，就产生了较大矛盾。实际上，晚年生活中的住房相对"多余"与现金相对"短缺"是普遍现象。以房养老正可以通过房产转换的方式，将部分多余的面积、功能、地段等予以消解，对"损有余而补不足"发挥较大作用，从而保障晚年生活更好地养老。

2. 以房养老运作的原理——"损有余而补不足"

如何做到"损有余而补不足"，可期望通过对房产资源的时间转换、空间转移、权属更换、住所变更等方法，实现养老保障的目标。

（1）时间转换。是将老人死亡后遗留房产的价值提前变现套现，用作生前的养老，通常讲到的反向抵押贷款、房产养老寿险、售房养老等，都属于这一方式。

（2）空间转移。是运用不同地域的住房价值、生活费用标准乃至生态环境的差异，将老年人从一个地域迁移到另一个地域长期生活居住，实现节约养老资源、提高养老质量的目的。

（3）房产权属改变。是通过房产的产权出售和使用权转让等，实现房产价值的流动化，从不动产转化为可用于养老的货币资产。

（4）住所变更。又称为住房置换或住房租换，是通过住户对住房的大换小、小换大或旧换新、新换旧等方式的改变，实现住房资源和货币资源的优化配置，更好地发挥住宅的养老功用。

以房养老是个大概念，概念之下有很多具体操作模式，如遗赠扶养、反向抵押贷款、住宅出典、住房租换、招徕房客、住房置换、售后回租以及换住老年公寓、养老基地等，都可以为我们实施以房养老提供诸多有用的空间。这些具体养老模式的状况与操作，将在后文专章说明。

15.1.4　以房养老的指导思想与考虑事项

1. 以房养老的指导思想

以房养老的行为实施中，确知需要遵循的指导思想是必要的。它大致可以表现为以下几个方面。

（1）充分满足家庭生活居住、养老保障的需要。

（2）家庭拥有各项人财物力资源的充分有效地运用，合理配置，使效用发挥达到最大化。

（3）注重家庭设立的长期性，生活目标的设立，满足需要等，都应当从个人家庭的整个生命周期阶段，做长期考虑权衡，勿使各项行为短期化。

（4）为使住房资产更好地达到养老保障的目标，应对此问题有充分的意识和知识技能。

2. 以房养老需要考虑的事项

以房养老模式的运作，需要考虑如下事项：

（1）相关理论依据的前期探讨；

（2）国际资料文献的搜集，国内外先进经验做法的借鉴；

（3）广泛的市场调研与舆论推动，了解能够接受并愿意参与本项业务的公众的数量；

（4）对政府机构颁布的相应制度法规的出台和不适用法规的修订；

（5）适用于金融保险业务运作的环境组建和相关金融保险产品研发；

（6）具体操作事项的精算，资金筹措运用，配置及相关成本收益的分析；

（7）舆论宣传倡导，促使大众转变养老模式与遗产继承观念，接受新生事物。

以房养老行为的具体运作，涉及房地产、金融保险、社会保障三大领域内容，需要以金融保险部门为中介，房地产部门、社会保障部门共同操作，还需要财政部门的税费减免等政策优惠。为此，仅有家庭的观念具备和资源拥有是远远不够的，还需要社会能够提供较充分施展以达到最终目标的平台。这些社会平台包括有财税政策、房地产交易、价值评估、信息提供、金融保险手段的提出与发挥作用等。

以房养老行为的具体运作，可首先选择若干经济发达、有活力、居民收入水平高、观念创新的沿海大城市，如京、沪、杭、穗、深等给予试点，积累经验，再向全国各地推广普及。

15.1.5　以房养老的例举

笔者在对以房养老的宣传中，曾经用"60岁前人养房，60岁后房养人"的形象语言以概括介绍。即年轻时贷款买房生活居住，到年纪大时再将该住房反向抵押贷款养老生活。为便于理解"人养房"与"房养人"的组合，现在用一个简单的个案分析住房抵押贷款与反向抵押贷款的组合实施的可行性。

1. 以房养老例举的基本思路

有一王姓置业者，现年40岁，打算以抵押贷款（按揭）的方式购置一套住宅，采用首付三成、向银行按揭贷款七成并分20年逐月偿还贷款的计划。

（1）假设该住宅价值50万元，王先生首付15万元（总购房款的30%），向银行按揭贷款 35 万元，在以后 20 年中，每月偿还约 2 340 元（等额本息还款法）。

（2）20 年后，王先生已全部还清银行贷款，拥有了对该住宅的全部产权。此时王先生刚好 60 岁，达到退休年龄并按规定退休。

（3）王先生向银行或其他金融机构申请住房反向抵押贷款。经资产评估机构评估后，该住宅价值变化为（50+Δ）万元（Δ 为该住宅从购买后至申办反向抵押贷款时整整 20 年的价值增量）。假定王某预期能活到 80 岁，反向抵押贷款的年限为 20 年。

假定银行等相关机构在综合了各种风险因素后，将折扣系数定为 65%（该数值为估算值，由当时的利率、费率、房价、贷款期限等多种因素确定）。为计算简便，我们假定住房的价值增量 Δ=0，即该物业未升值也未贬值，仍为 50 万元。

根据住房反向抵押贷款的计算公式 $G=\alpha \cdot E(P)/n$［每年应领取的养老款项＝给付系数×房产评估价值/预期该成员存活期限；G 表示养老金支付总额度，$E(P)$ 表示房产评估价值，α 表示折扣系数，它表示房产残值和远期收益的现期折算率，它综合考虑了房价及波动趋势等多种因素。］可得：

$$G=\alpha \cdot E(P)/n=65\% \times 50 \text{ 万元}/20=32.5 \text{ 万元}/20=16\ 250 \text{ 元}$$

即住房反向抵押贷款每年能为王先生带来 16 250 元的养老金收入，使其退休生活能得到较好保障。

（4）待王先生于 80 岁去世后，该住宅的产权也随之全部转移到银行或其他金融机构，金融机构则通过出售住房等方式收回贷款累计本息。至此，住房抵押贷款与反向抵押贷款的组合应用结束。

通过以房养老，住房将由固定资产逐步转换为货币收入，表现形式就是老年户主每月均能从相应的金融机构领取一定数额的贷款用于退休后的生活。据对深圳的不完全调查统计，中青年置业者是置业队伍的主要群体。在置业人群中，80% 以上的比例分布在 30～45 岁之间，这表明置业者购置物业与其参加工作进入上升期、收入较为稳定、刚刚组建家庭等因素紧密相关。

2. 以房养老例举的模型建立

假设住房通过反向抵押贷款，每年能为老人带来货币收入 y^*，这笔货币收入在老人退休生活中扮演的角色，与老人工作时每年的劳动收入 yl 的角色相似，即在工作期后仍能带来 $y^*(nl-wl)$ 的收入（这里 nl 为预期尚能存活的年数，wl 为剩余的工作年数）。

（1）仅考虑金融资产而不考虑住房在一生中的合理配置，则根据生命周期理论的消费函数可得某 t 年的消费 c_t 为：

$$c_t=1/T[yl_t+(wl-1)yl_{t+1}+\text{WR}_t] \tag{15-1}$$

式中：

c_t——t 期的消费；

yl_t——t 期的劳动收入；

yl_{t+1}——t 期以后的预期平均年劳动收入；

wl——工作期；

WR_t——t 期所拥有的实际财富。

由上式可以得到：

t 期收入的边际消费倾向：$dc_t/dyl_t=1/T=0.025$，

t 期后预期年劳动收入的边际消费倾向：$\mathrm{d}c_t/\mathrm{d}yl_{t+1}=(wl-1)/T=19/40=0.475$

劳动收入的边际消费倾向：$\mathrm{d}c_t/\mathrm{d}yl_t+\mathrm{d}c_t/\mathrm{d}yl_{t+1}=0.025+0.475=0.5$

财产的边际消费倾向：$\mathrm{d}c_t/\mathrm{d}WR_t=1/T=0.025$

(2) 若考虑将住房也在整个生命周期做合理配置，则由前面的分析可得，反向抵押贷款将为老人的退休生活提供养老资金，即在工作期后仍能带来 $y^*(nl-wl)$ 的收入，住房带来的货币收入 y^* 在老人退休生活中扮演的角色就相当于老人在工作期间每年的劳动收入 yl 的角色，可将消费函数（15-1）通过扩展得到预期退休后参与反向抵押贷款的情形下第 t 年的消费 c_t：

$$c_t=1/T[yl_t+(wl-1)yl_{t+1}+(nl-wl)y^*+WR_t] \tag{15-2}$$

由上式可以得到：

t 期收入的边际消费倾向：$\mathrm{d}c_t/\mathrm{d}yl_t=1/T=0.025$，

t 期后预期年劳动收入的边际消费倾向：$\mathrm{d}c_t/\mathrm{d}yl_{t+1}=(wl-1)/T=19/40=0.475$

劳动收入的边际消费倾向：$\mathrm{d}c_t/\mathrm{d}yl_t+\mathrm{d}c_t/\mathrm{d}yl_{t+1}=0.025+0.475=0.5$

反向抵押贷款带来的年收入的边际消费倾向：$\mathrm{d}c_t/\mathrm{d}y^*=(nl-w)/T=20/40=0.5$

财产的边际消费倾向：$\mathrm{d}c_t/\mathrm{d}WR_t=1/T=0.025$

将式（15-2）与式（15-1）进行比较即可得知，住房反向抵押贷款会通过增加 t 期后的预期收入（退休后住房还能提供 $(nl-w)y^*$ 的收入），使每年的消费增加。

沿用上例，假设王先生现在的年劳动收入 yl 和预期年劳动收入 yl_{t+1} 均为 20 000 元，现年 40 岁，60 岁退休，预期存活到 80 岁，则剩余的工作年数 $wl=20$ 年，退休时期（$nl-wl$）=20 年。为简便起见，这里假设实际财富 $WR=0$。

(3) 若王先生不打算退休后申请住房反向抵押贷款，则由消费函数①式 $c_t=1/T[yl_t+(wl-1)yl_{t+1}+WR_t]$ 可算出每年的消费 c_t^1 为：

$$c_t^1=1/T[yl_t+(wl-1)yl_{t+1}+WR_t]=0.025\times20\,000+0.475\times20\,000$$
$$=500\,元+9\,500\,元=10\,000\,元$$

(4) 若王先生打算在退休后申请住房反向抵押贷款，则由上例的讨论结果可知，反向抵押贷款能为王先生的退休生活每年提供 16 250 元的养老金收入，因此由②式 $c_t=1/T[yl_t+(wl-1)yl_{t+1}+(nl-wl)y^*+WR_t]$ 可算得每年的消费 c_t^2 为：

$$c_t^2=1/T[yl_t+(wl-1)yl_{t+1}+(nl-w)y^*+WR_t]=0.025\times20\,000+0.475\times20\,000+$$
$$0.5\times16\,250=500\,元+9\,500\,元+8\,125\,元=18\,125\,元$$

比较 c_t^1 和 c_t^2 可知，根据生命周期理论的消费函数，若打算在退休后申请住房反向抵押贷款，则每年的消费 c_t^2 将比不打算利用住房反向抵押贷款时每年的消费 c_t^1 多 18 125 元－10 000 元=8 125 元，使消费水平提升了 8 125/10 000×100％=81.25％。这对一个老年人而言，是一个相当可观的数字。

15.2 以房养老模式

以房养老作为用房子蕴涵价值养老的一种崭新的思想理念，其下又包括了 20 多种具体的操作模式。这些操作模式可以区分为金融模式和非金融模式两大类。前者需要借助于金融保险机构开发相关的金融产品才能实现，如反向抵押贷款、房产养老寿险等，后者则包括房产置换养老、房产租换养老、售房入院养老、租房入院养老、合居共住、基地养老、异地养老等多种办法。这里择其要予以介绍。

15.2.1 反向抵押贷款模式

反向抵押贷款借助于金融保险这一构思精巧的工具，将住房与养老两大行为，有机地结合在一起。它以产权独立的房产为标的，以老年人为对象，将其手中持有的房产以反向抵押的形式向银行或保险公司办理以房养老保险，再由保险公司通过年金支付形式，每一期向投保人支付养老金，从而解决养老问题提高养老水平的保险制度。保险合约期限一般指合同生效时到投保人去世这段时间，给付金额的计算，是按该房屋的当期评估价值减去预期折损（或升值）和预支利息，并按技术调整过的"大数"平均寿命计算，分摊到投保人的预期寿命年限中去。这一做法很像是保险公司用分期付款的方式，从投保人手中买房。它的出现将会促进社会保障制度的多元化，同时使得保险公司增加新的金融保险工具，拓展业务服务领域，开辟新的收益来源。

反向抵押贷款的基本运行机制如下。

（1）拥有房产的老人在向政府机构进行信息咨询并审视自身条件之后，向保险机构提出投保申请。

（2）保险机构初步审查合格，正式受理业务申请后，委托房产评估机构对房产进行客观估价，然后在双方自愿的前提下签订合同。

（3）养老保险合同生效，房产所有权转移到保险机构名下，保险机构有义务在老人去世之前，为其建立专门账户，按照约定金额每月续入保险金供其养老。

（4）等老人去世后，保险机构将该房产收回，并通过房地产市场拍卖出售，或改造再开发等形式处置该房产，并用所得收益补偿前期的养老金支付款项，取得利润。

（5）在整个事项的运作过程中，政府机构将在其中起到政策扶持、税费减免优惠、监管督查、信息咨询和必要时提供资金担保等作用。

反向抵押贷款的本质特征，就是老年人不需出售和搬出他们居住的房产就可以定期获得一笔现金或存款用来养老。这对那些拥有高价值的独立产权的房产，但每年的现金收入低下，即所谓的"不动产富人，现金穷人"的老年人来说，是一条优化资源配置，解决养老资金来源的有效途径。

15.2.2 以房养老的其他模式

以房养老的各种模式的状况及大致的实施情形可如下所述。

（1）子女养老，遗产继承。中国传统的养老模式。子女供奉赡养老人，老人过世后，房子作为遗产由子女继承。

（2）遗赠扶养。住房遗赠，即通常所称的遗赠扶养，老人晚年选择一位可靠的人员负责自身的赡养问题，住房则于去世后作为遗赠品送给赡养人。遗赠扶养适用于老人和关系亲密的年轻人之间达成协议。但这一模式是反经济学的，无法避免年轻人为了过早得到遗赠的住房而可能采取的某些败德行为。

（3）购房养老。实质上是晚年生活中购养老房养老。老人的经济状况较好，养老期间有较为持续稳定的现金收入，目前手头又有较高之积蓄，只是对现有住房状况颇为不满意，故可以选择购买新房的方式，在适于养老的新环境购买新房，以舒心适意地度过晚年。

（4）投房养老。这是发挥房产的投资盈利的功能、将房产作为投资赚钱养老。老年人的居住状况颇佳，只是手头积蓄较为拮据，或希望能为晚年生活准备更多的积蓄，故投资房地产以赚钱养老。这一做法多见于有一定经济实力的中年白领人士。但对老年人而言，参与这类有较大风险，且需有较多资本做后盾的"投房养老"项目，并非很为适宜。

（5）售房养老。这是出售住房产权、保留使用权养老。适用于住房状况较好，但现金流入颇为缺乏，即"不动产富翁，现金穷人"的老年人，此时在保留对住房使用权的状况下，出售住房的所有权，以期为晚年的养老生活建立一项持续稳定的现金流入，应是很为有益。

（6）租房养老，也称"售后回租"。这是将住房出售后另租房住，用售房款养老。同售房养老的适用范围基本相同。这一模式有其可取之处，但也会导致某些弊病的产生。老年人将住房出售后，需要对得到的巨额房款以很好的投资运作，确保晚年生活中所需资金的源源不断供应。

（7）典房养老。这是将房屋出典，用典价款投资赚钱来养老。老年人将住房出典后，对一次性收到的整笔出典价款能否很好地投资营运，以期赚取到大笔钱财，既可将出典之住宅重新赎回，又能为养老做出相应贡献，是很为关键的。但老年人是否有如此之能力和作为，尚需仔细权衡商榷。

（8）招租养老。这是将部分住房的使用权出租，用租金收入养老。某些丧偶老人独自住在一幢大面积的住房里，既使得房产资源闲置浪费，日常生活也颇显清冷孤寂。若将多出的面积面向社会招徕青年房客，不菲的房租收入即可用来养老，且使晚年生活充满活力。适用于有住房但现金收入颇感缺乏，或日常生活颇感孤单，很希望同青年人共同居住的老年人。

（9）合住养老。若干老年人将原有的小而破旧的住房出售，再合资购入或租入适合之住房，共同生活居住养老。适用于志同道合，乐于在一起共同生活居住的老人，养老生活成本可借此大幅降低，日常生活也增添众多乐趣。只是选用这一模式——养老合作体时，对人员的选择、众人心理、生活作息习惯的调适、合作体内财务制度的制订等，都有必要事先协商论定。

（10）基地养老。即选择若干生态环境优越、气候适宜的地域，运用民间集资加政府补贴的方式建造大规模的养老基地。基地内配置最好的现代化的养老服务设施、器具、人员，并运用先进的养老服务的理念，打造为养老天堂，将大都市的老年人按照自愿的原则，迁移于基地来养老。

（11）异地移居养老。即将老年人按照自愿的原则从某个地域迁移到其他地域舒适养老。都市生活是生活成本高、房价昂贵，而养老的环境品位又并不能让人十分满意，某些经济状况较差，都市生活难以存身的老人，迁移到房地价便宜、生活成本相对较低，而自然生态环境资源又十分优越的乡镇生活居住、移居养老，就是一个非常明智的抉择。这种模式要求移居的老人适应新生活、新环境的能力较强，能够较快接受新的生活。异地养老不同于换房养老，后者仍然居住在同一城市，前者则是从城市移居到小城市甚至是县镇乡村。

（12）换房养老。如将大房换为小房，小房换为大房，旧房换为新房，新房换为旧房，以期达到更好地养老、居住等目标者，均可称为换房养老。大房换小房、优房换劣房、市区房换郊区房，是用差价款养老，可节约养老资源，降低养老成本，以使有限的房产资源能够在较长时期持续发挥功用。而小换大、旧换新，则使手中财力较为充裕，而居住条件又颇为不佳，故此将住房资源与货币资源的拥有状况给予相应的重新构架，供其在有生之年优化配置，提高生活居住的质量。

（13）寿险养老。即将住房出售，自己住到养老公寓后，将售房所得款项交给寿险公司办理年金寿险业务，以保障在整个生存期间都能从寿险公司逐期领取现金用于养老。它优越于房款储蓄的养老方式。这一模式可对老年人的长期的晚年生活居住和金钱都给予有效地保障。当然，从寿险公司可以得到的款项要大大少于上种模式。

以上提出房产养老的多种运作方式，以期为老年人的养老问题提出一个切实可行的"菜单"，供各类老年人根据实际情形和意愿喜好等，给予相应的选择。各种以房养老的模式并不矛盾，可以综合融会，从一种模式自主随意地转为另一种更适用的模式。

15.3　以房养老与个人理财规划

个人理财规划素以向客户提供整个生命周期全过程的资源合理配置与运作，获益并防范风险为己任。个人理财规划的内容，如前面所讲，分别包括了对个人家庭生命周期的各个阶段的重大事项规划。以房养老事项的引入，将为个人理财规划的内容及规划方式等以全新的解释。

15.3.1　今日个人理财规划体系的缺陷

个人金融理财或称个人理财规划等今日已受到相当的注重，但个人理财规划的内容，我们认为还有如下数点不足。

（1）短期行为，一般只是就某个人或某个家庭的某一时期的经济活动、金融资产安排等，给予规划安排，而很少涉及更为长远的内容。

（2）主要是对家庭金融资产的形成、运用、配置、耗费等给予规划，而对占据家庭财产最主要内容的住房资产的规划却很少给予考虑。

个人家庭的经济物质生活及与此相关的生活，如婚姻、教育、养老、遗产继承等，在整个人生的必经程序中是一个密不可分的整体，需要从整体状况对家庭收入、理财水平、家庭赚取收入的能力及消费支出的需要等，给予全面、系统地把握和解析；又需要考虑个人家庭生命周期及所处的不同阶段，面临的主要问题及应予解决的途径，根据该项理财最终要达到的目标等，分门别类地提出与解决问题，提出各方面的规划。对个人家庭的一生全过程或说重大事项的分门别类地规划运筹，向客户提出完整的理财方案，供其实际运行实施，并在实施中做修订完善，是个人理财师引以为自豪的。

　　单个规划制作的最大缺陷，还在于对住房价值的未能很好利用。以房养老思路的提出并付诸实施，是个人理财规划的一种高级形式。它将家庭中支出开销最大的住房与养老两大项目，通过一定的金融保险机制或非金融保险机制，予以最好的对接。使同一幢住房，既能充分发挥其正常生活居住的功用，又能充分发挥住房价值提前变现套现的功用，将老年房主身故后仍旧遗留的房产价值给予提前变现套现，充分发挥对养老保障的功用。

15.3.2　以房养老模式推出对个人理财规划的影响

　　在以房养老的思路安排下，个人家庭理财规划的若干方面，将受到如下程度不等的影响。

1. 住房购建规划

　　住房购买的选择上，不仅要注意住房的朝向、地段、结构功能等使用价值及坐落环境等因素，还要考虑该住房的价值保值升值、土地使用权限、该地段未来发展潜力等价值因素。住房是否能够很好地发挥养老保障的功用，不仅在于该住宅的结构功能是否适于老年人养老居住，还在于该住宅的价值能否保值增值，增值的潜力有多大。再者，家庭考虑购买住房，很可能就不再是追求"毕其功于一役"，而可能会考虑一生中多次购房售房。

2. 养老保险规划

　　为养老早做财力准备，是个人理财规划中奉为经典的格言，且做这一准备的时期应是愈早愈好。但当我们考虑到缴纳养老寿险年金的获益，在我国只能保持在很低的水平上，这种参与是很不合算的。就会考虑减少甚至取消这种寿险费用的交纳，而将同样的钱财投资于房产更为适宜，效益也会更高，提升养老保障的力度会更为强大。目前，我国养老寿险的年收益率只有 2％左右，储蓄存款的利率即使按 5 年期整存整取利率计也不足 3％，而住房的房价增值，则可保持在每年 5％乃至 10％以上。

　　考虑用房子养老，不妨将住房购买得大一些，档次高一些，功能多一些，希望升值的潜力高一些。现在可舒适居住，将来到了养老时期也能建立起较为雄厚的物质资本。只要参与社会养老保障，每期缴纳养老金外，其他形式的养老金存储即可大为减少。到退休养老期就可以用建立的雄厚的住房价值为自己养老。

3. 投资规划

　　以房养老的思路下，个人家庭的投资规划中，可尽量加大房地产的投资，如家中购买第二套住宅，用租金收入来贴补家用或每期缴付按揭贷款。到自己退休养老期，还可将该住宅出售，用出售价款来养老，足以度过幸福时光。至于说各种证券投资、期货、期权投资、黄金外汇投资、古玩集邮收藏品等投资，就不必再予大搞特搞。

　　住房的投资收益应当高于养老寿险和养老储蓄的收益。尤其是在我国目前特定的经济社会发展的背景下，国民经济是持续快速增长，人均 GDP 20 年再度翻两番的宏伟目标必将能得到实现；数亿农民将进入城市，城市化进程在大大加快，而土地资源的严重短缺与不可再生性，居民收入与拥有财富的大幅提高，城市的地价、房价长期来都将呈现为快速上升。同时期的储蓄利率和养老寿险的收益率却并不很高。在这种状况下，人们为未来养老而做的储蓄存款和寿险年金的交纳，远不如将其购买为住房更为合算。当以房养老成为现实，老年人居住在自己的住房充分享有应有的使用价值，还能便利地享有自己身故后住房价值提前变现而来的现金流入时，那么，中青年时代大力投资住房，晚年依赖以房养老，将显得更为合算。

4. 遗产传承规划

以房养老思路的建立及真正实施后，父母能够作为遗产传留给子女的最大资产——住房，已因用房养老而使价值几乎消耗殆尽，其他遗产项目并不为多。故此，遗产传承规划这个很重要的规划也就变得可有可无。子女得不到来自父母的遗产继承，同样也不再需要为父母的经济资助事项而大伤脑筋，这对子女而言是经济上的一大解脱，而非一大利益伤害。在这一模式下，父母不再以为子女留取尽可能多的遗产作为自己人生的最大责任。换句话说，父母是为自己的人生幸福生活，而非是尽量为子女得到最大的享受而生活，这是两种差异很大的人生观。鉴于此种状况，遗产税的缴纳与规避，同样因可继承遗产的大幅缩减，而变得可有可无。

5. 子女生育规划

养儿防老是凝结于国人心目中的重要情结所在，多子多福是人生的一大信条。以房养老的理念推出，将使养儿防老的传统观念进一步弱化，当子女不再需要担当养老的经济责任[①]，父母对生育子女，尤其是生育过多的子女，就会丧失经济上的充分理由，从而大大减少对子女数量上的需求，而在养育子女的质量上做较多的打算。有的新潮人士是不乐意生育养育子女的，但考虑晚年的养老，勉为其难在生养子女，有了以房养老后，父母并不一定要依赖子女养老，用投资住房的办法照样可以达到这一目的。

6. 税收筹划

以房养老理念的推出，同个人/家庭的税收筹划固然无太大关联，但也有一定的联系。老年人反向抵押住房或出售住房产权的目的，是为着完成养老的重任，故此应当得到免除税费的优惠。假如，老年人是将住房一次性出售，用所得钱款居住于养老院养老，售房收入要依法向国家交纳房产税、契税、营业税、个人所得税等税费。但以反向抵押贷款为例，当老年人将住房抵押给银行，并于每期向银行借贷一定的款项用于养老。到该老年人死亡，将房产移交于银行以归还贷款本息时，其间看不到任何住房出售的事宜，也就不必缴纳任何税费了。

可行的方法是，人们于青年时代购买小面积住房，中年时代出售小住房换购大面积住房，此时出售小套房的收入应当缴纳的税金，依照各国的惯例，是完全可以在购买大套住房时给予抵扣，不必纳税。而到老年时代，将大套住房用于养老之时，依照上面所述，照样可以规避税费交纳，这对家庭而言实是一大福音。

另外，遗产税的开征在我国已讨论时间很长，但迟迟未予开征。按照传统的养儿防老、遗产继承等做法，子女在承受父母转交来的遗产时，必须要交纳一笔为数不菲的遗产税。采取以房养老的新型养老模式后，遗产大幅度减少，遗产税的缴纳也就大大减轻了。

7. 教育规划

教育规划包括子女教育规划和父母本人继续接受教育的规划。依前者而论，中青年父母

---

①　这里只是说子女不必要从经济物质上过多地资助父母，而对父母的日常生活起居照料与精神慰藉等，子女则不能辞其责。这是需要予以说明的。

往往有这样的矛盾，家中有限的钱财结余，是应当尽量用于子女的身上，供其接受昂贵的大学、研究生教育；还是将这笔钱财尽量安排于自身的养老事宜，如每期多交纳寿险年金，以为未来退休养老做好坚实的物质保障。同时，还需要考虑自身购房规划的实施。这时的家庭负担是很沉重的。大多数父母尤其是中国的父母为了子女有出息而不惜一切代价，即使有损自身的利益也在所不惜。有的父母即提出，只要子女学习好，能考上大学，即使倾家荡产、负债累累也要将子女培养成才。这种精神令人敬佩，这一做法却未必令人完全赞同。

在以房养老的思路安排下，父母们就可以在中青年时代尽量减少养老金的交纳，而将节余的款项用于子女教育和对自身的教育上来。并通过加大教育投资力度而在未来使自己和儿女的人力资本技能，即赚钱的能力更为充实，更易于实现养老的目标。到晚年时代，凭借较为雄厚的财力和住房，即可以尽情享受晚年的幸福时光。而对子女在教育上的高投入，也会在晚年时节得到子女在物质资助、生活起居照顾和精神慰藉上的高回报。

8. 退休规划

人们将在何一时间段退休，不仅是政府的制度规定，还更多地依据于个人为养老是否准备了雄厚的财力，能在晚年时代过上体面、尊严而又丰裕的养老生活的财力准备。某篇文章里作者谈到了自己要在四十岁前赚钱达到数百万，四十岁后即宣告退休周游世界，做自己喜欢做的不单是为钱财打算的任何事项。但我们看到更多的则是众多年逾七旬的老头老太太每日仍在辛勤的捡垃圾、拉板车，为一日三餐、衣食住用而紧张忙碌。农村的老年人更是活一天，干一天。以房养老的理念推出，将对退休规划产生相当的影响。这时老年人据以养老的资财不仅仅是货币钱财，还包括了价值更为可观的房产，这无疑会加大对养老生活满意度的预期，从而将真正结束工作舒心养老的时期大为提前。

15.4　儿子养老、票子养老和房子养老

15.4.1　家庭的财富积累

老年人凭借自己中青年时代的劳动，积累了财富，也就有了依持这些财富作为晚年养老的资本。但对这一"财富"的含义应作何理解呢？我们认为从广义的含义理解，可包括以下几点。

1）养育儿女

父母对子女的抚养教育，要历时 10 多年乃至 20 多年，花费父母金钱数万元乃至数十万元。父母为养育子女付出了巨大的时间、精力、钱财和心血，付出了无比艰辛的劳动，最终将子女培养成为一名合格的社会劳动者，并能够自食其力为止。这是父母积累的第一大财富。由此产生的结果，就是子女在父母的晚年，应当为父母的养老问题做出相应的回报。

2）积累金融资产

这表现为父母在整个中青年期的劳动期间，获取的各项收入在扣除当期的生活消费之外还具有的货币性结余。这笔货币结余表现为储蓄存款、商业性养老寿险、缴纳社会养老保障

金、购买股票、债券，手持外汇等其他货币金融资产。这笔金融资产的积累，到晚年生活的目标指向是很明晰的，就是为了养老期间的各项生活医疗保健开销。

3）购置房产

老年人经过大半生的辛勤劳动，大都会购建属于自己的住房，这是家庭的一项重要财富。利用这笔房产的价值，尤其是自己死亡后预期还会遗留房产的巨大价值，采用一定的金融保险机制，将其予以提前变现套现，同样可作为养老的重要资金来源。

从某个角度而言，养老就是年轻时代积累财富，到年迈力衰时再消耗这笔财富。家庭拥有着儿子、票子和房子三大财富，从而也就积累衍生出三大养老模式，即儿子养老、票子养老和房子养老。儿子养老是几千年的社会发展流传下来的产物，今天仍有着极大的积极意义；票子养老是适应商品经济的发展而衍生出的产物，目前正是养老的主体形式；房子养老目前还是一个纯新理念，但已得到众人的极大关注，将来是大有发展前途的。

15.4.2　房子养老保障功能的发挥

1. 住房作为养老的有力保障有充分理由

住房能否作为养老的有力保障依据，应当有充分理由的。

1）住房已经成为家庭财产的重要组成部分

据国家统计局于 2003 年对上海、北京、成都、广州四城市的若干居民的调查，住房已经成为家庭拥有财产的半壁江山，占到家庭拥有全部资产的 48.39% 之多。美国的一项大规模调查也发现房产的价值占到家庭总资产的 48%～50% 之多。据有关资料统计，我国的城市家庭目前拥有完全产权住房者已达到了 86% 的高指标。房子与货币一样是家庭的最大财富，住房的价值通常要占到家庭全部财产的半数。房子养老就是老年人获取养老资金来源的又一重头戏。

2）住房能在长时期内实现价值的持续保值增值

住房能在长时期内实现价值的持续保值增值，且这种增值的幅率一般要超出同期物价和利率的增幅。最近几年，我国的各大中城市的房价都在持续快速地拉升，就充分反映了这一点。即使像日本东京、中国香港曾经出现了房价与地价的直线下落，楼市投资的财富大幅缩水，许多负债购房者一举成为"负产阶级"。今天的北京、深圳、上海等地，也出现了房价的一定幅度的回落，但这只是特定时期的特定产物。如放到历史发展的长河中加以考虑，说到底也只是对两地多年前房价、地价上升过快过多的一种调整和价值回归，从最终的进程看，应当认为是趋于升值的。

3）住房可在长时期内持续地给其拥有者带来相当可观的经济利益

住房是一种不动产，不会发生脱逃、遗失、被盗等事项，可在长时期内持续地给其拥有者带来相当可观的经济利益。这一经济利益或表现为通常的居住效用，或表现为住宅出租而来的租金收益。人们在住宅上的投资，除可为人们带来居住效用外，还会随着房价升值而得到可观的投资收益，最终再将其运用于晚年的养老保障上。

4）住房完全听从主人安排

住房是最为理智、听话的，不带有任何情感色彩。家中养个房子，房子是绝对听从主人的调度安排。房子具有相当的价值，并在房主需要时可任由支配安排，如出售出租抵押等，充分发挥这一价值功用，为房主的利益最大化服务。而父母养个儿子，同父母之间还会有种种的"代沟"，儿子对父母的话是听或不听，对老年父母是赡养孝敬，还是完全无视自己的应有职责，都有可能发生。到未来的四二一家庭里，即使说儿女的孝心是足够了，但在四个老父母的赡养负担的重压下，也只能是力不从心。

2. 住房养老保障的功能发挥

将房子养老、儿子养老和票子养老置于一起，给予养老保障功能发挥的鲜明对比，是饶有趣味的。对比的标准，就是如何能够使人们生前积累的三大财富，在自己的晚年生活中最好地发挥养老保障的功能。评判标准如下。

1）确保功能发挥

住房和货币两种养老方式中，只要拥有对住房或货币的产权，就可以自由支配它去做希望它能够做的任何事情，是绝对听话的。依靠儿子养老，则有"是否愿意养父母的老，能否养得起父母"之虞。这就是说儿女们并非在任何情况下都是完全听从父母的意旨办事，即使说儿女希望赡养父母，也还有经济能力是否供养得起的问题。

2）方便功能发挥

养老功能的发挥需要具备一定的条件。子女养老需要具备一定的外在条件，才可直接发挥养老的功能，如最好是同父母完全住在一起，或至少是同父母住得不远，才好切实发挥好对父母的赡养功能。但目前的子女结婚后，同父母仍旧共同生活居住者已是少而又少，赡养功能不能良好发挥。货币养老不需要具备何种特殊条件，只要有货币积蓄即可直接用来支付养老的种种费用，购买老年生活中希望享用的任何物品和劳务服务。反向抵押贷款等以房养老业务的开办，并非是一简单随意之事，还需要假以相当时日和资格、条件才可。当然，其他各种以房养老模式的采取则相对要简单得多。

3）低成本功能实现

货币养老几乎不需要任何成本支付，但货币储存中却极可能因通货膨胀等遭致损失。以房养老的业务实现则必须支付相应的代价，如反向抵押时住房的市场价与借款人实际可到手的借款本息相比，会有较大的差距，各种相关费用成本的发生、风险补偿、贴息等，都是要付出的代价。子女养老除需要为此付出的人力、精力和一定钱财物资付出外，中途没有任何中介费用、税费的相关费用缴纳。

4）风险小

以房养老操作中，金融保险机构有较大的运营风险，而参与此业务的老年人，除将住房的产权交付对方或是将该住房抵押与对方机构外，自身并无太多风险。但却可能发生机构将自身遭遇的各种风险向老年人身上转嫁的问题，如机构有意识地在此业务的运营中，以各种名目巧收相关费用；如在谨慎性原则的过度考虑下，每期向客户支付费用很少，使客户感觉参与这一业务显得不很合算。儿子养老有着较多的风险，如父母是否养育有儿女，儿女的经济能力、收支财产的状况，能否承担得起对老父母的养育；如儿女是否有较高的情商，愿意也乐意于将自己的财富、时间与精力与父母分享等等。货币养老的风险不多，主要是货币是否会发生贬值，货币存储生息的状况如何，是否能将存储起来用于养老的货币以很好的运用支配等。

5）仔细核算

对住房的养老功能发挥，是可以认真组织算账的。如某人已有自己的住房，另有货币

100 万元，可供选择的路径有二：

（1）存储于银行或购买债券等，每年可获取投资收益 4 万元（通货膨胀率为零的情形下，4％已经是正常情况下一个很不错的投资收益）。

（2）购买价值 100 万元的住房，每年可收取租金收益或减少租房费用为 3 万元（已扣除出租住房中需要支付的税费及其他成本），房价每年的增值为 2 万元。

经过 30 年以后，该人已进入养老期，存储于银行的货币仍是 100 万元，该幢住房的价值则已上升为 100 万元×$(1＋2％)^{30}$＝200 万元，比前者的收益要增长 1 倍。对晚年养老生活的保障也要高得多。同样，这里选择 2％的房价增值率仍显得过于保守。如购置房产的前期每年增值率为 5％、8％，而后期即使不发生任何增值，仍保持原状时，该房价的增长并非简单地翻一番，而是要增值得更多，对养老更有保障力度。

15.4.3 儿子养老、票子养老和房子养老的优劣评析

在我们谈到的儿子养老、票子养老和房子养老的三种模式中，还需要细致认证三种养老模式的适用范围和适合条件，在不同状况下选择有差异、也是较适合的养老模式。三种养老模式的对比是颇为有益的，它可以促使人们对各种模式以很好选择和决策。三种财富的积蓄需要支付一定的代价，而依靠这三种财富养老又可以得到较高的收益，两者之间是可以给予很好的度量与核算的。这种核算的结果是孰是孰非，对于我们在此谈到的抉择是很有价值的。

1. 儿女养老

父母与子女如关系融洽，大家共处一个屋檐下，和谐长久地生活在一起。对方的困难就是自己的困难，父母们拼尽心力帮助子女克服这些困难。父母生活中遇到了麻烦，儿女们是不辞辛苦为父母分忧解难。在这种状况下是不需要依靠房子养老的。依照最简单也是最为通行的自然法则，儿女担负养老职责，房产则作为遗产最终交由子女们继承就是。它减少了许多人为的麻烦、中介环节的盘剥、免除了不必发生的种种风险。

儿女是否能发挥好赡养父母的职责，需要考虑具备如下三大事项：①有较高的"智商"，并凭借这一高智商得到很好的教育，取得较高的社会地位；②具有较高的"财商"，能够在今日的市场经济社会里积聚起自己的财富，从而为赡养好父母做出充足的物质准备；③有较高的"情商"乐意奉养好父母。假如是父母含辛茹苦将子女养育成人，子女的智商、财商都是完全具备，但却是个六亲不认的"白眼狼"，也是很痛苦之事。

从世界各国的子女养育成本与收益的对比来看，在各种养老模式中，养儿防老可能是最不合算的。中国尚有养儿防老的传统说法，有成年子女必须赡养老年父母的法律规定，儿女不赡养父母也为社会舆论坚决斥责。但尚且有众多的儿女不孝顺、不赡养父母的恶行，且最近多年来还有较大幅度的上升。在欧美等经济发达国家里，父母甚至不再做儿女奉养自己的美梦，法律也没有这方面的必须规定。在社会舆论上，父母将子女带到了这个社会，就必须将其抚育成人，虐待、遗弃子女甚至是父母外出将幼小子女一人留在家中，都会受到法律的起诉。但却很少有成年子女必须赡养好父母的相同认可。在这种状况下，抚养教育子女，并在子女身上倾注的全部物质钱财、心血与时间、精力，是很难在自己老年时得到子女的相应回报，甚至是极小回报。这种状况使得养育子女已成为极不合算之事。

2. 货币养老

货币养老是必要的、可行的，即使是房子养老，最终还是要将该住房的价值给予提前变现套现，以获取持续稳定的货币流入来养老。货币养老的最大好处是不需要变现，就可将其直接用来养老。货币养老的缺陷则在于：货币购买力下降，价值容易萎缩，住房则可保值增值；货币的筹措和养老金储备过多时，会减少企业的投资经营能力和居民的购买消费能力，进而影响国民经济的整体发展减缓。货币筹措的额度过少，则会坐吃山空，形成养老保障金的空账运行、无钱使用等弊病。货币运行中还会出现某种人为的跑冒滴漏、截留挪用的现象。而住房作为不动产，则会一直完好地存在下去的。

3. 货币养老与儿女养老

货币养老与儿女养老两者并无矛盾。儿女养老只是囿于小家庭的范围内发挥作用，但家庭正如大家经常谈到的那样，是过于细小分散、力量过弱，一旦遇到天灾人祸，或香火无人承继时，靠儿女养老就立时成为泡影。在目前商品金钱意识已经深深渗透于家庭内部亲情之间，斤斤计较的经济核算在兄弟姐妹、父母子女甚至是夫妻之间也广为盛行时，显然无法对儿子养老的普遍性抱有过高期望。在将来成为家庭结构主体的"四二一"家庭里，老年父母的数量将会远远大于成年子女的数量，人口年龄结构呈现为"头重脚轻"的倒金字塔式结构时，更不能对儿女养老做较乐观的预期，"是不能也，弗不为也"。

货币养老的最大好处，就是可以脱离小家庭的束缚，在一个更大的范围内发挥作用，比如社会养老保障等，就是在全社会的范围内对养老金的余缺组织有效地调剂安排。这是小家庭无法做到的。

4. 货币养老和房子养老

货币养老和房子养老对比而言，后者无疑是要胜出一筹。加大住房投资后，尽量购买环境优、地段好、增值潜力大的住房，除了可以带来优厚的收益外，还可带来居住环境的彻底改善和身价、地位的提升，家人的愉悦和每日的好心情。而将同样的钱财存储于银行，在真正将其用于养老时，固然可发挥功效极大，但在平日除了"有备无患"的心理满足效用外，对日常实际生活并无实质性影响，只能起个价值符号的功用。

住房天然地具有保值增值的特性，不会贬值缩水。住房的价值在币值趋于上升，物价出现下落时，不会下跌；在通货出现膨胀，币值趋于贬低时，则会以更为高涨的势头上升。如果我们再考虑，货币养老的一个最大的缺陷是大家清晰的，就是通货膨胀的侵扰难以忽视，今日在银行存储数十万元，感觉是个很大的数字，但到了真正养老的那一天，就会发现这笔钱财已不可能做太多的事情了。

储蓄存款同住房资产的相同点，是都可以发挥保值增值之功效；而不同点则在于储蓄存款等金融资产积聚的数额适度时，可以起到生活保障之功效，是家庭财富的象征，对养老是很有用的，而积聚的数额很高，远远超越自身生活消费和养老的需要时，就只能是一些对自己毫无效用的价值符号，守着一大堆"价值符号"，除了满足心理情感对财富积累的渴求外，并无其他实际价值。而住宅资产则可在家庭日常生活中实实在在地发挥其居住功用，并带来生活质量的提高。尤其是在某些老年人手中积蓄有大量货币，居住环境却很差时更是如此。货币养老的状况下，还有必要再加上相当的房子养老来作为补充，两者共同发挥作用，方可扬长避短。

货币养老是需要的，如人们于中青年时代将货币积蓄于银行，或交纳养老保险金给单位，或购买商业养老寿险，到晚年期即可取出供养老使用。当然，房子养老在这里并非完全不可行，只是不必要采取仅向抵押贷款、售房养老等极端方法。可实行"投房养老"的方法，如集中较多的财力用于第二套住房的购买，使其价格上涨后再予售出，获得相当的投资回报作为养老资本，可能比将货币存储于银行显得效益更高。

5. 儿女养老还是房子养老

养儿女与养房子的深入研究中，首先需要深入地挖掘两者之间的共性和差异点。首先从共性开始。养儿女与养房子，首先都是一项对家庭经济生活和资本预算带来显著影响的重大而又长期的投资。作为投资，首先它符合投资的最一般的定义，即以目前的较少付出，期望在将来得到较多的回报。

在养儿女还是养房子的问题上，家庭应当持有何种观点，采取何种决策，并对此抱有何种观念，需要首先明确是站在何种角度来思考这一问题。站在父母养老的角度加以分析，养房子即将较多的储蓄钱财投资于住房的购建，使其形成为家庭的一项不动产，并于晚年时用房子的价值变现套现来实现养老目标。养儿女则是将较多的钱财，投资于子女接受高等教育，使其形成为家庭的一项人力资本，并于自己晚年时依靠子女的孝敬供养来实现养老。一般而言，房子、儿女都是家庭长期生活与预算安排中的重大事项，也都为家庭长期生活安排、家庭延续等不可或缺。两者又属于不同范畴的事项，无法简单加以优劣对比。两者又都需要有一定的比例关系，并对比例协调与否给予相当的关注。

本 章 小 结

1. 反向抵押贷款模式借助于保险这一构思精巧的金融工具，将住房与养老两大行为，有机地结合在一起。它以产权独立的房产为标的，以中低收入老年人为对象，将其手中持有的房产以反向抵押的形式向保险公司办理以房养老保险，再由保险公司通过年金支付形式，每一期向投保人支付养老金，从而解决养老问题提高养老水平的保险制度。保险合约期限一般指合同生效时到投保人去世这段时间，给付金额的计算，是按该房屋的当期评估价值减去预期折损（或升值）和预支利息，并按技术调整过的"大数"平均寿命计算，分摊到投保人的预期寿命年限中去。

2. 反向抵押贷款的本质特征，用一句话来阐述就是，老年人在不必出售房产所有权和继续保留住房使用权的前提下，将所居住住宅的价值通过抵押或出售等予以提前转换套现，成为养老期间的一笔稳定可靠乃至延续终生的现金流入，用于日常养老事宜。

3. 以房养老模式的推出，是建立在一系列相关理论的基础之上，如家庭养老保障理论、生命周期理论、代际财富传递理论、资源配置理论、住房产权与两权分离理论、住房资产流动理论及地租地价理论等其他相关理论。

4. 家庭三大财富积累，即养育儿女、积累金融资产和购置房产。家庭的三大财富积累衍生出三大养老模式，即儿子养老、票子养老和房子养老。儿子养老是几千年的社会发展流传下来的产物，今天仍有着极大的积极意义需要发挥；票子养老是适应商品经济的发展而衍生出的产物，目前正是养老的主体形式；房子养老目前还是一个纯新理念，但已得到众人的极大关注，将来是大有发展前途的。

思　考　题

1. 简述以房养老的指导思想和应考虑的事项。
2. 简述反向抵押贷款的基本运行机制。
3. 简述以房养老的具体模式。
4. 简述养老保障功能发挥的评判标准。
5. 评析儿女养老、票子养老和房子养老的优劣。

参 考 文 献

[1]　柴效武. 以房养老模式. 杭州：浙江大学出版社，2008.

[2]　柴效武. 反向抵押贷款功用. 杭州：浙江大学出版社，2008.

[3]　柴效武，孟晓苏. 反向抵押贷款制度研究. 杭州：浙江大学出版社，2008.

[4]　柴效武，孟晓苏. 反向抵押贷款运作. 杭州：浙江大学出版社，2008.

[5]　柴效武. 反向抵押贷款运作风险与防范. 杭州：浙江大学出版社，2008.

[6]　柴效武. 反向抵押贷款产品定价. 杭州：浙江大学出版社，2008.

[7]　柴效武. 以房养老漫谈. 北京：人民出版社，2009 .

[8]　孟晓苏，柴效武. 反向抵押贷款. 北京：人民出版社，2009.

[9]　柴效武. 高校学费制度研究. 北京：经济管理出版社，2003.

[10]　柴效武. 教育资助暨助学贷款制度研究. 北京：人民日报出版社，2005.

[11]　柴效武. 家庭金融顾问. 北京：中国金融出版社，1992.

[12]　柴效武. 家务劳动研究. 西安：陕西旅游出版社，1998.

[13]　柴效武. 人力资本投资主体研究. 北京：中国劳动出版社，2001.

[14]　柴效武. 现代家庭经济生活知识大全. 西安：陕西旅游出版社，1991.

[15]　柴效武，王淑贤. 家庭金融理论与实务. 北京：经济管理出版社，2003.

[16]　柴效武. 个人金融服务研究. 北京：现代教育出版社，2006.

[17]　柴效武. 关注自己的人力资本经营. 经济学消息报，2004.

[18]　柴效武. 个人金融理财理论与实务. 杭州 2004 金融理财论坛内部资料.

[19]　柴效武. 教育助学贷款个人家庭效应的思考. 西安金融，2001（8）.

[20]　柴效武. 社会主义家庭经济学研究对象的探讨. 经济研究参考资料，1983（97）.

[21]　柴效武. 家务劳动现代化与社会化的抉择评析. 浙江社会科学，1998（5）.

[22]　柴效武. 家庭资源配置机制的探讨. 浙江学刊，1998（4）.

[23]　柴效武. 个体工商户会计核算的若干问题探讨. 会计研究，1997（2）.

[24]　柴效武. 社会主义家庭经济管理研究［D］. 上海：复旦大学，1988.

[25]　柴效武. 遗产税开征的理论依据与税制要素. 浙江大学学报，1998（4）.

[26]　柴效武. 家庭金融研究的构想. 当代经济研究，2001（5）.

[27]　VENTI S F，WISE D A. Aging and Housing Equity，2001.

[28]　FEINSTEIN J S. Elderly Health，Housing，and Mobility，1993.

[29]　Home Make Money - A Consumer's Guide To Reverse Mortgages. AARP，2000.

[30]　G. Personal Finance. 6th ed. New York：Houghton Mifflin Company，2000.

[31]　GOLDSMITHEB E B. Personal Finance. Wadsworth，adivision of ThomsonLearning，Inc.，2001.

[32]　GTIMAN L J，JOENHK M D. Personal Finance Planning. The Drydon Press，1993.

[33]　阿瑟. 个人理财：怎样把钱变成财富. 2 版. 北京：经济科学出版社，2005.

[34]　埃米特·沃恩，特丽沙·沃恩. 危险原理与保险. 8 版. 北京：中国人民大学出版社. 2002.

[35]　维克曼·霍尔曼，个人金融理财计划. 6 版. 北京：中国财政经济出版社，2002.

[36]　凯·雪莉. 营造一生幸福的理财之道. 天津：天津人民出版社，1998.

[37]　加里·贝克尔. 家庭经济论. 北京：华夏出版社，1987.

[38]　约翰·马歇尔，维普尔·班赛尔. 金融工程. 北京：清华大学出版社，1998.

[39]　博迪. 投资学精要. 北京：中国人民大学出版社，2005.

[40]　兹维博迪. 金融学. 北京：中国人民大学出版社，2000.

[41]　威廉·夏普. 投资学. 北京：中国人民大学出版社，2001.

[42]　STIGLITZ J E. 经济学. 北京：中国人民大学出版社，1997.

[43]　夸克. 个人理财策划. 北京：中国金融出版社，2004.

[44]　丹尼斯. 养老金计划管理. 北京：中国劳动社会保障出版社，2003.

[45]　埃弗里特. 退休金计划：退休金、利润分享和其他延期支付. 北京：经济科学出版社，2002.

[46]　哈伯德. 预防救助和社会保险. 政治经济学期刊，1995（2）：360 - 399.

[47]　CASE. HECM 反向抵押贷款程序初步估价. 美国房地产和城市经济协会，1994（2）：301 - 346.

[48]　哈耶克. 个人主义与经济秩序. 北京：北京经济学院出版社，1984.

[49]　弗兰克. 投资管理学. 北京：经济科学出版社，1999.

[50]　格雷姆·斯诺克斯. 家庭在整体经济中的作用. 北京：中国经济出版社，2001.

[51]　罗伯特·清崎. 富爸爸，穷爸爸. 北京：世界图书出版公司，2000.

[52]　黄夏风. 商业银行与个人金融服务. 经济师，2001（7）.

[53]　刘诗白. 个人主体论. 成都：四川财经大学出版社，1998.

[54]　陈工孟，郑子云. 个人理财规划. 北京：北京大学出版社，2003.

[55]　李善民，毛丹平. 个人理财规划：理论与实践. 北京：中国财政经济出版社，2004.

[56]　谢怀筑. 个人理财规划. 北京：中信出版社，2004.

[57]　洪玫，路志凌. 家庭理财规划. 济南：山东人民出版社，1999.

[58]　李霞. 家庭理财. 北京：经济管理出版社，1997.

[59]　陈雨露. 理财规划. 北京：中国财政经济出版社，2004.

[60]　宋雪平. 个人业务：农行构建竞争优势的首选. 城市金融论坛，2002（4）.

[61]　任碧云. 我国银行发展个人金融业务之探讨. 金融研究，2001（7）.

[62]　余宏. 日本商业银行的私人金融服务业务. 城市金融论坛，2000（4）.

[63]　赵永秀. 个人理财. 深圳：海天出版社，2005.

[64]　何金球. 日本商业银行的个人金融服务. 现代商业银行，2000（4）.

[65]　李新彬，陈峰. 香港个人金融业务竞争策略. 现代商业银行，2001（4）.

[66]　金维虹. 现代商业银行个人金融业务营销、管理与实务. 北京：中国金融出版社，2001.

[67]　王爱珠. 老年经济学. 上海：复旦大学出版社，1996.

[68]　胡苏云．医疗保险和服务制度．成都：四川人民出版社，2001．

[69]　尹伯成，边华才．房地产投资学．上海：复旦大学出版社，2002．

[70]　王全民．房地产经济学．大连：东北财经大学出版社，2002．

[71]　何文炯．保险学．杭州：浙江大学出版社，2000．

[72]　林羿．美国的私有退休金体制．北京：北京大学出版社，2002．

[73]　吴荣著．保险学：理论与实务．上海：复旦大学出版社，1996．

[74]　戴德生．遗产税立法若干问题探讨．政法论坛，2000（1）．

[75]　肇越，杨燕绥，于小东．员工福利与退休计划．北京：中信出版社，2004．

[76]　左祥琦．工资与福利．北京：中国劳动社会保障出版社，2002．

[77]　乌日图．医疗保障制度国际比较．北京：化学工业出版社，2003．

[78]　仇雨临．医疗保险．北京：中国人民大学出版社，2001．

[79]　仇雨临．员工福利管理．上海：复旦大学出版社，2004．

[80]　赵中建．高等学校的学生贷款．成都：四川教育出版社，1996．

[81]　张民选．理想与抉择：大学生资助政策国际比较．北京：人民教育出版社，1997．

[82]　张曙光．繁荣的必由之路．广州：广东经济出版社，1999．

[83]　余志钧．金融枷锁放开后的舞蹈：开放条件下金融产品创新策略．综合经济，2003（1）．

[84]　倪胜春．个人金融业务：国有商业银行的"发力点"．济南金融，2001（9）．

[85]　蔡粤屏．西方个人金融业务的现状及在我国的发展的前景．南方金融，2000（9）．

[86]　张宝春．资产定价模型与套利定价模型的应用比较．湖北财经高等专科学校学报，2005（1）：47－50．

[87]　程学斌，曹子玮，刘亚静．首次中国城市居民家庭财产调查总报告．上海证券报，2002．

[88]　孙超，黄福广．投资组合业绩成分解析．石家庄经济学院学报，2003（1）：8－12．

[89]　苏东斌．选择经济考察述要．北京：北京大学出版社，1999．

[90]　张展新，张文中．公民经济主体资格初探．经济日报：理论探索，1989（179）．

[91]　张天星．建立个人经济独立性的积极作用．当代经济科学，1999（2）．

[92]　程选民．产权与市场．成都：西南财经大学出版社，1996．

[93]　杨建伟．行为金融的主要投资策略．财经政法资讯，2001（3）：14－18．

[94]　曹凤歧，贾春新．金融市场与金融机构．北京：北京大学出版社，2002．

[95]　刘峰，尹小兵．投资规划．北京：中信出版社，2004．

[96]　文宗瑜，唐俊．公司股份期权与员工持股计划．北京：中国金融出版社，2003．

[97]　方卫平．税收筹划．上海：上海财经大学出版社，2001．

[98]　蔡昌．税收筹划方法与案例．广州：广东经济出版社，2003．

[99]　朱凌玲．员工职业生涯规划的设计思路．人力资源开发，2005（2）．

[100]　刘昕．薪酬管理．北京：中国人民大学出版社，2002．

[101]　杨俊，罗峥．合法节税．北京：中国纺织出版社，2003．

[102]　国家个人理财咨询师协会：1－888－333－6659（www.napfa.org）

[103]　理财规划师标准委员会：1－888－333－6659（www.napfa.org）

[104]　理财规划师标准委员会：1－800－945－4237（www.cfpboard.org）

［105］　北美证券管理协会：1 - 888 - 846 - 2722（www. nassa. org）

［106］　国家保险代理人协会：816 - 842 - 3600（www. naic. org）

［107］　证券交易委员会：1 - 800 - 7332 - 0330（www. sec. gov）

［108］　美国注册会计师学院：1 - 800 - 862 - 4272（www. aicpa. org）

其他优秀教材推荐

书号：9787512114173
作者：岳松 陈昌龙
定价：36.00

书号：9787512108134
作者：匡小平
定价：39.00

书号：9787512109148
作者：张晓明
定价：42.00

书号：9787512110830
作者：刘德红
定价：36.00

书号：9787512108981
作者：高红岩
定价：26.00

书号：9787512107830
作者：赵万水
定价：26.00

书号：9787512106451
作者：杨建华 张群 杨新泉
定价：32.00

书号：9787512106668
作者：池国华
定价：28.00

书号：9787512107588
作者：王冬梅
定价：32.00

书号：9787512109605

作者：姜英兵

定价：38.00

书号：9787512110236

作者：冯庆梅

定价：36.00

书号：9787512109117

作者：毛洪涛

定价：39.00

书号：9787512108363

作者：姚爱群

定价：26.00

书号：9787512107762

作者：赵恒群

定价：38.00

书号：9787512107335

作者：席静

定价：32.00

书号：9787512107557

作者：刘军

定价：26.00

书号：9787512105515

作者：孙晓洁

定价：38.00

敬告：

　　需要以上教材样书的老师可与出版社联系（010－51686046）或者发邮件至 cbsld＠jg.bjtu.edu.cn。感谢您的支持！